高职高专生物技术系列教材

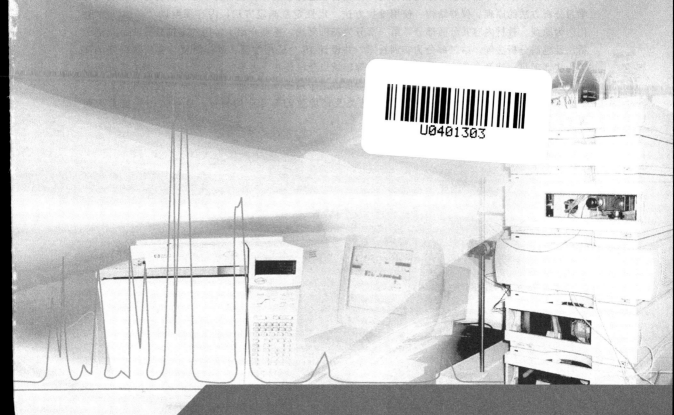

现代仪器分析

李晓燕 张晓辉 主编

化学工业出版社
·北京·

本书是高职高专生物技术系列教材之一。教材以选择常规分析项目为中心，围绕分析测试任务学习分析方法的原理、仪器结构、使用维护方法、定性定量测定方法，内容深度以"必需"、"够用"为原则。教材内容共分两部分，第一部分为基础理论，重点介绍了常用的电位分析法、光谱分析法及色谱分析法等。第二部分为实训技术，共设计15个适用性强、操作简便、实验效果好的实验为实训项目，涉及食品、环境监测、生物等领域以及电位法、电导法、光谱法和色谱法等分析方法。实训项目与职业岗位群紧密挂钩，方法全部取之于最新国家标准，突出了职业技能特点。

本书可作为高职高专生物技术类、食品类及环境监测等专业的教材，也可供相关技术人员参考。

图书在版编目（CIP）数据

现代仪器分析/李晓燕，张晓辉主编. —北京：化学工业出版社，2008.7（2024.8重印）
高职高专"十一五"规划教材. 生物技术系列
ISBN 978-7-122-03124-2

Ⅰ. 现… Ⅱ. ①李…②张… Ⅲ. 仪器分析-高等学校：技术学院-教材 Ⅳ. O657

中国版本图书馆CIP数据核字（2008）第090518号

责任编辑：李植峰　梁静丽　郎红旗　　　文字编辑：提　岩　李姿娇
责任校对：蒋　宇　　　　　　　　　　　装帧设计：张　辉

出版发行：化学工业出版社（北京市东城区青年湖南街13号　邮政编码100011）
印　　装：北京科印技术咨询服务有限公司数码印刷分部
787mm×1092mm　1/16　印张15½　字数388千字　2024年8月北京第1版第10次印刷

购书咨询：010-64518888　　　　　　　售后服务：010-64518899
网　　址：http://www.cip.com.cn
凡购买本书，如有缺损质量问题，本社销售中心负责调换。

定　价：38.00元　　　　　　　　　　　　　　　　　　　　版权所有　违者必究

《现代仪器分析》编写人员

主　　编　　李晓燕（北京电子科技职业学院）
　　　　　　张晓辉（北京电子科技职业学院）
副 主 编　　徐　宗（武汉软件工程职业学院）
　　　　　　麻文胜（广西职业技术学院）
参编人员　　（按姓名汉语拼音排列）
　　　　　　程春杰（郑州职业技术学院）
　　　　　　董秀芹（北京吉利大学）
　　　　　　李晓燕（北京电子科技职业学院）
　　　　　　刘亚红（北京电子科技职业学院）
　　　　　　罗合春（重庆工贸职业技术学院）
　　　　　　麻文胜（广西职业技术学院）
　　　　　　陶令霞（河南濮阳职业技术学院）
　　　　　　王幸斌（江西景德镇高等专科学院）
　　　　　　徐　宗（武汉软件工程职业学院）
　　　　　　张晓辉（北京电子科技职业学院）

前 言

现代仪器分析是化学化工、环境监测、生物工程、医药卫生等专业的必修课程之一。本教材的编写宗旨是与国内外最新技术相结合,理论联系实际,突出高职特色。本书以社会需求为导向,及时吸纳行业的新知识、新技术和新方法,在教材内容上与传统教材有所不同,理论知识以常规分析项目为中心,围绕分析测试任务学习分析方法、仪器结构及工作原理、定性定量方法,内容深度以"必需"、"够用"为原则。实训项目都是目前行业正在使用的常规检测项目,方法采用最新国家标准检测方法,涉及食品、环境监测、化学三大领域以及电位法、电导法、光谱法和色谱法等分析方法。

本教材共分两部分。第一部分是基础理论,重点介绍了常用的电位分析法、光谱分析法及色谱分析法等。为引导学生进行有效学习,在每章前列出本章学习重点,以帮助学生掌握知识点和技能要点;为便于学生自测学习效果,在每章后附有相应的思考题与习题。第二部分是实训技术,全书共设计 15 个适用性强、操作简便、实验效果好的实验为实训项目,实训原理以简答的形式给出,要求学生通过查阅相关资料完成,有利于拓宽学生的知识面,激发学生的求知欲,从而改变以往教学中被动的实验模式。

本教材编写的人员有:北京电子科技职业学院的李晓燕、张晓辉、刘亚红,武汉软件工程职业学院的徐宗,广西职业技术学院的麻文胜,重庆工贸职业技术学院的罗合春、郑州职业技术学院的程春杰、北京吉利大学的董秀芹、河南濮阳职业技术学院的陶令霞、江西景德镇高等专科学院的王幸斌等。全书由李晓燕、张晓辉统稿并任主编。

为了使本教材适应行业发展及高职教育的需要,编者参考了大量国内外有关书籍、标准等文献,并结合自己多年的教学和实践经验进行编写,但由于编者水平有限,难免会有疏漏与不当之处,恳请广大读者批评指正。

编 者
2008 年 3 月

目 录

基 础 理 论

第一章 绪论 ················· 3
一、现代仪器分析法的分类 ······· 3
二、现代仪器分析法的优点及局限性 ··· 3
三、现代仪器分析法的发展前景 ····· 4
四、样品的制备及前处理技术 ······ 4

第二章 电位分析法 ············ 6
第一节 电位分析法的基本原理 ······ 6
一、概述 ···················· 6
二、电位分析法的理论依据——
　　能斯特方程式 ··············· 7
三、指示电极与参比电极 ·········· 8
第二节 离子选择性电极 ············ 9
一、离子选择性电极的类型 ········ 10
二、离子选择性电极的膜电位 ······ 13
三、离子选择性电极的选择性 ······ 15
四、测定离子活度的定量方法 ······ 15
五、影响活度（或浓度）测定的因素 ··· 18
六、离子选择性电极的主要性能指标 ··· 20
七、离子选择性电极的应用 ········ 21
第三节 直接电位法 ··············· 22
一、直接电位法的基本原理 ········ 22
二、直接电位法的特点 ············ 22
三、溶液 pH 的测定 ·············· 23
四、直接电位法的应用 ············ 25
第四节 电位滴定法 ··············· 25
一、电位滴定法的特点 ············ 25
二、电位滴定法的原理与装置 ······ 26
三、确定终点的方法 ·············· 27
四、电位滴定法的类型和指示电极、
　　参比电极的选择 ·············· 28
思考题与习题 ··················· 30

第三章 电导分析法 ············ 31
第一节 电导分析法的基本原理 ······ 31
一、概述 ························ 31
二、溶液电导率的测定 ············ 32
第二节 电导定量分析方法 ········· 33
一、直接电导法 ·················· 33

二、电导滴定法 ·················· 34
第三节 电导分析法的应用 ········· 34
一、直接电导法的应用 ············ 34
二、电导滴定法的应用 ············ 35
思考题与习题 ··················· 36

第四章 紫外-可见分光光度法 ···· 37
第一节 光学分析法基础 ··········· 37
一、电磁辐射与电磁波谱 ·········· 37
二、光学分析法的分类 ············ 39
第二节 紫外-可见分光光度法概述 ··· 39
一、紫外-可见分光光度法的定义
　　与特点 ······················ 39
二、一些基本概念 ················ 40
三、可见分光光度法 ·············· 41
四、紫外分光光度法 ·············· 42
第三节 光的吸收定律 ············· 43
一、朗伯-比尔定律 ··············· 43
二、吸光系数 ···················· 44
三、影响光吸收定律的主要因素 ···· 44
第四节 紫外-可见分光光度计 ······ 45
一、仪器的基本构造 ·············· 45
二、仪器的类型 ·················· 46
三、仪器的检验与维护保养 ········ 47
第五节 紫外-可见分光光度法的应用 ··· 48
一、定性鉴定 ···················· 49
二、定量分析 ···················· 49
思考题与习题 ··················· 50

第五章 原子发射光谱法 ········ 52
第一节 原子发射光谱分析基本原理 ··· 52
一、原子发射光谱的产生 ·········· 52
二、原子发射光谱法的基本原理 ···· 52
三、原子发射光谱法专业术语 ······ 53
四、原子发射光谱法的特点 ········ 53
第二节 原子发射光谱仪的组成 ····· 53
一、发射光源 ···················· 54
二、分光系统（摄谱仪） ·········· 55
三、记录和检测系统 ·············· 55

第三节　原子发射光谱仪的类型 …………… 56
　　一、摄谱仪 ……………………………………… 56
　　二、光电直读光谱仪 …………………………… 56
　第四节　原子发射光谱分析方法 ………………… 56
　　一、定性分析 …………………………………… 56
　　二、定量分析 …………………………………… 57
　第五节　原子发射光谱法的应用 ………………… 58
　　一、环境监测 …………………………………… 58
　　二、生化临床分析 ……………………………… 58
　　三、材料分析 …………………………………… 58
　思考题与习题 ……………………………………… 58

第六章　原子吸收光谱法 …………………… 59
　第一节　概述 ……………………………………… 59
　第二节　原子吸收光谱法基本原理 ……………… 60
　　一、原子吸收光谱法常用术语 ………………… 60
　　二、基态与激发态原子的分配 ………………… 60
　　三、原子吸收值与待测元素浓度的
　　　　定量关系 …………………………………… 61
　第三节　原子吸收分光光度计 …………………… 63
　　一、光源 ………………………………………… 63
　　二、原子化系统 ………………………………… 64
　　三、分光系统 …………………………………… 66
　　四、检测系统 …………………………………… 66
　第四节　原子吸收分光光度计的类型 …………… 66
　　一、单道单光束型 ……………………………… 66
　　二、单道双光束型 ……………………………… 67
　　三、双道单光束型 ……………………………… 67
　　四、双道双光束型 ……………………………… 68
　第五节　原子吸收光谱分析法 …………………… 68
　　一、定量分析法 ………………………………… 68
　　二、回收率 ……………………………………… 70
　第六节　原子吸收光谱分析实验技术 …………… 70
　　一、样品制备 …………………………………… 70
　　二、标准溶液的配制 …………………………… 71
　　三、测定条件的选择 …………………………… 72
　　四、干扰及其消除方法 ………………………… 72
　第七节　原子吸收分光光度计的使用和
　　　　　维护 ……………………………………… 73
　　一、使用方法 …………………………………… 73
　　二、仪器的维护 ………………………………… 74
　第八节　原子吸收光谱法的应用及发展
　　　　　趋势 ……………………………………… 74
　　一、原子吸收光谱法的应用 …………………… 74
　　二、原子吸收光谱法的现状及发展趋势 ……… 75
　第九节　原子荧光光谱法简介 …………………… 75

　　一、基本原理 …………………………………… 75
　　二、原子荧光分光光度计 ……………………… 75
　　三、原子荧光定量分析 ………………………… 76
　　四、原子荧光光谱法的应用 …………………… 76
　思考题与习题 ……………………………………… 76

第七章　红外光谱法 ………………………… 77
　第一节　红外光谱法的基本原理 ………………… 77
　　一、红外光谱法的创立和发展 ………………… 77
　　二、红外吸收光谱分析的基本原理 …………… 77
　第二节　有机化合物的红外吸收光谱 …………… 81
　　一、烷烃 ………………………………………… 81
　　二、烯烃 ………………………………………… 82
　　三、炔烃 ………………………………………… 83
　　四、芳烃 ………………………………………… 83
　　五、卤化物 ……………………………………… 85
　　六、醇和酚 ……………………………………… 85
　　七、醚和其他化合物 …………………………… 85
　　八、醛和酮 ……………………………………… 86
　　九、羧酸 ………………………………………… 86
　　十、酯和内酯 …………………………………… 86
　第三节　红外光谱仪 ……………………………… 87
　　一、色散型红外光谱仪 ………………………… 87
　　二、傅里叶变换红外光谱仪 …………………… 89
　第四节　红外光谱法的应用 ……………………… 91
　　一、定性分析 …………………………………… 91
　　二、定量分析 …………………………………… 94
　思考题与习题 ……………………………………… 94

第八章　气相色谱法 ………………………… 95
　第一节　概述 ……………………………………… 95
　　一、色谱法的由来 ……………………………… 95
　　二、气相色谱法的分类 ………………………… 95
　　三、气相色谱法的主要特点 …………………… 95
　第二节　气相色谱法的基本原理 ………………… 96
　　一、基本原理 …………………………………… 96
　　二、色谱流出曲线及相关术语 ………………… 96
　　三、塔板理论 …………………………………… 98
　　四、速率理论 …………………………………… 99
　第三节　气相色谱分离条件的选择 ……………… 101
　　一、载气流速的选择 …………………………… 101
　　二、柱温的选择 ………………………………… 101
　　三、柱长的选择 ………………………………… 101
　　四、进样量和进样时间的选择 ………………… 102
　　五、汽化室温度的选择 ………………………… 102
　第四节　气相色谱固定相 ………………………… 102
　　一、气固色谱固定相 …………………………… 102

二、气液色谱固定相 …… 102
三、新型合成固定相 …… 104
四、色谱柱的制备 …… 104
第五节 气相色谱仪的基本组成 …… 105
　一、气路系统 …… 105
　二、进样系统 …… 107
　三、柱分离系统 …… 108
　四、检测系统 …… 108
　五、数据处理系统 …… 112
第六节 气相色谱法的应用 …… 113
　一、药物分析 …… 113
　二、食品分析 …… 113
　三、环境监测 …… 113
第七节 气相色谱定性定量分析方法 …… 114
　一、气相色谱定性分析 …… 114
　二、气相色谱定量分析 …… 114
思考题与习题 …… 117

第九章　高效液相色谱法 …… 119
第一节　概述 …… 119
　一、高效液相色谱法的发展 …… 119
　二、高效液相色谱法的特点 …… 119
　三、液相色谱法的分类 …… 120
第二节　高效液相色谱法的基本原理 …… 120
　一、液相色谱分离原理 …… 120
　二、高效液相色谱分离方法的选择 …… 124
　三、固定相 …… 125
　四、流动相 …… 127
第三节　高效液相色谱仪 …… 130
　一、输液泵 …… 131
　二、进样器 …… 132
　三、色谱柱 …… 133
　四、检测器 …… 135
　五、数据处理和计算机控制系统 …… 136
　六、恒温装置 …… 136
第四节　液相色谱定性与定量分析方法 …… 136
　一、液相色谱定性分析 …… 136
　二、液相色谱定量分析 …… 137
第五节　高效液相色谱法应用技术 …… 137
　一、样品测定技术 …… 137
　二、方法研究 …… 138
　三、高效液相色谱法的应用 …… 139
思考题与习题 …… 139

实训技术

实训项目（一）　水样中 pH 值的测定 …… 143
实训项目（二）　离子选择性电极法测定水中的氟含量 …… 145
实训项目（三）　测定吸光度制作光吸收曲线 …… 147
实训项目（四）　白酒中甲醇含量的测定——分光光度法 …… 148
实训项目（五）　邻二氮菲分光光度法测定微量铁 …… 150
实训项目（六）　室内空气中甲醛含量的检测——AHMT 分光光度法 …… 152
实训项目（七）　室内空气中氨含量的检测——靛酚蓝分光光度法 …… 155
实训项目（八）　室内空气中二氧化氮的检测——改进的 Saltzman 分光光度法 …… 157
实训项目（九）　紫外吸收光谱定性分析的应用 …… 160
实训项目（十）　水体中硝酸盐氮的测定——紫外分光光度法 …… 161
实训项目（十一）　饮用水中镁含量的测定——原子吸收分光光度法 …… 163
实训项目（十二）　气相色谱流出曲线（色谱图）的研究 …… 164
实训项目（十三）　气相色谱操作条件对柱效能的影响 …… 165
实训项目（十四）　白酒中甲醇含量的测定——气相色谱法 …… 167
实训项目（十五）　啤酒中酒精度的测定——气相色谱法 …… 168
现代仪器分析课业任务书（一） …… 169
现代仪器分析课业任务书（二） …… 171
参考文献 …… 175

基础理论

第一章 绪 论

分析化学的任务是运用一切可能的技术手段揭示物质的组成,以获得有利于认识和利用物质世界的信息。分析化学包括化学分析和仪器分析两部分。其中,化学分析是以化学反应为基础,依据反应现象或反应到达化学计量点时反应物的计量关系来确定物质结构及含量;仪器分析则是运用物质的物理性质或物理化学性质,使用特殊分析仪器确定物质的组成及相对含量。

现代仪器分析法是从 20 世纪 60 年代开始迅速发展起来的,它使分析化学对物质世界的认识产生了飞跃,解决了许多以前无法解决的问题,如物质的痕量分析、动态分析、精细结构分析等。现代仪器分析法的诞生和发展促进了生命科学、环境科学、材料科学、电子信息科学和化学等学科的飞速发展,使这些学科获得了前所未有的成果。

一、现代仪器分析法的分类

现代仪器分析法,种类繁多,根据测定原理的不同进行分类,见表 1-1。

表 1-1 现代仪器分析法的分类

方法分类	测定的基本原理	对应的分析方法
电化学分析法	基于物质的电化学性质产生的物理量与浓度的关系来测定被测物质的含量	电位分析法、电导分析法、库仑分析法、极谱分析法、生物电分析法等
光化学分析法	基于物质对光的选择性吸收或被测物质能激发产生一定波长的光谱线来进行定性、定量分析	紫外-可见分光光度法、红外吸收光谱法、原子吸收光谱法、原子发射光谱法、分子荧光光谱法等
色谱分析法	基于物质在两相中分配系数不同而将混合物分离,然后用各种检测器测定各组分的含量	气相色谱法、液相色谱法、超临界流体色谱法、薄层色谱法、纸色谱法
其他分析法		质谱分析法、核磁共振波谱法、热分析法、放射分析法

二、现代仪器分析法的优点及局限性

现代仪器分析法之所以近年来能获得迅速发展,得到广泛应用,主要是因为它具有以下优点。

(1) 分析速度快,适用于批量试样的分析　由于现代电子科学技术的发展,许多分析仪器实现了自动化和智能化,如配有连续自动进样装置等,使操作更加简便、快捷,可在短时间内分析数十个样品,适于批量分析。

(2) 灵敏度高,适于微量成分的测定　滴定分析法和重量分析法一般适用于常量组分的测定,不能测定微量组分,而仪器分析法则可测定质量分数为 $10^{-8} \sim 10^{-9}$ 数量级的物质。

（3）用途广泛　仪器分析法能适应各种分析要求，除了能完成定性、定量分析任务外，还能完成化学分析法难以胜任的一些分析任务，如物质结构分析、物相分析、微区分析、价态分析和剥离分析等。

（4）样品用量少　使用仪器分析法可进行不破坏样品的分析，样品用量极少，有的仅需要几微升甚至零点几微升便可完成分析。

虽然现代仪器分析法具有上述众多优点，但也存在以下局限性：

① 仪器设备结构复杂，价格比较昂贵，对仪器维护及安装环境要求较高。

② 仪器分析法是一种相对的分析方法，一般需用已知组成的标准物质来对照，而标准物质的获得常常是限制仪器分析法广泛应用的问题之一。

③ 相对误差较大，一般不适于常量和高含量分析。

由此可见，仪器分析法和化学分析法是相辅相成的。在使用时应根据具体情况，取长补短，互相配合，充分发挥各种方法的优点，这样才能更好地解决分析化学中的各种实际问题。

三、现代仪器分析法的发展前景

随着电子科学技术的迅速发展，新的分析仪器不断涌现，使得分析检测技术也朝着越来越灵敏、准确、快速、简便、自动化、多功能化的方向发展，主要体现在以下几个方面。

（1）分析灵敏、快速　随着电子工业和真空技术的发展，许多新技术渗透到仪器分析中来，出现了许多新的测试方法和分析仪器。例如，通过使用电子探针进行测试，可使试样体积缩小至 10^{-12} mL，电子光谱的绝对灵敏度达到 10^{-18} g。

（2）多功能、自动化和智能化　这是现代仪器分析法最突出的特点。特别是随着计算机、数码技术的广泛应用和各种专用软件的开发，形成了人机对话的工作界面，大大提高了分析速度，保证了测试结果的重现性和可靠性。从自动进样器开始，整个分析过程中各种测试参数的设定，对样品组分流向的控制，测试信息的自动收集、反馈、监控，以及分析数据的储存、加工和输出等都由计算机完成。越来越多的集这些功能于一体的工作站的出现，也使自动化、智能化的日常分析工作成为可能。

（3）专用型、小型化　许多大型笨重的分析仪器随着高科技的发展逐渐被淘汰，取而代之的是专用化的小型分析仪器，如大气环境监测使用的各种污染物的分析仪，均采用便于携带的小型仪器，使随时随地监测成为可能。

（4）联用分析仪器　多种仪器分析方法的联合使用可以发挥每种方法的优点，使原有分析方法更为迅速有效，同时也扩大了应用范围。目前联用分析技术已成为样品分析的重要手段，如气质联用技术可以对未知物质进行定性分析；高压液相色谱-核磁共振波谱-质谱技术的联用在生物制药研究中起着重要的作用。

四、样品的制备及前处理技术

分析过程包括样品的采集、样品的前处理、分析检测、数据处理和撰写报告。其中，样品的前处理最为重要，其基本原则是：排除其他组分的干扰，完整保留被测组分并使之浓缩，以获得满意的分析结果。

样品前处理的传统方法包括物理法和化学法两大类。用于样品前处理的经典物理方法主要包括蒸馏、柱色谱、重结晶、萃取、过滤、干燥、离心等；化学方法主要包括络合、沉淀、衍生三大类。样品前处理的新方法分为脱机处理与联机处理两大类。脱机处理主要有超临界流体萃取、固相萃取、微波溶出、液膜萃取等方法；联机处理是将样品的制备与分析直接相连，不需人为转移，易于自动化，重现性好，误差小。

第二章　电位分析法

> **学习指南**
>
> 通过本章的学习，掌握电位分析法的基本原理；理解电位分析法中的参比电极和指示电极以及它们的作用；掌握 pH 玻璃膜电极测量溶液 pH 的原理和实验方法；掌握直接电位法的实验方法；了解离子选择性电极的类型及其在生物学与环境保护领域方面的应用；了解电位滴定法及其应用。

第一节　电位分析法的基本原理

一、概述

电位分析法是电化学分析法的一种。电化学分析法是仪器分析法的一个重要组成部分，它是根据溶液中物质的电化学性质及其变化规律，通过在电位、电导、电流和电量等电学量与被测物质的某些量之间建立计量关系，对被测组分进行定性和定量的仪器分析方法。

1. 电化学分析法的分类

电化学分析法一般可以分为以下三类。

第一类是根据试液的浓度在特定实验条件下与化学电池中的某一电参数之间的关系求得分析结果的方法。这是电化学分析法的主要类型。电导分析法、库仑分析法、电位分析法、伏安法和极谱分析法等均属于这种类型。

第二类是利用电参数的突变来指示容量分析终点的方法。这类方法仍以容量分析为基础，根据所用标准溶液的浓度和消耗的体积求出分析结果。这类方法根据所测定的电参数的不同，分为电导滴定法、电位滴定法和电流滴定法。

第三类是电重量法，或称电解分析法。这类方法通过在试液中通入直流电流，使被测组分在电极上还原沉积析出，与共存组分分离，然后再对电极上的析出物进行重量分析以求出被测组分的含量。

2. 电化学分析法的特点

电化学分析法的灵敏度和准确度都很高，适用面也很广泛。由于在测定过程中得到的是电学信号，因而易于实现自动化和连续分析。电化学分析法在化学研究中也具有十分重要的作用，现已广泛应用于电化学基础理论、有机化学、药物化学、生物化学、临床化学等许多领域的研究中。总之，电化学分析法对成分分析（定性及定量分析）、生产过程控制和科学研究等许多方面都具有很重要的意义。

3. 电位分析法的特点

电位分析法是电化学分析法的一个重要分支，它的实质是通过在零电流条件下测定两电极间的电位差（即所构成原电池的电动势）进行分析测定。电位分析法包括直接电位法和电位滴定法，本章将对这两种方法进行详细介绍。

电位分析法具有如下特点：

(1) 设备简单、操作方便　一般电位分析法只用酸度计（离子活度计）或自动电位滴定计即可，操作起来也非常方便。

(2) 方法多、应用范围广　直接电位法中可采用标准曲线法、一次标准加入法和格氏作图法等进行测定；电位滴定法也可根据实际情况灵活选择滴定方式和滴定剂。

(3) 可用于连续、自动和遥控测定　由于电位分析测量的是电学信号，所以可方便地将其传播、放大，也可作为反馈信号来遥控测定和控制。

(4) 灵敏度高、选择性好、重现性好　电位分析法的灵敏度高。例如直接电位法的一般可测离子的浓度范围为 $10^{-1} \sim 10^{-5}$ mol/L，个别可达 10^{-8} mol/L，对 H^+ 的浓度还可以更低；而电位滴定法的灵敏度则更高。电位分析法还具有较好的选择性和重现性，有些已经作为部标或国标。

二、电位分析法的理论依据——能斯特方程式

将金属片 M 插入含有该金属离子 M^{n+} 的溶液中，此时金属与溶液的接界面上将发生电子的转移，形成双电层，产生电极电位 $\varphi_{M^{n+}/M}$，电极电位 $\varphi_{M^{n+}/M}$ 与 M^{n+} 的离子活度的关系可用能斯特方程式表示如下：

$$\varphi_{M^{n+}/M} = \varphi^{\ominus}_{M^{n+}/M} + \frac{RT}{nF} \ln a_{M^{n+}} \tag{2-1}$$

式中，$\varphi^{\ominus}_{M^{n+}/M}$ 为标准电极电位，V；R 为气体常数，8.3145J/(mol·K)；T 为热力学温度，K；n 为电极反应中转移的电子数；F 为法拉第常数，96487C/mol；$a_{M^{n+}}$ 为金属离子 M^{n+} 的活度，mol/L，当离子浓度很小时，可用浓度代替活度。

由式(2-1)可知，只要测量出 $\varphi_{M^{n+}/M}$，就可以确定 M^{n+} 的活度（或浓度）。但实际上，单支电极的电位是无法测量的，它必须用一支电极电位随待测离子活度变化而变化的指示电极和一支电极电位已知且恒定的参比电极与待测溶液组成工作电池，通过测量工作电池的电动势 E 来获得 $\varphi_{M^{n+}/M}$ 的电位。

电动势 E 与电极电位和溶液中对应离子浓度的关系，也可由能斯特方程式表达：

$$E = E^{\ominus} + \frac{RT}{nF} \ln \frac{a_{\text{氧化态}}}{a_{\text{还原态}}} \tag{2-2}$$

式中，E 为可逆电极反应的电动势；$E^{\ominus}$ 为相对于标准氢电极的标准电势；其他参数与式(2-1)相同。

将这些参数的数值代入式(2-2)中，并将自然对数换算成常用对数，则得到25℃时电动势 E 为：

$$E = E^{\ominus} + \frac{0.0592}{n} \lg \frac{a_{\text{氧化态}}}{a_{\text{还原态}}} \tag{2-3}$$

对金属离子而言，还原态是固体金属，它的活度是一常数，均定为1，所以式(2-3)可以化简为：

$$E = E^{\ominus} + \frac{0.0592}{n} \lg a_{M^{n+}} \tag{2-4}$$

由式(2-4)可知，测定了电极电位，就可以计算离子的活度（或在一定条件下确定其浓度），这是电位分析法的理论依据。

在滴定分析中，滴定进行到化学计量点附近时，将发生浓度的突变（滴定突跃）。如果

在滴定过程中,在滴定分析的容器里浸入一对适当的电极,让它们构成电池,则在化学计量点附近可以观察到电极电位的突变(电位突跃),因而可以根据电位突跃确定滴定终点的到达,这就是电位滴定法的原理。

在实际工作中,测定的是溶液的浓度,而能斯特方程式中用的是活度,这是因为电解质在溶液中电离为正、负离子,产生库仑力作用,使很稀的溶液也明显偏离理想溶液。例如 0.01mol/L $ZnSO_4$ 溶液,它的有效浓度只有实际浓度的 39%。

活度与浓度的关系为:

$$a = c\gamma \tag{2-5}$$

式中,a 为活度;c 为浓度;γ 为活度系数。活度系数通常小于 1,所以活度通常小于浓度。当溶液无限稀释时,离子间的相互作用趋于 0,活度系数接近于 1,活度也就接近于浓度。

在实际应用中,目前技术上还无法配制标准活度溶液,只能设法使欲测组分的标准溶液与被测溶液的离子强度相等,活度系数也就不变了,这时就可以用浓度来代替活度了。

三、指示电极与参比电极

电位分析是以工作电池两电极间的电位差或电位差的变化为基础的分析方法,在测量电位差时需要一个指示电极和一个参比电极。指示电极的电位随待测离子浓度的变化而变化,能指示待测离子的浓度。参比电极则不受待测离子浓度变化的影响,具有较恒定的数值。将参比电极与指示电极共同浸入试液中,构成一个自发电池,通过测量电池的电动势,可求得待测离子的浓度。

1. 指示电极

指示电极具有响应速度快、选择性好等特点。常用的指示电极有以下 5 类。

(1) 金属-金属离子电极 这种电极叫第一类电极,它是把能够发生可逆氧化还原反应的金属插入含有相应金属离子的溶液中达平衡后构成的电极。其电极电位的变化能准确地反映溶液中金属离子活度的变化。构成这类电极的金属有 Ag、Zn、Hg、Cu、Cd、Pd 等,其电极电位随相应的金属离子活度的变化而变化。

(2) 金属-金属难溶盐电极 这种电极叫第二类电极,它是金属和其难溶盐及金属离子溶液达平衡后构成的电极。该电极由金属表面覆盖一层难溶盐所构成,它能间接反映该金属离子生成难溶盐的阴离子活度,所以又称为阴离子电极。例如 Ag-AgCl 电极、$Hg-Hg_2Cl_2$ 电极都属于这类电极。

(3) 汞电极 这种电极叫第三类电极,这类电极可指示金属离子的活度或浓度,也可指示配位滴定的终点。

(4) 惰性金属电极 有些物质的氧化态和还原态均为水溶性离子,欲组成一个电极,尚需一个导体,但该导体不能参加电极反应,故为惰性金属。惰性金属本身不参与反应,而仅仅起贮存和传导电子的作用,由此形成的电极叫惰性金属电极。例如,将铂或金插入离子对溶液中可构成此类电极,如 Fe^{3+}/Fe^{2+} 电对以金属铂组成的电极。此类电极的电极电位能反映出氧化还原反应中氧化态和还原态离子活度的比值。该类电极不能作为响应某种金属离子的电极,但可作为氧化还原滴定的指示电极,例如上述电极可作为有关铁的氧化还原滴定的指示电极。

(5) 膜电极——离子选择性电极 这类电极是以固态膜或液态膜为传感器,它能指示溶液中某种离子的活度,膜电位与离子活度的关系符合能斯特方程。但膜电位产生的机理不同于上述各类电极，电极上没有电子的转移，电位的产生是离子的交换和扩散的结果。最早的离子选择性电极是玻璃电极，后来发展了许多阴离子和阳离子选择性电极。这类电极在近20年来得到快速发展，它对离子有选择性响应，所以称为离子选择性电极。

2. 参比电极

参比电极是测量电池电动势的基准，它必须具备电位稳定、重现性好、电极电位已知和易于制备的特点。对参比电极的其他要求还有：对温度或浓度的改变无滞后现象；对测试溶液的液接电位应小到可以忽略的程度；当有小电流（约 10^{-8} A 或更小）通过时，电极电位不应有明显变化；电极的电阻不应太大；装置简便，使用寿命长。标准氢电极是最精确的参比电极，但因其是气体电极，不宜用作测定溶液中离子的参比电极，所以在电化学分析中很少使用。在分析测定中常用的参比电极是甘汞电极和银-氯化银电极。

（1）甘汞电极　甘汞电极属于金属-金属难溶盐电极，其结构是将一根铂丝插入汞中，汞下装有汞和氯化亚汞（甘汞）的糊状体，并使糊状体浸入适当浓度的 KCl 溶液（通常是 0.1mol/L、1mol/L 及饱和溶液）中，即组成甘汞电极。一定温度下，只要氯离子的活度或浓度不变，甘汞电极电势是一个常数。在 25℃时，三种不同氯离子浓度下甘汞电极的电极电位（以标准氢电极作标准）见表 2-1。

表 2-1　不同氯离子浓度下甘汞电极的电极电位（25℃）

KCl 溶液浓度	0.1mol/L	1mol/L	饱和
电极电位/V	0.3365	0.2828	0.2438

（2）银-氯化银电极　该电极也属于金属-金属难溶盐电极。将表面镀有氯化银层的金属银丝（或棒）浸入用氯化银饱和了的、已知浓度的氯化物溶液中，即构成 Ag-AgCl 电极。一定温度下，只要氯离子的活度或浓度不变，银-氯化银电极电势是一个常数。在 25℃时，三种不同氯离子浓度下银-氯化银电极的电极电位见表 2-2。在非水溶液中进行滴定时，银-氯化银电极比甘汞电极要优越。虽然甘汞电极可以而且也确实被用于几乎所有类型的溶剂系统，但它在含水溶剂较多的混合物中测定的再现性为 $\pm(10\sim20)$mV，而在无水介质中则为 ±50mV，并且时常需要配用特殊的盐桥。

表 2-2　不同氯离子浓度下银-氯化银电极的电极电位

KCl 溶液浓度	0.1mol/L	1mol/L	饱和
电极电位/V	0.2880	0.2355	0.2000

第二节　离子选择性电极

近十年来，在电位分析法的领域内发展起来一个新兴而活跃的分支——离子选择性电极分析法。离子选择性电极是一种以电位法测量溶液中某些特定离子活度的指示电极。由于所需仪器设备简单、轻便，适于现场测量，易于推广，对于某些离子的测定灵敏度可达 10^{-9} 数量级，特效性较好，因此发展极为迅速。随着科学技术的发展，目前已制成了几十种离子选择性电极，例如对 Na^+ 有选择性的钠离子玻璃电极、以氟化镧单晶为电极膜的氟离子选择性电极、以卤化银或硫化银（或它们的混合物）等难溶盐沉淀为电极膜的各种卤素离子、硫离子选择性电极等。

一、离子选择性电极的类型

离子选择性电极的种类繁多,且与日俱增。1975 年国际纯粹化学和应用化学联合会(IUPAC)推荐将离子选择性电极分为原电极(包括晶体膜电极和非晶体膜电极)和敏化电极(包括气敏电极和酶电极)等,下面分别进行介绍。

1. 晶体膜电极

晶体膜电极有单晶膜电极和多晶膜电极两大类。单晶膜电极是指电极的整个晶体膜是由一个晶体组成的,如 F^- 电极;多晶膜电极是指电极的整个晶体膜是由多个晶体在高压下压制组成的,如 Cl^-、Br^-、I^-、Cu^{2+}、Pb^{2+}、Cd^{2+} 等离子选择性电极的晶体膜分别由相应的卤化银或硫化物晶体压制而成。

这类电极的敏感薄膜一般由难溶盐经过加压或拉制,成为单晶、多晶或混晶活性膜,对相应的金属离子和阴离子有选择性响应。

由于制备敏感膜的方法不同,晶体膜又分为均相膜和非均相膜两类。均相膜电极的敏感膜由一种或几种化合物的均匀混合物的晶体构成;而非均相膜除了电活性物质外,还含有某种惰性材料,如硅橡胶、聚氯乙烯、石蜡等,其中电活性物质对膜电极的功能起决定性作用。

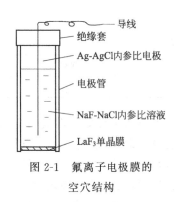

图 2-1 氟离子电极膜的空穴结构

(1) 单晶膜电极　氟离子选择性电极是这种电极的代表,它是最常见的晶体膜电极,其电极响应机理与玻璃电极有所不同,前者靠晶格空穴的移动能导电,后者无此现象,不导电。氟离子电极膜的空穴结构如图 2-1 所示。

将氟化镧单晶[掺入微量氟化铕(Ⅱ)以增加导电性]封在塑料管的一端,管内装 0.1mol/L NaF-0.1mol/L NaCl 溶液(内部溶液),以 Ag-AgCl 电极作参比电极,即构成氟电极。测量时用一只甘汞电极作外参比电极,与试液组成工作电池。

F^- 的浓度一般在 $1 \sim 10^{-6}$ mol/L 范围内,其电极电位符合能斯特方程式。电极的检测下限实际上由单晶 LaF_3 的溶度积所决定,LaF_3 饱和溶液中 F^- 的活度约为 10^{-7} mol/L 数量级,因此氟电极在纯水体系中的检测极限为 10^{-7} mol/L。在低浓度范围内响应时间需 $1 \sim 3$ min,而在高活度范围内响应迅速。

氟电极具有较好的选择性,共存的阴离子除了 OH^- 外,均不产生干扰。OH^- 产生干扰的原因,很可能是由于在膜表面发生如下反应:

$$LaF_3 + 3OH^- \rightleftharpoons La(OH)_3 + 3F^-$$

(2) 多晶膜电极　晶体膜电极除了上述氟离子选择性电极之外,目前应用的还有 AgCl、AgBr、AgI、Ag_2S 等电极,用以测定相应阴离子的活度。这类电极的薄膜是由难溶盐的沉淀粉末在 $5N/cm^2$ 的高压下压制成 $1 \sim 2$ mm 厚的致密薄片,再经表面抛光制成。这类电极中最典型的是由 Ag_2S 粉末压制的 S^{2-} 电极和 Ag^+ 电极。硫化银在 176℃以下以单斜晶系 β-Ag_2S 形式存在,它具有离子传导及电子传导的导电功能。Ag_2S 电极以 $0.001 \sim 0.1$ mol/L $AgNO_3$ 为内参比液,以银丝为内参比电极。它能测 $1 \sim 10^{-7}$ mol/L 的银离子或硫离子,其检测下限远高于 Ag_2S 的溶度积(2×10^{-49})。在酸性 H_2S 溶液中,对于游离硫离子的响应可低至 10^{-19} mol/L,当有银配合物或沉淀存在时,则可检出 10^{-20} mol/L 的游离 Ag^+。汞离子能与硫离子生成硫化汞沉淀,且溶度积与硫化银溶度积相近,故有干扰。

氯化银、溴化银、碘化银的沉淀粉末,能分别压制成氯电极、溴电极、碘电极。由于这些难溶盐在室温下具有较高的电阻,且具有极强的光敏性。为了增加卤化银的导电性和机械强度,减少光敏性,常在卤化银中渗入 Ag_2S。

以上均属于均相晶体膜电极,还有一种非均相晶体膜电极,这类电极是将活性难溶盐粉末黏结在憎水的某惰性基体(如硅橡胶、聚氯乙烯、聚乙烯、聚丙烯等)上。其中应用最广的是硅橡胶,难溶盐与基体的质量比一般为 1∶1,其电极性能均与上述均相晶体膜电极相同。

2. 非晶体膜电极

(1) 硬质电极　pH 玻璃电极属于硬质电极,它是出现最早且至今仍属于应用最广的一类离子选择性电极。除此之外,钠玻璃电极(pNa 电极)也为较重要的一种,其结构与 pH 玻璃电极相似,选择性主要取决于玻璃膜的组成。对 Na_2O-Al_2O_3-SiO_2 玻璃膜,改变三种组分的相对含量会使电极的选择性表现出很大的差异。

(2) 活动载体电极　活动载体电极又称液膜电极,即利用液态膜作敏感膜。此类电极是用浸有某种液体离子交换剂的惰性多孔膜作电极膜所制成。Ca^{2+} 选择性电极是这类电极的一个典型代表。电极内装有两种溶液,一种是内部溶液(0.1mol/L $CaCl_2$ 水溶液),其中插入内参比电极(Ag-AgCl 电极);另一种是液体离子交换剂,它是一种水不溶的非水溶液,即 0.1mol/L 二癸基磷酸钙的苯基磷酸二辛酯溶液,底部用多孔性膜材料如纤维素渗析膜与外部溶液(试液)隔开。这种多孔性膜是憎水性的,仅支持离子交换剂液体形成一层薄膜。由于此种液体离子交换剂对钙有选择性,有机相和水相两相间钙离子发生离子交换,造成与内部的不同而产生一个电位差。

Ca^{2+} 选择性电极在使用时应控制试液的 pH 值在 5~11 范围内,此时 H^+ 的影响较小。酸性较强时,H^+ 进入有机相中,与 Ca^{2+} 进行离子交换,对测定产生影响;在强碱性溶液中,由于 $Ca(OH)_2$ 的形成,干扰测定。千倍于钙含量的 Na^+ 或 K^+ 的存在不影响钙的测定。

液膜电极的选择性一般不如晶体膜电极,原因是较多的离子能进入有机相与液体交换剂进行交换,如 Zn^{2+}、Pd^{2+}、Fe^{2+}、Ba^{2+}、Mg^{2+} 等都会影响 Ca^{2+} 的测定。

在膜相中采用中性载体是液膜电极的一个重要进展。中性载体是一种电中性的大有机分子,在这些分子中都具有带中心空腔的紧密结合结构,它只对具有适当电荷和原子半径(其大小与空腔适合)的离子进行配位。因此,选择适当的载体分子可使电极具有较高的选择性。中性分子与待测离子形成带电荷的配离子并溶于有机相(膜相),就形成了欲测离子通过膜相迁移的通道而组成离子选择性膜。

用于钾离子电极的缬氨霉素是一个典型的例子,它是一个具有 36 元环的环状缩酚酞。与钾离子配合时,其中六个羰基氧原子与 K^+ 键合生成 1∶1 的配合物。将其溶于某些有机溶剂如二苯醚、硝基苯中,可制成对钾离子有选择性的液膜,能在一万倍 Na^+ 的存在下测定 K^+。20 世纪 60 年代合成的一系列大环聚醚化合物,或称冠状化合物,与缬氨霉素等配合钾离子的性能相似,虽然选择性稍差一些,但易于合成,因而有很大的实用价值。国内目前的钾电极产品用 4,4′-二叔丁基二苯并-30-冠-10,将此化合物溶于邻苯二甲酸二辛酯,并使其分散于 PVC(聚氯乙烯)微孔膜中,内部溶液为 1×10^{-2} mol/L KCl,用 Ag-AgCl 作内参比电极。此电极在 pH 值为 4.0~11.5 时,钾离子的测量线性范围为 $1 \sim 1 \times 10^{-5}$ mol/L,检测下限为 10^{-6} mol/L。

某些带正电荷的离子交换剂可用于阴离子选择性电极。例如金属离子可与邻菲啰啉(o-phen)生成带正电荷的配离子 M(o-phen)$_3^{2+}$（M 为 Ni^{2+}、Fe^{2+} 等），可与阴离子 ClO_4^-、NO_3^-、BF_4^- 等生成离子缔合物，因而可用以制作这些阴离子的电极。

由上述可见，这类电极所用载体为带有正电荷或负电荷的有机离子或配离子，载体分散在有机溶剂相中构成膜相。当这种电极膜与含有敏感离子的试液接触时，有机离子被限制在膜相中，但与前面所述固定载体（如带电荷的硅酸在玻璃骨架上可视为固定不动）不同，这种有机离子在膜相内是可以活动的，而膜相中的敏感离子（Ca^{2+}）可自由地与溶液中的敏感离子进行交换。

3. 气敏电极

气敏电极和下面介绍的酶电极都属于敏化电极。气敏电极是对气体敏感的电极，它是一种气体传感器，用来测定溶液中能转化成气态的离子，但在测定时必须是被测定气体产生相应的离子。

气敏电极是基于界面化学反应的敏化电极。实际上，它是一种化学电池，是由离子选择性电极（指示电极）和参比电极组成的复合电极。这一对电极组装在一个套管内，管中盛有电解质溶液，管的底部紧靠选择性电极敏感膜处，装有透气膜使电解液与外部试液隔开。试液中待测组分气体扩散通过透气膜，进入离子电极的敏感膜与透气膜之间的极薄液层内，使液层内某一能由离子电极测出的离子活度发生变化，从而使电池电动势发生变化而反映出试液中待测组分的含量。

氨敏电极是将一支玻璃 pH 电极加上一个外管，下端套上透气膜，内装 0.1mol/L NH_4Cl 中间液，插进 Ag-AgCl 参比电极制成的。气敏电极的结构如图 2-2 所示（以氨敏电极为例）。

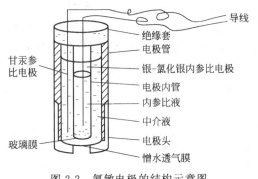

图 2-2 氨敏电极的结构示意图

测定试样中的氨时，向试液中加入强碱使铵盐转化为溶解的氨，由扩散作用通过透气膜进入 NH_4Cl 溶液而影响其 pH 值以及玻璃电极电位，故通过测量电池的电动势就可以求出氨的含量。

设试液中氨的活度为 $a_{NH_3,试}$，可以证明，此电池的电动势 $E_池$（称其为氨敏电极电位）可用式(2-6) 表示。

$$E_池 = K + 0.0592 \lg a_{NH_3,试} \tag{2-6}$$

由式(2-6) 可见，根据测定的 $E_池$ 可求出试样溶液中被测离子 NH_4^+ 的活度。除氨敏电极外，还有 H_2S、HCN、HF、NO_2、SO_2 和 CO_2 等气敏电极。

4. 酶电极

酶电极与气敏电极相似，也是一种敏化电极，即具有能将离子选择性电极不能响应的物质转变成能响应的物质的功能。酶电极是将一般电极的敏感膜上覆盖一层固定在胶态物质中的生物酶而制成的，在酶的作用下，使待测物质产生能在该离子电极上具有响应的离子，间接测定该物质。此处的界面反应是酶催化反应。酶是具有特殊生物活性的催化剂，它的催化反应选择性强，催化效率高，而且大多数催化反应可在常温下进行。催化反应的产物，如 CO_2、NH_3、NH_4^+、CN^-、F^-、S^{2-}、I^-、NO_2^- 等大多数离子，可被现有的离子选择性电极所响应。例如，玻璃酶电极是通过一种转酸酶将非酸性物质转变成一种酸性物质之后，再由 pH 玻璃电极响应测定，玻璃酶电极如图 2-3 所示。

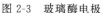

图 2-3 玻璃酶电极

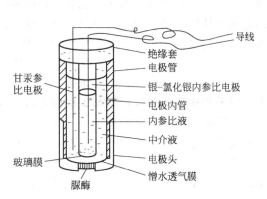

图 2-4 氨敏酶电极的结构示意图

又如氨敏酶电极，它通过一种转氨酶将被测物质转变成氨之后再由氨敏电极响应测定，如图 2-4 所示。如测定血浆或血清中的尿素时，通过脲酶将尿素转变成相当量的氨，再通过氨敏电极响应测定生物样中的尿素。其化学反应方程式如下：

$$CO(NH_2)_2 + 2H_2O + 2OH^- \underset{}{\overset{脲酶}{\rightleftharpoons}} 2NH_3 \cdot H_2O + CO_3^{2-}$$

由于酶的活性强，不易保存，膜电极的使用寿命短，这就使得酶电极的制备较为困难。但随着科学技术的高度发展，能够满足各种需要的传感器一定会不断地被制造出来。

二、离子选择性电极的膜电位

各种离子选择性电极的构造随薄膜（敏感膜）的不同而略有不同，但一般都由薄膜及其支持体、内参比溶液（含有与待测离子相同的离子）、内参比电极（Ag-AgCl 电极或甘汞电极）等组成。

用离子选择性电极测定有关离子，一般都是基于内部溶液与外部溶液之间产生的电位差，即所谓的膜电位。

离子选择性电极的膜电位的产生机理是一个复杂的理论问题，目前对这一问题仍在进行深入研究。但对一般离子选择性电极来说，膜电位的建立已证明主要是溶液中的离子与电极膜上的离子之间发生交换作用的结果。pH 玻璃电极的膜电位的建立是一个典型例子。

pH 玻璃电极是最重要的和使用最广泛的氢离子指示电极，用于测量各种溶液的 pH 值，它对氢离子具有高度选择性响应。当玻璃电极与溶液接触时，在玻璃表面与溶液接界处会产生电位差，此电位差只与溶液中的氢离子活度有关，这是因为玻璃膜只容许氢离子进出膜的表面。pH 玻璃电极的结构如图 2-5 所示。

玻璃电极中最关键的部分是由成分特殊的玻璃制成的薄膜球（膜厚 50~100μm，摩尔分数约为：SiO_2 72%、Na_2O 22%、CaO 6%）。球内装有一定 pH 值的缓冲溶液（称为内参比溶液，通常为 0.10mol/L HCl 溶液），该缓冲溶液中插入一支 Ag-AgCl 作内参比电极。

玻璃的晶格结构是由固定的硅氧键及带负电荷的晶格氧离子所组成的，在晶格中存在较小的但活动能力很强的阳离子 Na^+，并起导电作用。溶液中的 H^+ 能进入硅酸盐晶格，并取代 Na^+ 的点位，但负离子却被带负电荷的硅酸

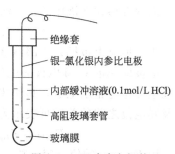

图 2-5 pH 玻璃电极的结构示意图

晶格所排斥。二价及高价的阳离子不能进出硅酸晶格。

玻璃电极在使用前要浸泡24h以上。当浸泡达到平衡时，由于硅酸结构与氢离子结合的键的强度远大于与钠离子结合的强度（约10^{14}倍），因此发生如下交换反应：

$$H^+ + Na^+Gl^- \rightleftharpoons Na^+ + H^+Gl^-$$
（溶液）（玻璃）　（溶液）（玻璃）

以上反应的平衡常数很大，有利于正向进行，使得玻璃表面的点位在酸性或中性溶液中基本上全部为氢离子所占有，而形成一个硅酸（HGl）的水化胶层。只有在氢氧化钠溶液中，由于逆反应的进行，使得钠离子仍占有某些点位。玻璃较长时间浸泡在水中，水将在固体中继续渗透，达到平衡时，能形成厚度为$10^{-5} \sim 10^{-4}$ mm的水化胶层，在水化胶层的最表面，钠离子的点位基本上全部被氢离子所占有，玻璃膜两表面的放大示意图如图2-6所示。

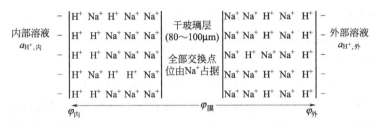

图 2-6　玻璃膜两表面的放大示意图

$\varphi_外$ 和 $\varphi_内$ 与相应溶液中氢离子的活度及相应水化硅胶层表面的氢离子活度有关：

$$E_外 = K_外 - \frac{RT}{F} \ln \frac{a_{H^+,外表面}}{a_{H^+,外}} \tag{2-7a}$$

$$E_内 = K_内 - \frac{RT}{F} \ln \frac{a_{H^+,内表面}}{a_{H^+,内}} \tag{2-7b}$$

式中，$a_{H^+,内表面}$ 和 $a_{H^+,外表面}$ 分别表示玻璃膜内、外水合硅胶层表面的 H^+ 活度；$a_{H^+,内}$ 和 $a_{H^+,外}$ 分别表示玻璃膜内部参比溶液和外部溶液中 H^+ 的活度；$K_内$ 和 $K_外$ 分别为与玻璃膜内、外表面性质有关的常数。

因为玻璃膜内、外表面性质可以认为基本相同，内、外水化层具有几乎相同的交换点位，所以产生扩散电位的数值相等，但符号相反，故

$$K_外 = K_内 \tag{2-8a}$$

$$a_{H^+,外表面} = a_{H^+,内表面} \tag{2-8b}$$

$$E_膜 = E_外 - E_内 = \frac{RT}{F} \ln \frac{a_{H^+,外}}{a_{H^+,内}} \tag{2-8c}$$

因内部参比溶液中的 H^+ 活度值固定不变，即 $a_{H^+,内}$ 一定，故298K时有

$$E_膜 = K + 0.0592 \lg a_{H^+,试} = K - 0.0592 pH_试 \tag{2-8d}$$

当将玻璃电极插入外部溶液并达到平衡时，玻璃膜电极的电位除膜电位之外，还包括内参比电极即Ag-AgCl电极的电位。内参比电极的电位是恒定的，与被测溶液的pH值无关，玻璃电极作为指示电极，其作用主要在玻璃膜上。故整个玻璃电极的电位与内参比电极的电位及膜电位之间的关系可表示为：

$$E_{玻璃} = E_{AgCl/Ag} + E_膜 = E_{AgCl/Ag} + K - 0.0592 pH_试 \tag{2-9a}$$

因 $E_{AgCl/Ag}$ 的值一定，故

$$E_{玻璃} = K' - 0.0592 pH_试 \tag{2-9b}$$

可见，玻璃电极的电极电位只与膜外溶液（试液）中氢离子的活度有关，所以 pH 玻璃电极对 H^+ 有选择性响应。

三、离子选择性电极的选择性

离子选择性电极对离子有选择性响应，如 pH 玻璃电极对 H^+ 有选择性响应。理想的离子选择性电极只对特定的一种离子（待测离子）产生电位响应。事实上，离子选择性电极除对待测离子有线性响应外，还能对某些离子作出程度不同的通常是较弱的响应。电极的选择性主要由电极膜活性材料的性质决定。电极的响应电位主要是膜的相界面上发生交换反应，产生相界电位，如果干扰离子参与这一过程，则显示出干扰作用。例如，用 pH 玻璃电极测定 pH，在 pH＞9 时，由于碱金属离子（Na^+ 等）的存在，玻璃电极的电位响应偏离线性关系而产生误差（测得值比实际值低），这种误差称为钠差（或碱差）。

实际上，任何离子选择性电极都不同程度地存在其他离子的干扰，即离子选择性电极对干扰离子也有不同程度的响应。

设被测金属离子为 M_i，干扰金属离子为 M_j，其活度分别 a_i 和 a_j，若考虑干扰离子对膜电位的影响，则膜电位可表示为：

$$E_{膜}=K+\frac{0.0592}{n}\lg[a_i+K_{i,j}(a_j)^{z_i/z_j}] \tag{2-10}$$

式中，i 和 j 分别代表被测离子和干扰离子；z_i 和 z_j 分别为被测离子和干扰离子所带的电荷；$K_{i,j}$ 为选择性系数，即活度和电荷相同时，被测离子和干扰离子对同一电极产生的电位之比。

选择性系数 $K_{i,j}$ 越小，则离子选择性电极的选择性越好。如 $K_{Na,K}=1.0\times10^{-4}$ 表示与 Na^+ 同活度的 K^+ 对 Na^+ 电极产生的电位只是 Na^+ 的万分之一。有时也可用选择比 $K_{j,i}$ 来衡量离子选择性电极的选择性。选择比和选择性系数互为倒数，选择比越大，则离子选择性电极的选择性越好。

四、测定离子活度的定量方法

离子选择性电极可以直接用来测定离子的活（浓）度，也可作为指示电极用于电位滴定，本节只讨论直接电位法。

以 F^- 电极为例，与用 pH 玻璃电极测定溶液 pH 值类似，用离子选择性电极测定离子活度时，也是将它浸入待测溶液而与参比电极组成一电池，并测量其电动势。例如，使用氟离子选择性电极测定 F^- 时，可组成如下工作电池：

$$Hg|Hg_2Cl_2,KCl(饱和)\|试液|LaF_3膜|NaF,NaCl,AgCl|Ag$$

尽管 F^- 电极的作用机理与玻璃电极不尽相同，但最终都是在膜的内、外表面形成两个界面电势，且两者的内参比电极相同。

$$E_{膜}=K-0.0592\lg a_{F^-,试}=K+0.0592pF_{试} \tag{2-11a}$$

$$E_{电极}=E_{AgCl/Ag}+E_{膜}=E_{AgCl/Ag}+K+0.0592pF_{试} \tag{2-11b}$$

$$E_{电极}=K'+0.0592pF_{试} \tag{2-11c}$$

式中，$a_{F^-,试}$ 为试液中 F^- 的活度。

由 F^- 电极的电极电位计算公式推广到其他晶体膜，各种晶体膜电极在 298K 温度下的膜电位和电极电位计算公式为：

$$E_{膜}=K\pm\frac{0.0592}{n}\lg a_{A,试} \tag{2-12}$$

$$E_{电极} = K' \pm \frac{0.0592}{n} \lg a_{A,试} \tag{2-13}$$

式中，n 为被测离子 A 所带的电荷数；当响应的离子是阳离子时取"+"，是阴离子时取"−"。可见，根据测定的电极电位可求出试样溶液中被测离子的活度。

由于离子选择性电极反映的是离子活度，但日常工作中需要测定浓度，因此，要求标准溶液的离子强度与试液的离子强度相同，这样就可以用浓度代替活度进行计算。调节相同离子强度的方法有两种，即恒定离子背景法和加入离子强度调节剂。

(1) 恒定离子背景法　当试样中含有一种含量高且基本恒定的非欲测离子时常用此法，即以试样本身为基础，用相似的组成制备标准溶液。例如测定海水中的 K^+，在配制 K^+ 标准溶液时，先人工合成与海水相似的溶液，然后加入标准钾盐物质。

(2) 加入离子强度调节剂　为了使试液和标准溶液的总离子强度一致，可在标准溶液和试液中同时加入离子强度调节剂 (ISAB) 或总离子强度缓冲溶液 (TISAB，离子强度调节剂、缓冲剂和掩蔽剂的混合物)。离子强度调节剂是浓度很大的电解质溶液，它应对欲测离子没有干扰，将它加到标准溶液及试样溶液中，使它们的离子强度都达到很高而近乎一致，从而使活度系数基本相同。在某些情况下，此种高离子强度的溶液中还含有 pH 缓冲剂和消除干扰的配合剂。例如用氟离子选择性电极测定氟时，使用总离子强度缓冲溶液，其溶液的组成为：1.0mol/L NaCl、0.25mol/L HAc、0.75mol/L NaAc、0.001mol/L 柠檬酸钠，使总离子强度等于 1.75，pH=5.0。柠檬酸钠还可以消除 Fe^{3+}、Al^{3+} 的干扰。在实际测定时，通常在待测液中加入较大量的离子强度调节剂，以控制溶液的活度系数不变。此外，还可以加入缓冲剂以控制适于测定的 pH 值 (如 pH 值 5.0 左右适于测 F^-)，加入掩蔽剂以消除共存离子的干扰等。值得注意的是，加入的 TISAB 中不能含有能被所用的离子选择性电极响应的离子。

测定离子活度的定量方法有标准曲线法、标准加入法和格氏作图法等，分述如下。

1. 标准曲线法

将离子选择性电极与参比电极同时插入一系列活(浓)度已确知的标准溶液中，测出相应的电动势，然后以测得的 $E_{池}$ 值对应于 $\lg a_i$ ($\lg c_i$) 值绘制标准曲线 (校正曲线)。在同样条件下测出待测溶液的 $E_{池}$ 值，即可从标准曲线上查出待测溶液中被测离子的离子活(浓)度。

如前所述，离子选择性电极的膜电位和电极电位的能斯特关系式相似，只是常数项 K 中所包含的内容各不相同。相应工作电池的电动势也可表示为：

$$E_{池} = K \pm \frac{RT}{nF} \ln a = K \pm \frac{2.303RT}{nF} \lg a = K \pm \frac{2.303RT}{nF} \lg \gamma \frac{c}{c^{\ominus}} \tag{2-14a}$$

式中，$c^{\ominus} = 1 \text{mol/L}$。

当溶液中的离子强度一定时，γ 一定，故有

$$E_{池} = K' \pm \frac{2.303RT}{nF} \lg \frac{c}{c^{\ominus}} \tag{2-14b}$$

298K 时，有

$$E_{池} = K' \pm \frac{0.0592}{n} \lg \frac{c}{c^{\ominus}} \tag{2-14c}$$

因 K' 的值难以准确确定，故一般用标准曲线法来求被测物的浓度。具体方法如下：

① 配制一系列含有不同浓度的被测离子的标准溶液，使总离子强度调节缓冲剂相同；

② 将离子选择性电极和参比电极放入标准溶液中组成工作电池，测定所组成的电池电

动势 E_S;

③ 以 $\lg \dfrac{c}{c^{\ominus}} \sim E_S$ 作图,即为标准曲线;

④ 以相同方式配制试液,按测标准溶液同样的步骤,测得试液工作电池的电动势 E_x,再从标准曲线上查得与 E_x 对应的浓度 c_x,此浓度即为试样溶液中被测离子的浓度。

离子选择性电极分析法所用的标准曲线不及分光光度法的标准曲线稳定,这与 E_S 值易受温度、搅拌速度、盐桥液接电位等影响有关。某些离子选择性电极的膜表面状态也影响 E_S 值。这些影响常表现为标准曲线的平移。在实际工作中,可每次检查标准曲线上的 1~2 个点。在取直线部分工作时,通过这 1~2 个点作一直线与原标准曲线的直线部分平行,即可用于未知液的分析。

2. 标准加入法

标准曲线法要求标准溶液与待测溶液具有接近的离子强度和组成,否则将会因 γ_i 值不同而引起误差。此时采用标准加入法,则可基本上减免该误差。

标准加入法又称为增量法或添加法。当被测试样成分复杂,难以配成离子强度与之基本相同的标准溶液时,或离子强度变化比较大,组成很难固定的情况下,可采用标准加入法测定物质的浓度,其步骤如下。

① 将离子选择性电极和参比电极放入待测试液中(其体积为 V_0,浓度为 c_x)组成工作电池,测定所组成的电池电动势 E_1。

$$E_1 = K' \pm \frac{2.303RT}{nF} \lg \frac{c_x}{c^{\ominus}} \tag{2-15a}$$

② 向该试液中加入浓度为 c_s(约为 c_x 的 100 倍)、体积为 V_s(约为 V_0 的 1/100)的待测离子的标准溶液,混匀后测得相应工作电池的电动势为 E_2。

$$E_2 = K' \pm \frac{2.303RT}{nF} \lg \frac{c_x V_0 + c_s V_s}{(V_0 + V_s)c^{\ominus}} \tag{2-15b}$$

则两次测量的电动势之差为:

$$\Delta E = E_2 - E_1 = \frac{2.303RT}{nF} \lg \frac{c_x V_0 + c_s V_s}{(V_0 + V_s)c_x} \tag{2-15c}$$

令

$$S = \frac{2.303RT}{nF}$$

得

$$\Delta E = E_2 - E_1 = S \lg \frac{c_x V_0 + c_s V_s}{(V_0 + V_s)c_x} \tag{2-15d}$$

则

$$c_x = \frac{c_s V_s}{V_0 + V_s} \left(10^{\Delta E/S} - \frac{V_0}{V_0 + V_s}\right)^{-1} \tag{2-15e}$$

由于 $V_0 \gg V_s$,故 $V_0 + V_s \approx V_0$,可得如下近似公式:

$$c_x = \frac{c_s V_s}{V_0} (10^{\Delta E/S} - 1)^{-1} \tag{2-15f}$$

本法的优点是仅需要一种标准溶液,操作简单快速。在有大量过量的配合剂存在的体系中,此法是使用离子选择性电极测定待测离子总浓度的有效方法。对于某些成分复杂的试样,若以标准曲线法测定,在配制同组分的标准溶液上会发生困难,而以本法测定,则可获得较高的准确度。测定时,c_s、V_0 和 V_s 必须准确加入;V_0 宜在 20~50mL 范围内,过小时,测定的相对误差大,过大时,因加入离子引起的离子强度变化大,也会产生较大误差;加入标准溶液的体积也要适当,一般在 100mL 试液中加入 1.0~2.0mL 标准溶液为佳。

3. 格氏作图法

1952 年格氏提出采用图解法来确定电位滴定的终点,并于 1969 年用于离子选择性电极分析中,现已成为离子选择性电极分析中有较高精度的简便方法,它的测定步骤与标准加入法类似,只是将能斯特方程式用另一种形式表示,并用一种新的方式作图以求算待测离子浓度,其原理如下。

设 c_x 和 V_x 分别为试样溶液的浓度和体积,c_s 和 V_s 分别为添加的标准溶液的浓度和体积,加入 V_s(mL) 的标准溶液后,其离子浓度为:

$$c = \frac{c_x V_x + c_s V_s}{V_x + V_s} \tag{2-16a}$$

将能斯特方程式

$$E = E^\ominus + S \lg \frac{c_x V_x + c_s V_s}{V_x + V_s} \tag{2-16b}$$

重排可得

$$\frac{E - E^\ominus}{S} = \lg \frac{c_x V_x + c_s V_s}{V_x + V_s} \tag{2-16c}$$

$$10^{(E-E^\ominus)/S} = \frac{c_x V_x + c_s V_s}{V_x + V_s} \tag{2-16d}$$

即

$$(V_x + V_s) 10^{E/S} = (c_x V_x + c_s V_s) 10^{E^\ominus/S} \tag{2-16e}$$

以 $(V_x + V_s) 10^{E/S}$ 对 V_s 作图可得一条直线,外推此直线相交于 V_s 轴,V_s 为负值,此时纵坐标为零,得

$$c_x V_x + c_s V_s = 0 \tag{2-16f}$$

即

$$c_x = -\frac{c_s V_s}{V_x} \tag{2-16g}$$

格氏作图法实际上是多次标准加入法,它比一次标准加入法有更高的精度,可以发现个别偶然误差,绘出最佳直线以计算分析结果,其准确度显然可以提高。

五、影响活度(或浓度)测定的因素

用离子选择性电极测定试液中待测离子的活度(或浓度),会受到电极电位的各种因素影响,因此在测定时需要全面考虑,并结合条件实验,以确定测量操作条件。除了上面介绍的离子强度的影响以外,影响活度(或浓度)测定的因素主要有以下几个方面。

1. 温度

已知工作电池的电动势在一定条件下与离子活度的对数值成直线关系:

$$E_\text{池} = K' + \frac{2.303RT}{nF} \lg a_i \tag{2-17}$$

要注意温度不仅影响直线的斜率,也影响着直线的截距,式中的 K' 项包括参比电极电位、液接电位等,这些电位值的大小也都与温度有关。因此,在整个测定过程中应保持温度恒定,以提高测定的准确度。

2. 干扰离子

干扰离子能直接为电极所响应的,则其干扰效应为正误差;干扰离子与被测离子反应生成一种在电极上不发生响应的物质,则其干扰效应为负误差。

在待测试液中,H^+ 的浓度(即溶液的酸度)对离子选择性电极的响应有一定影响,因为 pH 值影响待测离子在溶液中存在的形态,亦即影响被测离子活度。例如氟离子在水中存在下列平衡:

$$F^- + H^+ \rightleftharpoons HF \qquad F^- + HF \rightleftharpoons HF_2^-$$

当 pH 值下降时，平衡向右移动，影响 F^- 的活度，使电极电位正值增加，这是因为产生了难电离、不为氟电极响应的 HF，降低了 F^- 的浓度。

当溶液 pH 过大时，则发生 OH^- 与单晶膜的反应：

$$LaF_3(固) + 3OH^- \rightleftharpoons La(OH)_3(固) + 3F^-$$

反应释放出 F^-，使溶液中 F^- 增加，同时损害单晶膜。实验证明，pH 为 4~8 时，电极显示理想行为。

溶液中除了 H^+ 与 OH^- 有影响外，其他共存离子有时候也会影响电动势的大小。原因有的是由于其能直接与电极敏感膜发生作用，例如当干扰离子和电极膜反应生成可溶性配合物时会发生干扰。以 F^- 选择性电极为例，当试液中存在大量的柠檬酸根离子（Ct^{3-}）时：

$$LaF_3(固) + Ct^{3-}(水) \rightleftharpoons LaCt(水) + 3F^-(水)$$

由于上述反应的发生使试液中 F^- 增加，因而测定结果将偏高。

当共存离子在电极膜上生成一种新的、不溶性化合物时，则出现另一种形式的干扰。例如 SCN^- 与 Br^- 电极的溴化银膜反应：

$$SCN^- + AgBr(固) \rightleftharpoons AgSCN(固) + Br^-$$

溴离子电极可以忍受一定量的 SCN^-，但当 SCN^- 的浓度超过一定限度时，将发生上述反应而使 AgSCN 开始覆盖在溴化银膜的表面。试液中其他共存离子也可能不同程度地影响溶液的离子强度，因而影响欲测离子的活度；也能与欲测离子形成配合物或发生氧化还原反应而影响测定，这是较为常见的情况。例如氟离子电极对 Al^{3+} 虽无直接响应，但 Al^{3+} 在试液中与 F^- 共存时，能形成稳定的 $[AlF_6]^{3-}$ 配离子，而氟电极对此种配离子是不响应的，因此在测量氟含量时会产生负误差，使分析结果偏低。

干扰离子不仅给测定带来误差，而且使电极响应时间增加。为了消除干扰离子的影响，较方便的方法是加入掩蔽剂，只有必要时，才预先分离干扰离子。例如测定 F^- 时加入 TISAB 溶液的目的之一就是掩蔽铁、铝等离子而消除干扰。对于能使待测离子氧化的物质（如水中的溶解氧能氧化 S^{2-}），可加入还原剂（如抗坏血酸）以消除其干扰。

3. 响应时间

响应时间又称响应速度，指离子选择性电极浸在溶液中达到电极电位稳定所需的时间。离子选择性电极的响应时间越短，则响应速度越快。各种电极都需要有一定的响应时间，一般响应时间 1~3min，氟电极、玻璃电极的响应时间小于 1min，气敏电极的响应时间较长。

一般离子选择性电极的响应速度较快，但对同一电极来说，被测离子浓度越小，响应速度越慢；浓度越大，响应速度越快。响应时间（响应速度）主要与以下几个因素有关：

(1) 与待测离子到达电极表面的速率有关　搅拌溶液可缩短响应时间。在烧杯中测定时，一般都用电磁搅拌器搅拌，以加速离子的扩散，保持电极表面与溶液本体一致，所以搅拌是必要的，但搅拌速度也不宜过快，因为过快会引起噪声和电位不稳。选择搅拌速度以不引起平衡电位的波动为原则。

(2) 与待测离子的活度有关　离子选择性电极的响应时间一般很短（几秒钟），但测量的活度越小，响应时间越长，接近检测极限的极稀溶液的响应时间，有的甚至要 1h 左右，使电极在此情况下的应用受到限制。

(3) 与介质的离子强度有关　在通常情况下，含有大量非干扰离子时响应较快。

(4) 与共存离子的存在有关　如 Ba^{2+}、Sr^{2+}、Mg^{2+} 等离子共存时，钙电极响应时间要延长。

(5) 与膜的厚度、表面光洁度等有关 在保证有良好的力学性能条件下,薄膜越薄,响应越快。光洁度好的膜,响应也较快。

响应时间在电极的实际应用中显然是一个重要的参数。在应用离子选择性电极进行连续自动滴定时,尤需考虑电位的响应时间。

4. 电动势测量的准确度

电动势测量误差 ΔE 与相对误差 $\Delta c/c$ 的关系可根据能斯特方程式导出:

$$E = K + \frac{RT}{nF} \ln c \tag{2-18a}$$

$$\Delta E = \frac{RT}{nF} \times \frac{1}{c} \Delta c \tag{2-18b}$$

将 $R=8.314\text{J/(mol·K)}$,$F=96487\text{C/mol}$ 代入式(2-18b),温度取 $T=298\text{K}$,E 的单位换算成 mV,则

$$\Delta E = \frac{0.2568}{n} \times \frac{\Delta c}{c} \times 100\% \tag{2-18c}$$

或

$$\text{相对误差} = \frac{\Delta c}{c} \times 100\% = \frac{n\Delta E}{0.2568} \approx 4n\Delta E \tag{2-18d}$$

即对于一价离子的电极电位值测定误差 ΔE,每±1mV 将产生约±4%的浓度相对误差,对于二价离子响应的电极的误差约为±8%,三价离子约为±12%。这说明用直接电位法测定,误差一般较大,特别是对价数较高的离子更为严重。因此离子选择性电极一般适用于较低浓度的溶液测定。当测定较高含量组分的浓度时,以采用电位滴定等方法为宜。对于高价离子,将其转变为电荷数较低的配离子后再测定是较为有利的。例如,将 B(Ⅲ) 转化为 $[BF_4]^-$ 后用 $[BF_4]^-$ 液膜电极测定;测定 S^{2-} 时,加入过量的 Ag^+ 使之形成 Ag_2S 沉淀,再测定剩余的 Ag^+,其测定误差将符合 $n=1$ 时的关系。

由上述可见,对于直接电位法,要求测量电位的仪器必须具有很高的灵敏度和准确度。以离子选择性电极测量离子活度(或浓度)时,如欲达到 1%~2% 的精度,则测定的电极电位需精确到 0.2mV,通常要求电动势测量误差小于 0.1~0.01mV。因此,应该根据测定时要求的精度选择适当的精密酸度计或离子计。目前应用的有 pHS-2 型酸度计、pHS-3 型酸度计、pHSJ-4 型酸度计、pHSJ-216 型离子活度计、PXS-215 型离子活度计等。

5. 迟滞效应

迟滞效应是与电位响应时间相关的一个现象,即对同一活度值的离子试液,测出的电位值与电极在测定前接触的试液成分有关。此现象也称为电极存储效应,它是直接电位法的重要误差来源之一。减免由此现象引起的误差,方法之一是固定电极测定前的预处理条件。另外,如果每次测量前都用去离子水将电极电位清洗至一定的值,也可有效地减免此类误差。

六、离子选择性电极的主要性能指标

除了上述介绍的离子选择性电极的选择性和响应时间等性能指标外,离子选择性电极还有以下常见指标。

1. 能斯特响应

电极电位随离子活度变化的特征叫响应,当这种响应符合能斯特方程时,则称为能斯特响应。只有在合适的浓度范围内,下列方程式才成立:

$$E_{膜} = K \pm 0.0592 \lg a_{A,试} \tag{2-19a}$$

$$E_{电极} = K' \pm 0.0592 \lg a_{A,试} \tag{2-19b}$$

$$E_{池} = K'' \mp 0.0592 \lg a_{A,试} \qquad (2\text{-}19c)$$

以上是用离子选择性电极测定离子活度的基本条件。合适的活度（或浓度）范围一般靠实验来确定。

2. 线性范围

离子选择性电极的电位与待测离子活度的对数值只在一定的范围内呈线性关系，该范围称为线性范围。线性范围的测量方法是：将离子选择性电极和参比电极与不同活度（或浓度）的待测离子的标准溶液组成电池并测出相应的电池电动势 E，然后以 E 值为纵坐标，$\lg a_i$（或 pa_i）值为横坐标绘制曲线（如图 2-7 所示）。图中直线部分 AB 对应的活度（或浓度）即为线性范围。离子选择性电极的线性范围通常为 $10^{-1} \sim 10^{-6}$ mol/L。

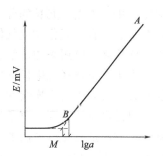

图 2-7　离子选择性电极的校正曲线

3. 检测下限

在测定过程中，当被测离子的活度低于一定值时，电位值与离子活度的对数关系会偏离线性，此点即称为检测下限，即图 2-7 中 M 点所对应的活度。检测下限是离子选择性电极能检测到的离子的最低活度（或浓度）。

根据 IUPAC 的建议，曲线（见图 2-7）两直线部分外延的交点 M 所对应的离子活度（或浓度）称为检测下限。在检测下限附近，电极电位不稳定，测量结果的重现性和准确度较差。

电极的线性范围和检测下限会受实验条件、溶液组成（尤其是溶液酸度和干扰离子含量）以及电极预处理情况等的影响而发生变化，在实际应用时必须予以注意。

4. 电极的斜率

在电极的测定线性范围内，离子活度变化 10 倍所引起的电位变化值称为电极的斜率。电极斜率的理论值为 $2.303RT/nF$，在一定温度下为常数。如在 25℃ 时，对一价正离子是 59.2mV，对二价离子是 29.6mV。在实际测量中，电极斜率与理论值有一定的偏差，但只有实际值达到理论值的 95% 以上的电极才可以进行准确的测定。

5. 电极的稳定性

电极的稳定性是指一定时间（如 8h 或 24h）内，电极在同一溶液中的响应值变化，也称为响应值的漂移。电极表面的玷污或物质性质的变化影响电极的稳定性，良好的清洗、浸泡处理等能改善这种情况。电极密封不良、胶黏剂选择不当，或内部导线接触不良等也会导致电位不稳定。对于稳定性较差的电极，需要在测定前后对响应值进行校正。

此外，离子选择性电极还有使用寿命等性能指标。

七、离子选择性电极的应用

使用离子选择性电极进行测定的优点是简便快速。因为电极对欲测离子有一定的选择性，一般常可避免麻烦的分离干扰离子的步骤。对有色、浑浊和黏稠的溶液，也可直接进行测量。离子选择性电极的响应较快，在多数情况下响应是瞬时的，即使在不利条件下也能在几十分钟内得出读数。测定所需试样量很少，若使用特制的电极，所需试液可少至几微升。和其他仪器分析法相比，本法所需的仪器设备较为简单。对于一些用其他方法难以测定的某些离子，如氟离子、硝酸根离子、碱金属离子等，用离子选择性电极测定可以得到满意的结果。例如氟离子的测定以往是先采用蒸馏法、沉淀法等，将氟从干扰组分中分离出来，然后以滴定法或比色法测定，步骤冗繁，灵敏度低，且操作方法难以掌握。如用氟离子电极进行测定,由于省去了冗长的分离步骤,数分钟就能测一个试样,所以已实际应用于自来水或工业废水、岩石、氧化物或气体中氟的测定。又如用钠离子电极测定 Na^+ 含量,灵敏度比火焰光度法高,已用来测定锅炉水气体中的盐含量和矿物岩石、玻璃中氧化钠的含量。

由于离子选择性电极分析法所依据的电位变化信号可供连续显示和自动记录,因而使用这种方法有利于实现连续和自动分析。

但是也应该看到,离子选择性电极就目前的发展水平来说,在实际应用中还受到一些限制。一方面是直接电位法的误差较大,因此它只适用于对误差要求不高的快速分析。当精密度要求优于±2%时,一般不宜用此法。采用电位滴定法等方法能得到较高的精度,但在一定程度上将失去快速、简便的优点。电极的品种少也是其应用受到局限的一个因素,目前电极品种仍限于一些低价离子,主要是阴离子。另一方面,电极电位值的重现性受实验条件变化的影响较大,其标准曲线不及光度法测定的曲线稳定。由于这些因素的影响,目前许多已制成的离子电极,其实际应用的潜力尚未充分发挥。尽管本法尚有不少缺陷,但仍是工业生产控制、环境监测、理论研究,以及与海洋、土壤、地质、医学、化工、冶金、原子能工业、食品加工、农业等领域有关的分析工作的新型重要工具。

第三节 直接电位法

一、直接电位法的基本原理

将金属浸入该金属离子的水溶液中,则在金属和水溶液之间产生电极电势,见式(2-20)。

$$E_{M^{n+}/M} = E^{\ominus}_{M^{n+}/M} + \frac{RT}{nF} \ln a_{M^{n+}} \tag{2-20a}$$

$$a_{M^{n+}} = \frac{\gamma_{M^{n+}} c_{M^{n+}}}{c^{\ominus}} \tag{2-20b}$$

式中,$a_{M^{n+}}$ 为 M^{n+} 的活度。当浓度很小时,活度系数 $\gamma_{M^{n+}} \approx 1$,则

$$a_{M^{n+}} \approx \frac{c_{M^{n+}}}{c^{\ominus}} \tag{2-20c}$$

测电极的电位时,实际上是测相应原电池的电动势,即两电极电位之差。当用上述电极作为指示电极时,还需一电位恒定的参比电极与待测溶液组成工作电池。

$$M/M^{n+}(a_{M^{n+}}) \| 参比电极$$

$$E = E_{参比} - E_{M^{n+}/M} = E_{参比} - E^{\ominus}_{M^{n+}/M} - \frac{RT}{nF} \ln a_{M^{n+}} \tag{2-21}$$

式中,$E_{参比}$ 为参比电极电位。

因为当温度一定时,$E_{参比}$ 和 $E^{\ominus}_{M^{n+}/M}$ 都是常数,故根据测得的电动势 E,可求得离子的活度 $a_{M^{n+}}$。

二、直接电位法的特点

直接电位法和其他仪器分析法相比有很多独特的特点,具体如下:

① 可用于许多无机阴离子和阳离子、有机离子、生物物质,尤其是碱金属离子和一价阴离子的测定,也可用于气体分析。

② 测定的浓度范围宽,可达数个数量级。

③ 可用作生产流程自动控制和环境检测设备中的传感器，所涉及的测试仪表很简单。

④ 可微型化，甚至制成管径小于 $1\mu m$ 的超微型电极，以便用于单细胞及活体检测。

⑤ 既可测定溶液中离子的浓度，也可测定活度和活度系数，甚至测定一些化学平衡常数（如解离常数、溶度积常数、配合物生成常数等），还可用作研究热力学、动力学和电化学等基础理论的手段。

三、溶液 pH 的测定

直接电位法应用最多的是 pH 的电位测定和离子选择性电极法测定溶液中的离子活度，而应用最早也是最广泛的是测定溶液的 pH 值。特别是 20 世纪 60 年代以来，由于离子选择性电极的迅速发展，使电位测定法的应用有了新的突破。以 pH 玻璃电极作为指示电极，饱和甘汞电极作为参比电极，使用酸度计测量电池的电动势，可以直接读出溶液的 pH 值。该方法简便准确，精度可达 0.01pH。现以电位法测定 pH 值为例，说明直接电位法的原理。

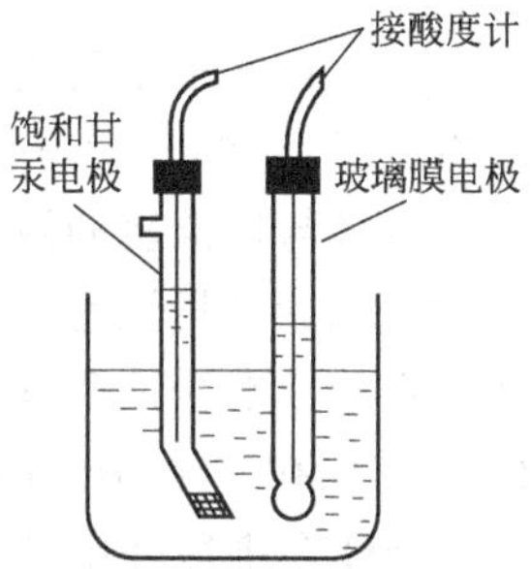

1. 测定原理

pH 是氢离子活度的负对数，即 $pH = -\lg a_{H^+}$。测定溶液的 pH 通常用 pH 玻璃电极作指示电极，溶液的 pH 值是通过测定由溶液组成的电池电动势来确定的。以玻璃膜电极作指示电极，与饱和甘汞电极和待测试液组成一个工作电池，如图 2-8 所示。由前述可知，298K 时，其电池电动势可表示为：

$$E_{池} = K + 0.0592 pH_{试} \tag{2-22}$$

式中，$E_{池}$ 可通过测量获得。

图 2-8 用玻璃膜电极和饱和甘汞电极测定试液 pH 值的示意图

因 K 值除与内参比电极和外参比电极的电极电位有关外，还与难以确定的不对称电位 $E_{不对称}$、活度系数和液接电位 $E_{液接}$ 的值有关。故在实际测定过程中，一般不利用测得的 $E_{池}$ 通过式(2-22) 来计算被测溶液的 pH 值，而是用一个已知 pH 值的标准缓冲溶液作参照，通过比较待测试液和标准缓冲溶液相应的电池电动势，来确定待测试液的 pH 值。

2. 测定方法

只要测出工作电池电动势，并求出 K' 值，就可以计算试液的 pH。但 K' 是十分复杂的一个项，它包括饱和甘汞电极的电位、内参比电极电位、玻璃膜的不对称电位及参比电极与溶液间的接界电位，其中有些电位很难测出。因此实际工作中不能直接计算 pH，而是用已知 pH 的标准缓冲溶液为基准，通过比较分别由标准缓冲溶液参与组成和由待测溶液参与组成的两个工作电池的电动势来确定待测溶液的 pH。即测定一标准缓冲溶液（pH_s）的电动势 E_s，然后测定试液（pH_x）的电动势 E_x。当用玻璃电极作指示电极，饱和甘汞电极（简写作 SCE）作参比电极时，组成下列原电池：

$$Ag|AgCl, 0.1mol/L\ HCl|玻璃膜|试液 \| KCl 溶液(饱和), Hg_2Cl_2|Hg$$

在此原电池中，玻璃电极为负极，饱和甘汞电极为正极，25℃时，E_s 和 E_x 分别为：

$$E_s = K'_s + 0.0592 pH_s \tag{2-23a}$$

$$E_x = K'_x + 0.0592 pH_x \tag{2-23b}$$

所以电池电动势与溶液 pH 有线性关系。在同一测量条件下，采用同一支 pH 玻璃电极和 SCE，则上两式中 $K'_s \approx K'_x$，将两式相减得

$$\mathrm{pH}_x = \mathrm{pH}_s + \frac{E_x - E_s}{0.0592} \tag{2-23c}$$

式中，pH_s 为已知值，测量出 E_x、E_s 即可求出 pH_x。通常将式(2-23c)称为 pH 的实用定义或 pH 标度。实际操作中，酸度计一般可直接显示待测液的 pH，故通过用尽可能与试样溶液 pH 值接近的标准缓冲溶液校正仪器后，即可测定试样溶液的 pH。实际测定中，将 pH 玻璃电极和 SCE 插入 pH_s 标准溶液中，通过调节测量仪器上的"定位"旋钮使仪器显示出测量温度下的 pH_s 值，就可以达到消除 K 值、校正仪器的目的，然后再将电极对浸入试液中，直接读取溶液 pH。

由式(2-23c)可知，E_x 和 E_s 的差值与 pH_x 和 pH_s 的差值呈线性关系，在 25℃时直线斜率为 $1/0.0592$，直线斜率 $\left(S = \dfrac{2.303RT}{F}\right)$ 是温度的函数。为保证在不同温度下测量精度符合要求，在测量中要进行温度补偿。用于测量溶液 pH 的仪器设有此功能。

由于式(2-23c)是在假定 $K_s' = K_x'$ 的情况下得出的，而实际测量过程中往往因为某些因素（如试液与标准缓冲液的 pH 或成分的变化、温度的变化等）的改变，导致 K' 值发生变化。为了减少测量误差，测量过程应尽可能使溶液的温度保持恒定，并且应选用 pH 与待测溶液相近的标准缓冲溶液（按 GB 9724—88 规定，所用标准缓冲溶液的 pH_s 和待测溶液的 pH_x 相差应在 3 个 pH 单位以内）。

3. pH 标准缓冲溶液

pH 标准缓冲溶液是具有准确 pH 的缓冲溶液，它是 pH 测定的基准，故缓冲溶液的配制及 pH 的确定是至关重要的。我国国家标准物质研究中心通过长期工作，采用尽可能完善的方法，确定 30~95℃水溶液的 pH 工作基准，它们分别由七种六类标准缓冲物质组成。这七种六类标准缓冲物质分别是：四草酸钾、酒石酸氢钾、邻苯二甲酸氢钾、磷酸氢二钠-磷酸二氢钾、四硼酸钠和氢氧化钙。这些标准缓冲物质按 GB 11076—89《pH 测量用缓冲溶液制备方法》配制出的标准缓冲溶液的 pH 均匀地分布在 0~13 的 pH 范围内。标准缓冲溶液的 pH 随温度变化而改变。

一般实验室常用的标准缓冲溶液有三种：邻苯二甲酸氢钾溶液（0.05mol/L），25℃时 pH=4.01；硼砂溶液（0.01mol/L），25℃时 pH=9.18；磷酸二氢钾（0.025mol/L）-磷酸氢二钠（0.025mol/L）溶液，25℃时 pH=6.18。上述三种标准缓冲溶液的 pH 值在不同温度下有所不同，具体数值见实验。使用时应遵循下列原则：使用与被测溶液 pH 值相近的标准缓冲溶液校正仪器，以降低测量误差，提高分析准确度。酸度计的操作方法、测定 pH 值时的技能、pH 玻璃电极的使用注意事项等详见实验部分。目前市场上销售的"成套 pH 缓冲剂"就是上述三种物质的小包装产品，使用很方便。配制时不需要干燥和称量，直接将袋内试剂全部溶解稀释至一定体积（一般为 250mL）即可使用。

配制标准缓冲溶液的实验用水应符合 GB 6682—92 中三级水的规格。配好的 pH 标准缓冲溶液应贮存在玻璃试剂瓶或聚乙烯试剂瓶中，硼酸盐和氢氧化钙标准缓冲溶液存放时应防止空气中 CO_2 进入。标准缓冲溶液一般可保存 2~3 个月。若发现溶液中出现浑浊等现象，不能再使用，应重新配制。

4. pH 玻璃电极的使用条件

使用 pH 玻璃电极测定溶液 pH 的优点是不受溶液中氧化剂或还原剂的影响，玻璃膜不易因杂质的作用而中毒，能在胶体溶液和有色溶液中应用；缺点是玻璃电极本身具有很高的电阻，必须辅以电子放大装置才能测定，其电阻又随温度而变化，一般只能在 5~60℃

使用。

实际工作中要注意电极的清洁绝缘，电极内不得有气泡。为了防止甘汞电极内的 KCl 溶液弄脏毒化，可以打开上方的胶帽，让 KCl 溶液向试液微微渗透，而试液不至于向甘汞电极渗透。当 KCl 溶液毒化或干涸时，要及时更换或加满 KCl 溶液。甘汞电极不用时，要盖好上、下胶帽。

测定 pH 值时，需要使用标准缓冲溶液校正仪器（定位），以消除不对称电位等因素的影响。

在测定酸度过高（pH<1）和碱度过高（pH>9）的溶液时，其电位响应会偏离线性，产生 pH 测定误差。在酸度过高的溶液中测得的 pH 偏高，这种误差称为"酸差"。在碱度过高的溶液中，由于 a_{H^+} 太小，其他阳离子在溶液和界面间可能进行交换而使得 pH 偏低，尤其是 Na^+ 的干扰较显著，这种误差称为"碱差"或"钠差"（参见前面离子选择性部分）。由于酸差和碱差（或钠差）的影响，普通玻璃电极的适用 pH 范围在 1.0～9.0 之间；特殊玻璃电极（锂玻璃电极）的适用 pH 范围在 1.0～11.0 之间。现有的商品 pH 玻璃电极中，231 型玻璃电极在 pH>13 时才发生较显著碱差，其使用 pH 范围是 1～13；221 型玻璃电极使用 pH 范围是 1～10。因此应根据被测溶液的具体情况选择合适型号的 pH 玻璃电极。

四、直接电位法的应用

直接电位法广泛用于环境监测、生化分析、医学临床检验及工业生产流程中的自动在线分析等。表 2-3 列出了直接电位法中的部分应用实例。

表 2-3　直接电位法的部分应用实例

被测物质	离子选择性电极	浓度范围 c/(mol/L)	可测 pH 值范围	应 用 实 例
F^-	氟	$1\sim 5\times 10^{-7}$	5～8	水,牙膏,生物体液,矿物
Cl^-	氯	$10^{-2}\sim 5\times 10^{-8}$	2～11	水,碱液,催化剂
CN^-	氰	$10^{-2}\sim 10^{-6}$	11～13	废水,废渣
NO_3^-	硝酸根	$10^{-1}\sim 10^{-5}$	3～10	天然水
H^+	pH 玻璃电极	$10^{-1}\sim 10^{-14}$	1～14	溶液酸度
Na^+	pNa 玻璃电极	$10^{-1}\sim 10^{-7}$	9～10	锅炉水,天然水,玻璃
NH_3	气敏电极	$1\sim 10^{-6}$	11～13	废气,土壤,废水
K^+	钾微电极	$10^{-1}\sim 10^{-4}$	3～10	血清

第四节　电位滴定法

电位滴定法的应用非常广泛，当选择好合适的指示电极时，可用于酸碱滴定、配位滴定、氧化还原滴定、沉淀滴定等各种类型的滴定。此外，还可用于测定酸和碱的解离常数以及电对的条件电极电位等。电位滴定法通过在滴定过程中电位随滴定剂用量的变化来确定滴定终点，因而大大拓宽了滴定分析的应用范围。

一、电位滴定法的特点

电位滴定法的基本原理与化学滴定法相似，其区别仅在于指示终点的方法不同，因而除了具备化学容量法的优点外，更有其自身的特点。

① 测定准确度高。与化学容量法一样，测定相对误差可低于 0.2%。

② 可用于无法用指示剂判断终点的浑浊体系或有色溶液的滴定。
③ 可用于非水溶液的滴定。
④ 可用于微量组分测定。
⑤ 可用于连续滴定和自动滴定。

二、电位滴定法的原理与装置

电位滴定法是一种用电位法确定终点的滴定法。当采用电位滴定法测定 M^{n+} 时，在化学计量点附近（滴定突跃内）时，一滴滴定剂可使指示电极的电位发生突变，这将导致测得的电动势 E 也发生明显的变化。通过测量不同体积滴定剂时 E 值的变化，绘制相应的滴定曲线（$E-V$），根据滴定曲线来确定滴定终点时滴定剂消耗的体积，从而计算出待测组分的浓度或含量。进行电位滴定时，在待测溶液中插入一个指示电极，并与一参比电极组成一个工作电池。随着滴定剂的加入，由于发生化学反应，待测离子或与之有关的离子的浓度不断变化，指示电极电位也发生相应的变化，而在化学计量点附近发生电位的突跃，因此，测量电池电动势的变化，就能确定滴定终点。由此可见，电位滴定法与直接电位法不同，它是以测量电位的变化情况为基础的。电位滴定法比直接电位法更准确，但费时稍多。电位滴定法的基本仪器装置如图 2-9 所示。

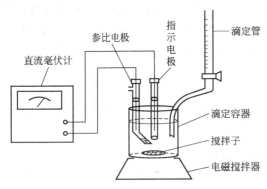

图 2-9 电位滴定法的基本仪器装置示意图

进行电位滴定时，在滴定过程中每加一次滴定剂，需要测量一次电动势，直到超过化学计量点为止。这样就得到一系列的滴定剂用量（体积 V）和相应的电动势（E）数据。除非要研究整个滴定过程，否则一般只需要准确测量和记录化学计量点前后 $1\sim 2$mL 范围内的电动势值即可。应该注意，在化学计量点附近应该每加入 $0.1\sim 0.2$mL 滴定剂就测量一次电动势。为了便于计算，此时每次加入的量应该相等（如每次都加入 0.1mL）。表 2-4 是用 0.1000mol/L $AgNO_3$ 标准溶液滴定 Cl^- 时所得到的数据示例。

表 2-4　0.1000mol/L $AgNO_3$ 标准溶液滴定 Cl^- 的数据示例

加入 $AgNO_3$ 的体积 V/mL	电位 E/mV	$\overline{V}$/mL	$\dfrac{\Delta E}{\Delta V}$/(mV/mL)	$\dfrac{\Delta^2 E}{\Delta V^2}$
15.00	85	17.50	4.4	—
20.00	107	21.00	8.0	—
22.00	123	22.50	15	—
23.00	138	23.25	16	—
23.50	146	23.65	50	—
23.80	161	23.90	65	—
24.00	174	24.05	90	—
24.10	183	24.15	110	—
24.20	194	24.25	390	—
24.30	233	24.35	830	2800
24.40	316	24.45	240	4400
24.50	340	24.55	110	−5900
24.60	351	24.65	70	−1300
24.70	358	24.85	50	—
25.00	373	—	—	—

三、确定终点的方法

在电位滴定中,确定终点的方法有作图法和计算法两类,下面利用表 2-4 的数据,讨论几种确定终点的方法。

1. E-V 曲线法

以消耗 $AgNO_3$ 标准溶液的体积为横坐标,电位为纵坐标,在坐标纸上描点绘制 E-V 曲线,如图 2-10(a) 所示。曲线上的转折点就是滴定终点,曲线突跃的中点即为化学计量点。当反应物系数不相等时,曲线突跃的中点与化学计量点稍有偏差,但可忽略,故仍可用突跃中点作为滴定终点。

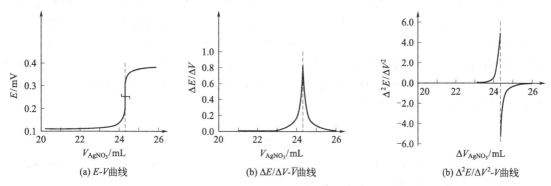

(a) E-V曲线 (b) $\Delta E/\Delta V$-$\bar{V}$曲线 (b) $\Delta^2 E/\Delta V^2$-V曲线

图 2-10 用 0.1000mol/L $AgNO_3$ 滴定 2.433mmol/L Cl^- 的电位滴定曲线

2. $\Delta E/\Delta V$-$\bar{V}$ 曲线法

滴定曲线突跃不明显时,可绘制 $\Delta E/\Delta V$-$\bar{V}$ 曲线,如图 2-10(b) 所示,该曲线上有极大值,极大值对应的体积即为滴定终点时滴定剂消耗的体积。

$\Delta E/\Delta V$-$\bar{V}$ 曲线法又称一级微商法。$\Delta E/\Delta V$ 为单位体积滴定剂引起电位的变化值,例如从 24.30mL 滴定至 24.40mL 时所引起的电位变化为:

$$\frac{\Delta E}{\Delta V}=\frac{316-233}{24.40-24.30}=830 \text{(mV/mL)}$$

用其数据对 $\bar{V}$ 作图,曲线的最高点对应于滴定终点,曲线的一部分是用外延法绘制的。用此法作图确定滴定终点较为准确,但步骤较烦琐,因此有时也采用下面介绍的二级微商法来确定终点。

3. 二级微商法

这种方法既可以用于作图,也可以通过计算求得滴定终点,其依据是一级微商曲线的最大值是滴定终点,那么二级微商等于零的点就是终点,如图 2-10(c) 所示。下面主要介绍计算法。

例如,当加入 24.30mL 时:

$$\frac{\Delta^2 E}{\Delta V^2}=\frac{\left(\frac{\Delta E}{\Delta V}\right)_{24.35\text{mL}}-\left(\frac{\Delta E}{\Delta V}\right)_{24.25\text{mL}}}{V_{24.35\text{mL}}-V_{24.25\text{mL}}}=\frac{830-390}{24.35-24.25}=4400$$

当加入 24.40mL 时:

$$\frac{\Delta^2 E}{\Delta V^2}=\frac{240-830}{24.45-24.35}=-5900$$

所以化学计量点附近微小体积 ΔV 的变化能引起很大的 $\Delta^2 E/\Delta V^2$ 的变化值,并由正极大值变为负极大值，中间必有一点为零，即滴定终点位于 24.30～24.40mL 之间，可用内插法进行计算：

$$\frac{24.40-24.30}{-5900-4400}=\frac{V_{终}-24.30}{0-4400}$$

$$V_{终}=24.30+\frac{0-4400}{-5900-4400}\times 0.10=24.34\text{（mL）}$$

GB 9725—88 规定确定滴定终点可以采用二级微商计算法，也可以用作图法，但实际工作中一般多采用二级微商计算法求得。

4. 格氏作图法

当溶液中被测物质含量很低时，用上述方法确定终点较困难，必须用格氏作图法来确定终点。例如当氯化物含量低于 10^{-4} mol/L 时，不能用一般作图法确定终点，但用格氏作图法可测含量低至 10^{-6} mol/L 的氯化物。此法是将空白溶液依次加入滴定剂，测定电位值 E，并根据所得的 E、V 值在格氏作图纸上描点，绘出最佳直线，与横轴交于 $V_{空白}$，此值即为空白校正值。然后将试样逐渐加入滴定剂，测定电位值 E，用同样的方法找到 $V_{样}$，此即未经校正的终点体积。则试样浓度可按下式计算：

$$c_x=\frac{c_s(V_{样}-V_{空白})}{V_x} \tag{2-24}$$

式中，c_s 为标准溶液浓度；c_x 为试液浓度；$V_{样}$ 为滴定试液的终点所消耗滴定剂的体积；$V_{空白}$ 为滴定空白溶液所消耗滴定剂的体积。

电位滴定的格氏作图法还有标准比较电位滴定法，即取三份同体积的试液（试剂空白、样品和标准）分别进行滴定，各在格氏作图纸上作 E-V 直线与横轴相交，交点分别为 $V_{空白}$、$V_{样}$、$V_{标}$，则被测离子浓度可按式(2-25) 计算。

$$\frac{c_x}{c_s}=\frac{V_{样}-V_{空白}}{V_{标}-V_{空白}} \tag{2-25}$$

式中，c_s 为标准溶液的浓度；c_x 为所求试液的浓度。

四、电位滴定法的类型和指示电极、参比电极的选择

在电位滴定中判断终点的方法，比使用指示剂指示终点的方法要准确客观，而且可以适用于各种类型的滴定分析及有色的或浑浊的溶液滴定；特别是当反应没有适合的指示剂可用时（例如某些非水滴定中），也可采用电位滴定法，所以它的应用范围较广。

1. 酸碱滴定

在酸碱滴定中溶液的 pH 发生变化，化学计量点附近出现突跃，所以通常用 pH 玻璃膜电极作指示电极，饱和甘汞电极作参比电极，用酸度计测定被滴定溶液的 pH 值。以 pH 值作纵坐标，滴定剂体积作横坐标绘出曲线，按前述方法确定化学计量点，根据滴定时消耗的体积和已知浓度，计算被测物的浓度。还可以测定弱酸弱碱的电离常数。

用指示剂法确定终点时，往往要求在化学计量点附近有两个左右的 pH 单位突跃，才能观察出指示剂颜色的变化。而使用电位法确定终点，因为 pH 计较灵敏，化学计量点附近即使只有零点几单位的 pH 变化，也能测定出来，所以很多弱酸、弱碱以及多元酸（碱）或混合酸（碱）都可用电位滴定法测定。

在非水溶液的酸碱滴定中，有时缺乏合适的指示剂可用，或者有但变色不明显，因此在非水滴定中电位滴定法仍是基本的方法。滴定时常用的电极系统仍可用玻璃电极-甘汞电极。为了避免由于甘汞电极漏出的水溶液以及在甘汞电极口上析出的结晶盐（KCl）影响液接电位，可以使用饱和氯化钾-无水乙醇溶液代替电极中的饱和氯化钾水溶液。

2. 氧化还原滴定

氧化还原滴定一般都采用惰性金属铂或金作指示电极，饱和甘汞电极作参比电极。铂电极可用 Pt 片或 Pt 丝作电极，使用前用 10% 热 HNO_3 浸洗以除去表面油污等。氧化还原滴定都能用电位滴定法确定终点。

3. 沉淀滴定

以沉淀反应进行的电位滴定，必须根据不同的沉淀反应选择不同的指示电极。例如以 $AgNO_3$ 标准溶液滴定卤素离子时，可以用银电极作指示电极。若滴定的是氯、溴、碘三种离子或其中两种离子的混合溶液，由于它们银盐的溶解度不同，而且相差得足够大，可以利用分步沉淀的原理，用硝酸银分步滴定。碘化银的溶度积最小，因此碘离子的滴定突跃最先出现，然后是溴离子，最后是氯离子。在实际测定中，由于沉淀的吸附作用和沉淀易于附着在指示电极上引起反应迟钝等原因，测定结果有偏差。一般测得的碘离子和溴离子的浓度偏高（偏高 1%～2%），测定的氯离子浓度则偏低。若仅有碘离子和溴离子，或碘离子和溴离子共存，其测定结果较三种离子共存时为好。在这类滴定中，不宜使用 232 型甘汞电极，因为该电极漏出的氯离子显然对测定有干扰。因此需要使用 217 型甘汞电极，此电极采用双盐桥，外盐桥为硝酸钾盐桥，将试液与甘汞电极隔开。另一种办法是在试液中加入少量酸（HNO_3），然后用 pH 玻璃电极作参比电极。因为在滴定过程中 pH 不发生变化，所以玻璃电极的电位保持恒定。

当用 $K_4[Fe(CN)_6]$ 标准溶液滴定 Pb^{2+}、Cd^{2+}、Zn^{2+}、Ba^{2+} 等离子时，滴定反应为：

$$2Pb^{2+} + [Fe(CN)_6]^{4-} \rightleftharpoons Pb_2[Fe(CN)_6]$$

在此滴定过程中，$[Fe(CN)_6]^{4-}$ 浓度是变化的，在化学计量点附近变化最为剧烈。若滴定前在试液中加入少量 $[Fe(CN)_6]^{3-}$，它并不与 Pb^{2+}、Cd^{2+} 等离子生成沉淀，而是与 $[Fe(CN)_6]^{4-}$ 组成一氧化还原体系—— $[Fe(CN)_6]^{3-}/[Fe(CN)_6]^{4-}$，而此体系的浓度比值在滴定过程中同样发生变化，并且在化学计量点附近变化最为剧烈。若在此溶液中插入一铂电极，即可反映出因浓度比值突变而引起的电位突跃。所以在此滴定中可以使用铂电极作指示电极，参比电极仍使用甘汞电极。

在沉淀滴定中，离子选择性电极也是一种很好的指示电极，可以根据具体被测离子适当选择。

4. 配位滴定

在配位滴定中（以 EDTA 为滴定剂），若共存离子对所用金属指示剂有封闭、僵化作用而使滴定分析难以进行，或当需要进行自动滴定时，电位滴定法都是比较适合的方法。

在滴定溶液中加入少量汞（Ⅱ）-EDTA 配合物（3～5 滴 0.05mol/L Hg^{2+}-EDTA 溶液）并使汞电极作为指示电极时，可滴定多种离子（M^{2+}）。汞电极电位随 $[M^{2+}]/[MY^{2-}]$ 比值变化而变化，所以可用作以 EDTA 滴定二价金属离子的指示电极。只要欲测金属离子与 EDTA 的配合稳定常数比 Hg^{2+}-EDTA 小，都可用这种方法来进行电位滴定，例如 Cu^{2+}、Zn^{2+}、Cd^{2+}、Pb^{2+}、Ni^{2+}、Ca^{2+}、Mg^{2+}、Co^{2+} 等。

配位滴定的终点也可用离子选择性电极作指示电极来确定。例如以氟离子选择性电极为指示电极可以用镧滴定氟化物，用氟化物滴定铝离子；以钙离子选择性电极作指示电极可以用 EDTA 滴定钙等。

氟离子选择性电极已广泛用于体液和活体生物等样品中 F^- 的检测；钾离子选择性电极已用于测定血清中的 K^+；碘离子选择性电极已普遍用于食品和人体尿液中 I^- 的测定；钙

离子选择性电极用于测量血液和脑组织中的 Ca^{2+}，为研究生理现象提供信息。

思考题与习题

1. 什么叫直接电位法？什么叫电位滴定法？
2. 什么是参比电极？什么是指示电极？举例说明它们的作用。
3. 试以 pH 玻璃电极为例，简述膜电位产生的机理。
4. 为什么离子选择性电极对待测离子具有选择性？如何估测这种选择性？
5. 直接电位法有哪几种定量方法？各有何特点？
6. 为什么一般来说，电位滴定法的误差比直接电位法小？
7. 离子选择性电极有哪几种类型？其构造原理是什么？
8. 电位滴定法确定终点的方法有哪几种？
9. 简要说明各类反应的电位滴定中所用的指示电极及参比电极，并探讨选择指示电极的原则。

第三章 电导分析法

> **学习指南**
>
> 电导分析法是电化学分析法的组成部分。通过本章的学习,理解电导分析法的基本原理;掌握常用电导定量分析方法及相关仪器的使用;了解电导分析法在生物技术及环保领域的应用。

第一节 电导分析法的基本原理

一、概述

电导分析法是电化学分析法的一个分支。该方法有极高的灵敏度,但几乎没有选择性,因此在分析中的应用受到限制,它的主要用途是电导滴定及测定水体中的总盐量。近年来,用电导池作离子色谱的检测器,使其应用得到发展。

电导 G 为电阻 R 的倒数,即 $G=1/R$。电导是衡量导体导电能力的物理量。电阻的单位是欧[姆](Ω),电导的单位是西[门子](S)。若导体具有均匀截面,则其电导与截面积 A 成正比,与长度 L 成反比,即

$$G = \kappa \frac{A}{L}$$

式中,κ 是比例常数,称为电导率。电导率是电阻率的倒数,它是两电极板为单位面积(即 $1m^2$)、距离为单位长度(即 $1m$)时溶液的电导,单位是 S/m。

摩尔电导率(Λ_m)的定义为:距离为单位长度的两电极板间含有单位物质的量的电解质的溶液的电导,单位是 $S \cdot m^2/mol$。

$$\Lambda_m = \frac{\kappa}{c} \tag{3-1}$$

通过测定溶液的电导而求得溶液中电解质浓度的方法称为电导分析法,它是以测量溶液的电导或电导率为依据的一种分析方法。

金属导体是通过电子的移动来导电的,而电解质溶液是通过正离子与负离子的移动来导电的。电解质如酸、碱、盐溶于水中,可以电离出正离子和负离子。在外加电场的作用下,正离子向负电场迁移,负离子向正电场迁移,形成了电荷的移动。单位时间(s)内通过某一截面的电量(C),便是该截面的电流强度(A)。若以通常的习惯来表述电流方向,即由正到负,则通过截面的电流强度是单位时间内通过截面的正离子载带正电荷的电量加上通过截面的负离子载带负电荷的电量。正离子的流动方向与电流方向是一致的,而负离子的移动方向与正离子相反,因此总电流应是它们各自通过截面的电量之和。

电解质溶液在电场的作用下,具有导电能力,并且随着离子数量的增加导电能力增强。对于电解质溶液,其导电能力常用电导率 κ 来表示。电导率 κ 的大小取决于溶液中所存在离

子的多少及其性质。纯水的电导率很小，电流难以通过，但当水被污染而溶解了各种盐类时，水中离子的种类和数量增多，使水的导电能力增加，即增加了水的电导率。通过电导率的测定，可以间接推测水中离子成分的总浓度，了解水源矿物质污染的程度。

二、溶液电导率的测定

1. 测量仪器

测量电导与测量电阻的方法是相同的，因为电阻的倒数就是电导，但是测量溶液的电导却不像用万用表测量电阻那么简单。当电流通过电极时会发生氧化或还原反应而改变电极附近溶液的组成，从而引起电导测量的严重误差。采用交流电源可以减轻或消除这种现象，因为在电极表面的氧化和还原反应迅速交替进行，其净结果可认为没有氧化或还原反应发生。交流电源的频率常用1kHz，也可用50Hz的工业电网频率。电极材料常用贵金属铂制成，并镀以"铂黑"（铂黑是在铂电极上覆盖一层很细的铂，呈黑色），它可以大大增加电极与溶液的接触面并减少反应。电导率通常用电导仪来测定，国产 DDS-11 型电导仪是一种常见的直读式电导仪，其铂电导电极如图 3-1 所示。

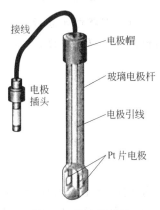

图 3-1 铂电导电极

2. 测量原理

将两个电极（通常为铂电极或铂黑电极）插入溶液中，可以测出两电极间的电阻 R。根据欧姆定律，温度一定时，该电阻值与电极的间距 L 成正比，与电极的截面积 A 成反比，即

$$R = \rho \frac{L}{A} \tag{3-2}$$

式中　ρ——比例常数，称作电阻率；
　　　L——电极间距，cm；
　　　A——电极面积，cm^2。

电极面积 A 与间距 L 都固定不变，故 L/A 是一常数，称为电导池常数，用 K 表示，即 $K = L/A$。

又因为电导是电阻的倒数，电导率是电阻率的倒数，故

$$\kappa = \frac{1}{\rho} = KG = \frac{K}{R} \tag{3-3a}$$

通常用实验方法测出 KCl 溶液的电导率 κ_{KCl} 值，再根据已知的 KCl 溶液的电导 G_{KCl}，就可以求出电导池常数 K 值。

$$K = \frac{\kappa_{KCl}}{G_{KCl}} = \kappa_{KCl} R \tag{3-3b}$$

因此，当已知电导池常数 K，并测出水样电导 G 时，可得出水样的电导率 κ(S/cm)：

$$\kappa = KG \tag{3-3c}$$

在实际工作中，用 S 作电导的单位太大，常用 mS 或 μS 作单位，则电导率的单位为 S/cm、mS/cm、μS/cm。

电导率随温度变化而变化，温度每升高 1℃，电导率增加约 2%，通常规定 25℃ 为测定电导率的标准温度。因此，如测定时水样温度不是 25℃，则应校正至 25℃ 时的电导率，可

用式(3-4)校正。

$$\kappa_s = \frac{\kappa_t}{1 + 0.022(t-25)} \tag{3-4}$$

式中 κ_s——25℃时的电导率，mS/m；
　　　κ_t——测定温度 t 时的电导率，mS/m；
　　　t——测定时的温度，℃；
　　　0.022——各离子电导率平均温度系数。

　　另外，电极极化也会对测量产生影响。所谓电极极化，指的是当电流通过电极时会发生氧化或还原反应而引起电极附近溶液的改变，产生极化现象，导致测量误差。消除误差的办法是在电极表面镀上一层粉末状的铂黑，增大表面积，使电极间电流相对增加，被测液电导率相对上升的数值与极化引起的电导率下降抵消，从而减小测量误差。

第二节　电导定量分析方法

　　电导分析法用于实际测量，可分为直接电导法和电导滴定法。所谓直接电导法，就是直接根据溶液的电导与被测离子浓度的关系来进行分析的方法，它主要应用于水质纯度的鉴定或生产中某些流程的自动分析与控制以及一氧化碳与二氧化碳的自控监测等。电导滴定法是根据滴定过程中溶液电导的变化来确定滴定终点，一般多用于酸碱滴定和沉淀滴定。在滴定过程中，滴定剂与溶液中的被测离子生成水、沉淀或难离解的化合物，使溶液的电导发生变化，而在计量点时滴定曲线上出现转折点，指示滴定终点。电导分析法具有操作简单、快速和不破坏试样等特点，因而获得广泛的应用。但是电导分析法的选择性差，所测得的电导是溶液中所有离子的电导之和，因此只能用于估算离子的总量，而不能区分和测定所含离子的种类及其含量。电导分析法对于难离解的化合物及有机物也没有响应。

一、直接电导法

　　直接根据溶液的电导来确定待测物质含量的方法，称为直接电导法。它是利用溶液电导与溶液中离子浓度成正比的关系进行定量分析的，即

$$G = Kc \tag{3-5}$$

式中，K 与实验条件有关，当实验条件一定时为常数。

　　直接电导的定量方法有标准曲线法、直接比较法和标准加入法。

1. 标准曲线法

　　配制一系列已知浓度的标准溶液，分别测定其电导，绘制 G-c 标准曲线；然后，在相同条件下测定待测试液的电导 G_x，从标准曲线上查得待测试液中被测物质的浓度 c_x。

2. 直接比较法

　　在相同条件下，同时测定待测试液和一个标准溶液的电导 G_x 和 G_s，根据式(3-5)有

$$G_x = Kc_x \quad \text{和} \quad G_s = Kc_s \tag{3-6a}$$

将两式相除并整理得

$$c_x = c_s \frac{G_x}{G_s} \tag{3-6b}$$

3. 标准加入法

　　先测定待测试液的电导 G_1，再向待测试液中加入已知量的标准溶液（约为待测试液体

积的 1/100），然后再测量其电导 G_2，根据式(3-5) 有

$$G_1 = Kc_x \quad \text{和} \quad G_2 = K\frac{V_x c_x + V_s c_s}{V_x + V_s} \quad (3\text{-}7a)$$

式中，c_s 为标准溶液的浓度；V_x 和 V_s 分别为待测试液和加入标准溶液的体积。将两式相除，并令 $V_x + V_s \approx V_x$，整理后得

$$c_x = \frac{G_1}{G_2 - G_1} \times \frac{V_s c_s}{V_x} \quad (3\text{-}7b)$$

二、电导滴定法

电导滴定法是根据滴定过程中被滴定溶液电导的突变来确定滴定终点，然后根据到达滴定终点时所消耗滴定剂的体积和浓度求出待测物质的含量。

如果滴定反应产物的电导与反应物的电导有差别，那么在滴定过程中，随着反应物和产物浓度的变化，被滴定溶液的电导也随之变化，在化学计量点时滴定曲线出现转折点，可指示滴定终点。如酸碱滴定，若用 NaOH 滴定 HCl，H^+ 和 OH^- 的电导率都很大，而 Na^+、Cl^- 及产物 H_2O 的电导率都很小。在滴定开始前由于 H^+ 浓度很大，所以溶液电导很大；随着滴定的进行，溶液中的 H^+ 被 Na^+ 代替，使溶液的电导下降，在化学计量点时电导最小；过了化学计量点后，由于 OH^- 过量，溶液电导又增大。其电导滴定曲线如图 3-2(a) 所示，图中曲线的最低点对应于化学计量点。电导滴定也适用于其他酸碱滴定体系，滴定曲线如图 3-2(b) 和（c）所示。

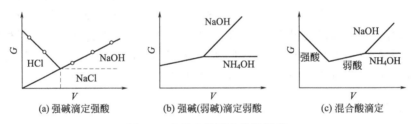

图 3-2　各种电导滴定曲线类型

电导滴定可用于滴定极弱的酸或碱（$K = 10^{-10}$），如硼酸、苯酚、对苯二酚等，也能用于滴定弱酸盐或弱碱盐，以及强、弱混合酸。在普通滴定分析或电位滴定中这些都是无法进行的，这也是电导滴定法的一大优点。此外，电导滴定还可用于反应物与产物电导相差较大的沉淀滴定、配位滴定和氧化还原滴定体系。

第三节　电导分析法的应用

如前所述，电导分析法可分为直接电导法和电导滴定法，因此电导分析法的应用也分为直接电导法的应用和电导滴定法的应用。

一、直接电导法的应用

利用电导仪测定水的电导率，可判断水质状况。在水质分析中，如在对锅炉水、工业废水、天然水、实验室制备去离子水等进行质量监测时，其中水的电导是一个很重要的指标，因为它反映了水中存在电解质的程度。饮用水的电导率为 $50 \sim 150 \mu S/cm$，某些工业用水对水的纯度有较高的要求，如超高压锅炉、原子反应堆、电子工业等需用的超高纯水，要求电

导率在 0.1~0.3μS/cm。直接电导法已得到广泛的应用。

1. 检验水质的纯度

在集成电路制造工业、实验室及科学研究中，经常使用高纯度水，因此需要定期对水质进行检验。检验水质时，电导法是最适宜的方法。25℃时，绝对纯水的理论电导率为 0.055μS/cm。还可用电导率大小检验蒸馏水、去离子水或超纯水的纯度。一般超纯水的电导率为 0.01~0.1μS/cm，新蒸馏水为 0.5~2μS/cm，去离子水为 1μS/cm 等。在对水质含盐量的估算中，电导率反映出水中存在电解质的程度，即溶解盐类越多，电导率越大。测量电导率可以判断水质，但不能反映水中的有机物。

新鲜蒸馏水的电导率一般为 0.5~2μS/cm，放置会吸收 CO_2，电导率增加至 2~4μS/cm。天然水一般为 50~1000μS/cm，电导率与总盐量成比例关系。

不同水质的电导率如图 3-3 所示。

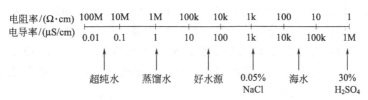

图 3-3　不同水质的电导率

2. 判断水质状况

通过电导率的测定可初步判断天然水和工业废水被污染的状况。例如，饮用水的电导率为 50~150μS/cm，清洁河水为 100μS/cm，天然水为 50~500μS/cm，矿化水为 500~1000μS/cm 或更高，海水为 30mS/cm，某些工业废水为 10mS/cm 以上。

3. 估算水中溶解氧（DO）

利用某些化合物和水中溶解氧发生反应而产生能导电的离子成分，可以测定溶解氧。例如，氮氧化物（NO_x）与溶解氧作用生成 NO_3^-，使电导率增加，因此测定电导率即可获得溶解氧；也可利用金属铊与水中溶解氧反应生成 Tl^+ 和 OH^-，使电导率增加来估算溶解氧。一般每增加 0.035μS/cm 的电导率，相当于含有 1×10^{-9} 溶解氧。因此电导法可用来估算锅炉管道水中的溶解氧。

4. 估计水中可滤残渣（溶解性固体）的含量

水中所含各种溶解性矿物盐类的总量称为水的总含盐量，也称总矿化度。水中所含溶解性盐类越多，水的离子数目越多，水的电导率就越高。对多数天然水，可滤残渣与电导率之间的关系可由如下经验式估算：

$$\rho=(0.55\sim0.70)\gamma \tag{3-8}$$

式中　　ρ——水中的可滤残渣量，mg/L；

γ——25℃时水的电导率，μS/cm；

0.55~0.70——系数，随水质不同而不同，一般估算取为 0.67。

二、电导滴定法的应用

在一些化学反应过程中，常常会引起电导的变化，因此可以利用电导的测定来判别反应的化学计量点，这种方法应用于滴定分析称为电导滴定法。例如中和反应、氧化还原反应、配位反应、沉淀反应等，经常引起离子数目的改变，或反应生成的离子与反应物离子的淌度

（离子在电场梯度为1V/cm作用下的移动速度）有较大改变，都可用来进行电导滴定。这种方法对于非常稀的溶液滴定特别有利，而且设备简单，除电导仪外，唯一附加的设备就是滴定管。滴定时不必知道电极系统的电池常数，因为只要作出滴定剂体积对电导的关系图，就可以确定滴定过程的终点。但需注意，在滴定过程中，不得改变电极间的相对位置。此方法的精密度依赖于滴定过程中电导变化的显著程度、反应生成物的水解程度、生成配合物的稳定性、生成沉淀的溶解度等因素。

在稀溶液中，离子产生的电导与它的浓度成正比（恒定温度下）。例如，当以0.1mol/L NaOH来滴定0.01mol/L HCl时，开始由于H^+有较高的淌度，因而溶液的电导很高。在整个滴定过程中，Cl^-浓度保持不变（忽略稀释效应）。达到终点时，H^+浓度已非常小，原先的H^+已被Na^+所代替，但Na^+具有很低的淌度，所以在化学计量点时，溶液的总电导达到最低值。过了化学计量点，随着过量的Na^+和OH^-的增多（OH^-的淌度也很高），电导回升。上述过程得到的滴定曲线可用图表示。由于电导具有加和性，因此可以把曲线下面的面积分为几个部分，每一部分对应为某一离子对溶液电导提供的份额。Cl^-在整个过程中浓度不变，因此它对电导提供的份额是常数；Na^+开始为零，随着NaOH的加入，Na^+对电导提供的份额缓慢增加；而H^+开始时对电导提供的份额很高，但随着浓度的下降，它对电导提供的份额迅速下降，到达化学计量点时接近于零，过了化学计量点，OH^-开始引起溶液电导的显著增加。

水解程度太大的弱酸盐不适合于电导滴定，当弱酸的离解常数低于10^{-11}时，滴定曲线没有明显的转折点。

对于混合酸或碱溶液的分析，电导滴定法是很合适的。例如用氢氧化钠滴定盐酸与醋酸的混合溶液，其滴定曲线如图3-2(c)所示。相应可求出两个化学计量点，第一个是盐酸的化学计量点，第二个是醋酸的化学计量点。若混合酸是两个弱酸，化学计量点就不会这么清楚，但只要离解常数相差大于10倍，化学计量点还是可以测定出来的。

沉淀反应、氧化还原反应等任何能引起电导显著改变的反应，都可用测量电导来确定它们反应的化学计量点，但当溶液本身含有大量不参加反应的其他离子时，电导滴定就不太合适了。在较好的情况下，电导滴定法的精密度可达0.2%。

思考题与习题

1. 测量溶液电导为何要用交流电？
2. 如何利用溶液电导来确定化学计量点？
3. 已知某水源的电导率是$28.2\mu S/cm$，估算水中可溶性固体的含量（mg/L）。（答案：18.9mg/L）

第四章 紫外-可见分光光度法

> **学习指南**
>
> 紫外-可见分光光度法是仪器分析方法中非常重要和常用的一种方法。通过本章的学习，了解电磁辐射及电磁波谱等光学分析基础知识；掌握紫外-可见分光光度法的基本概念、原理；掌握 Lambert-Beer 定律及其应用；熟悉紫外-可见分光光度计的结构与操作；了解紫外-可见分光光度法的应用。

第一节 光学分析法基础

光学分析法是根据物质发射的电磁辐射或电磁辐射与物质的相互作用而建立起来的一类分析化学方法。这些电磁辐射包括从 γ 射线到无线电波的所有电磁波谱范围，而不只局限于光学光谱区。电磁辐射与物质相互作用的方式有发射、吸收、反射、折射、散射、干涉、衍射、偏振等。

一、电磁辐射与电磁波谱

电磁辐射是一种以极大的速度（在真空中为 2.99792×10^{10} cm/s）通过空间，不需要以任何物质作为传播媒介的能量。它包括无线电波、微波、红外光、紫外-可见光以及 X 射线和 γ 射线等形式。电磁辐射具有波动性和微粒性。

1. 电磁辐射的波动性

根据 Maxwell 的观点，电磁辐射可以用电场矢量 E 和磁场矢量 H 来描述。这是最简单的单一频率的平面偏振电磁波。平面偏振是指它的电场矢量 E 在一个平面内振动，而磁场矢量 H 在另一个与电场矢量相垂直的平面内振动。这两种矢量都是正弦波形，并且垂直于波的传播方向。当辐射通过物质时，与物质的电场或磁场发生作用，在辐射和物质间就产生能量传递。由于电磁辐射的电场是与物质中的电子相互作用，所以一般情况下，仅用电场矢量表示电磁波。波的传播以及反射、衍射、干涉、折射和散射等现象表现了电磁辐射具有波的性质，可以用以下波参数来描述。

(1) 周期 T 相邻两个波峰或波谷通过空间某一固定点所需要的时间间隔称为周期，单位为 s。

(2) 频率 ν 单位时间通过某传播方向上某一点的波峰或波谷的数目，即单位时间内电磁场振动的次数称为频率，它等于周期 T 的倒数，单位为 Hz。

(3) 波长 λ 相邻两个波峰或波谷的直线距离。不同的电磁波谱区可采用不同的波长单位，可以是 m、cm、μm 或 nm，它们之间的换算关系为 $1m = 10^2 cm = 10^6 \mu m = 10^9 nm$。

(4) 波数 σ 波长的倒数，指单位长度内含有波长的数目，通常取每厘米长度内含有波长的数目，单位为 cm^{-1}。

(5) 传播速度 v 辐射的速度等于频率 ν 乘以波长 λ，即 $v = \nu\lambda$。在真空中辐射的传播速度与频率无关,并达到其最大值,这个速度以符号 c 表示。c 的值已被准确地测定为 $2.99792\times10^{10}\,\text{cm/s}$。

2. 电磁辐射的微粒性

电磁辐射的波动性不能解释辐射的发射和吸收现象,因此电磁辐射还具有微粒性的一面。就电磁辐射的微粒性而言,其主要特征是每个光子或光量子具有能量 E,其与频率及波长的关系为:

$$E=h\nu=h\times\frac{c}{\lambda} \tag{4-1}$$

式中,h 为普朗克常数,其值为 $6.63\times10^{-34}\,\text{J/s}$。

由上式可见,波长愈长,光量子能量愈小;波长愈短,光量子能量愈大。换句话说,随着波长的增加,辐射的波动性表现得较明显;而随着波长的减小,辐射的粒子性表现得较明显。

3. 电磁波谱

将各种电磁辐射按照波长或频率的大小顺序排列起来即称为电磁波谱。电磁辐射的波谱排列如图 4-1 所示。

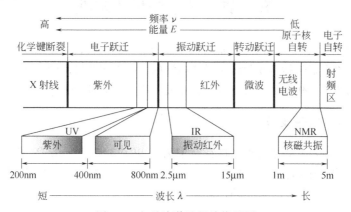

图 4-1 电磁波谱及相关能量图

各电磁波区的有关参数见表 4-1。

表 4-1 电磁波谱的有关参数

波谱区名称[①]	波长范围[②]	波数 σ/cm^{-1}	频率范围/MHz	光子能量[③]/eV	跃迁能级类型
γ 射线	5~140pm	2×10^{10}~7×10^7	6×10^{14}~2×10^{12}	2.5×10^6~8.3×10^3	核能级
X 射线	10^{-3}~10nm	10^{10}~10^6	3×10^{14}~3×10^{10}	1.2×10^6~1.2×10^2	}内层电子能级
远紫外光	10~200nm	10^6~5×10^4	3×10^{10}~1.5×10^9	125~6	
近紫外光	200~400nm	5×10^4~2.5×10^4	1.5×10^9~7.5×10^8	6~3.1	}原子及分子的价电子或成键电子能级
可见光	400~750nm	2.5×10^4~1.3×10^4	7.5×10^8~4.0×10^8	3.1~1.7	
近红外光	0.75~2.5μm	1.3×10^4~4×10^3	4.0×10^8~1.2×10^8	1.7~0.5	}分子振动能级
中红外光	2.5~50μm	4000~200	1.2×10^8~6.0×10^6	0.5~0.02	
远红外光	50~1000μm	200~10	6.0×10^6~10^5	2×10^{-2}~4×10^{-4}	}分子转动能级
微波	0.1~100cm	10~0.01	10^5~10^2	4×10^{-4}~4×10^{-7}	
射频	1~1000m	10^{-2}~10^{-5}	10^2~0.1	4×10^{-7}~4×10^{-10}	电子自旋、核自旋

① 紫外(包括远紫外和近紫外),可见及红外(包括近红外、中红外和远红外)波谱区合称光学光谱区。由于远紫外为空气所吸收,故亦称真空紫外区。

② 1pm(皮米)=10^{-12}m(米),1nm(纳米)=10^{-9}m,1μm(微米)=10^{-6}m;波长单位也可用 Å,1Å(埃)=10^{-10}m。红外区常用波数表示"波长"范围。

③ 1eV(电子伏特)=1.6020×10^{-19}J(焦耳),相当于频率 $\nu=2.4186\times10^{14}$Hz,或波长 λ 为 1.2395×10^{-6}m 或波数 σ 为 8067.8cm^{-1} 的光子所具有的能量。

二、光学分析法的分类

光学分析法可以分为光谱法和非光谱法两大类。光谱法是基于物质与辐射能作用时，测量由物质内部发生量子化的能级之间的跃迁而产生的发射、吸收或散射辐射的波长和强度进行分析的方法。光谱法可以分为原子光谱法和分子光谱法。原子光谱是由原子外层或内层电子能级的变化产生的，它的表现形式为线光谱。属于这类分析方法的有原子发射光谱法（AES）、原子吸收光谱法（AAS）、原子荧光光谱法（AFS）以及 X 射线荧光光谱法（XFS）等。分子光谱是由分子中电子能级、振动能级和转动能级的变化产生的，表现形式为带光谱。属于这类分析方法的有紫外-可见分光光度法（UV-Vis）、红外光谱法（IR）、分子荧光光谱法（MFS）和分子磷光光谱法（MPS）等。

非光谱法是基于物质与辐射相互作用时，测量物质的某些性质，如折射、散射、干涉、衍射和偏振等变化的分析方法，非光谱法不涉及物质内部能级的跃迁，电磁辐射只改变了传播方向、速度或某些物理性质。属于这类分析方法的有折射法、偏振法、光散射法、干涉法、衍射法、旋光法等。

本章主要介绍光谱法中的紫外-可见分光光度法。几种常见的光学分析方法的特点和应用范围表 4-2。

表 4-2 几种常见光学分析法的特点和应用范围

方法名称	检 出 限		相对标准偏差/%	主 要 用 途
	绝对检出限/g	相对检出限/10^{-6}		
原子吸收光谱法	$10^{-15} \sim 10^{-9}$	$10^{-3} \sim 10^{1}$	$0.5 \sim 10$	微量单元素分析等
紫外-可见吸收光谱法	$10^{-15} \sim 10^{-9}$	$10^{-3} \sim 10^{2}$	$1 \sim 10$	微量单元素分析等
红外吸收光谱法	$10^{-15} \sim 10^{-9}$	$10^{3} \sim 10^{6}$	$5 \sim 20$	结构分析及有机定性定量

第二节　紫外-可见分光光度法概述

一、紫外-可见分光光度法的定义与特点

利用紫外-可见分光光度计测量物质对紫外-可见光的吸收程度（吸光度）和紫外-可见吸收光谱来确定物质的组成、含量，推测物质结构的分析方法，称为紫外-可见吸收光谱法或紫外-可见分光光度法。该方法具有如下特点：

(1) 仪器设备简单　仪器设备相对比较简单，操作简便，因而容易普及推广应用。

(2) 灵敏度高　适于微量组分的测定，一般可测定 10^{-6} g 级的物质，其摩尔吸光系数可以达到 $10^{-4} \sim 10^{-5}$ 数量级。

(3) 精密度和准确度较高　浓度测量的相对误差一般在 1%～3% 之内（光度滴定法的相对误差可以减小至 0.5% 以下）。就分析的准确度而言，有时可与经典的化学分析方法（重量法和滴定法）相媲美，因而可用于各种浓度范围（大量、小量和痕量）的分析。

(4) 选择性较好　紫外-可见分光光度法的选择性虽然不如原子发射光谱法和原子吸收光谱法，但仍比经典化学分析方法好得多。只要认真选择和创造适宜的操作条件，就可以在其他组分存在下进行单组分或多组分测定而无需化学分离手续。

(5) 应用广泛　不仅用于无机化合物的分析，更重要的是用于有机化合物的鉴定及结构

分析（鉴定有机化合物中的官能团），也可对同分异构体进行鉴别。此外，还可用于配合物的组成和稳定常数的测定。

紫外-可见分光光度法也有一定的局限性，有些有机化合物在紫外-可见光区没有吸收谱带，有些仅有较简单而宽阔的吸收光谱，更有个别的紫外-可见吸收光谱大体相似。例如，甲苯和乙苯的紫外吸收光谱基本相同。因此，只根据紫外-可见吸收光谱不能完全确定这些物质的分子结构，只有与红外吸收光谱、核磁共振波谱和质谱等方法配合起来，得出的结论才会更可靠。

二、一些基本概念

1. 单色光和互补光

具有单一波长的光称为单色光。纯单色光很难获得，激光的单色性虽然很好，但也只接近于单色光。含有多种波长的光称为复合光，白光就是复合光。例如日光、白炽灯光等白光都是复合光。

人的眼睛对不同波长的光的感觉是不一样的。肉眼能够感觉到的光称为可见光，其波长范围为 400～750nm。波长小于 400nm 的紫外光或波长大于 750nm 的红外光均不能被人的眼睛感觉出，所以这些波长范围的光是看不到的。在可见光的范围内，不同波长的光刺激眼睛后会产生不同颜色的感觉，但由于受到人的视觉分辨能力的限制，实际上是一个波段的光给人一种颜色的感觉。图 4-2 列出了各种色光的近似波长范围。

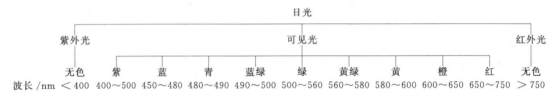

图 4-2　各种色光的近似波长范围

日常见到的日光、白炽灯光等白光就是由这些波长不同的有色光混合而成的。这可以用一束白光通过棱镜后色散为红、橙、黄、绿、青、蓝、紫等七色光来证实。如果把适当颜色的两种光按一定强度比例混合，也可成为白光，这两种颜色的光称为互补色光。图 4-3 为互补色光示意图。图中处于直线关系的两种颜色的光即为互补色光，如绿色光与紫色光互补，蓝色光与黄色光互补等。它们按一定强度比混合都可以得到白光，所以日光等白光实际上是由一对对互补色光按适当强度比混合而成的。

图 4-3　互补色光示意图

2. 溶液颜色的产生

溶液颜色是基于物质对光有选择性吸收的结果。当一束白光通过某透明溶液时，如果该溶液对可见光区各波长的光都不吸收，即入射光全部通过溶液，这时看到的溶液是无色透明的；如果溶液将可见光区各种波长的光全部吸收，此时看到的溶液则呈黑色；如果某溶液选择性地吸收了可见光区某波长的光，则该溶液即呈现出被吸收光的互补色光的颜色。例如绿色溶液是基于溶液吸收了紫色光而透过绿色光；蓝色溶液是溶液吸收了黄色光而透过蓝色光。各种溶液呈现的颜色及对光的选择性吸收如图 4-3 所示。

以上是用溶液对光的选择性吸收说明溶液的颜色。若要更精确地说明物质具有选择性吸收不同波长范围光的性质，则必须用光吸收曲线来描述。

3. 溶液的吸收光谱曲线

吸收光谱曲线是通过实验获得的，具体方法是：将不同波长的光依次通过某一固定浓度和厚度的有色溶液，分别测出它们对各种波长光的吸收程度（用吸光度 A 表示），以波长为横坐标，以吸光度为纵坐标作图，画出曲线，此曲线即称为该物质的光吸收曲线（或吸收光谱曲线），它描述了物质对不同波长光的吸收程度。图 4-4 所示是高锰酸钾和重铬酸钾的光吸收曲线。从图中可以看出高锰酸钾和重铬酸钾溶液对不同波长的光的吸收程度是不同

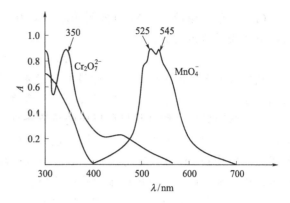

图 4-4　$KMnO_4$ 和 $K_2Cr_2O_7$ 溶液的光吸收曲线

的，高锰酸钾对波长为 525nm 的绿色光吸收最多，重铬酸钾对波长为 350nm 的紫外光吸收最多，它们在吸收曲线上都有一高峰（称为吸收峰）。对应的光吸收程度最大处的波长称为最大吸收波长（常以 λ_{max} 表示）。在进行光度测定时，通常都是选取在 λ_{max} 的波长处来测量，因为这时可得到最大的灵敏度。

三、可见分光光度法

可见分光光度法是利用测量有色物质对某一单色光的吸收程度来进行测定的，而许多物质本身无色或色很浅，也就是说，它们对可见光不产生吸收或吸收程度不大，这就必须事先通过适当的化学处理，使该物质转变为能对可见光产生较强吸收的有色化合物，然后再进行光度测定。将待测组分转变为有色化合物的反应称为显色反应，与待测组分形成有色化合物的试剂称为显色剂。

1. 显色反应和显色剂

（1）显色反应　同一种组分可以和多种显色剂反应生成不同的有色物质，但在分析时所选用的显色反应必须选择性好，即一种显色剂最好只与一种被测组分发生显色反应；显色反应必须灵敏度高，即要求反应生成的有色化合物的吸光系数大；显色反应生成的有色化合物必须组成恒定，化学性质稳定；如果显色剂有色，则要求有色化合物与显色剂之间的颜色差别要大，以减小试剂空白值，提高测定的准确度；显色反应的显色条件要易于控制，以保证其有较好的再现性。

（2）显色剂　常用的显色剂可分为无机显色剂和有机显色剂两大类。无机显色剂主要有：①硫氰酸盐，可以用来测定铁、钼、钨、铌、铼等金属元素；②钼酸铵，可以用来测定硅、磷、钨、钒等金属元素；③氨水，可以用来测定铜、钴、镍等金属元素；④过氧化氢，可以用来测定钛、钒、铌等金属元素。但由于许多无机试剂能与金属离子发生显色反应，无机显色剂的灵敏度和选择性都不高，因此具有实际应用价值的品种很有限。有机显色剂主要有：磺基水杨酸、邻菲啰啉、结晶紫、孔雀绿等。有机显色剂与金属离子形成的配合物其稳定性、灵敏度和选择性都比较高，而且有机显色剂的种类多，因此实际应用较广。

2. 显色条件的选择

显色反应是否满足分光光度法要求，除了与显色剂性质有关以外，还与显色条件的控制有很重要的关系。

(1) **显色剂用量** 设 M 为被测物质，R 为显色剂，MR 为反应生成的有色配合物，则可用下式表示显色反应：

$$M + R \rightleftharpoons MR$$

从反应平衡角度上看，加入过量的显色剂显然有利于 MR 的生成，但过量太多也会带来副作用，例如增加了试剂空白或改变了配合物的组成等。

(2) **溶液酸度** 酸度是显色反应的重要条件，当酸度不同时，同种金属离子与同种显色剂反应，可以生成不同配位数的不同颜色配合物，要想获得组成恒定的有色配合物，必须根据实际需要控制 pH 在一定范围内。溶液酸度过高会降低配合物的稳定性，特别是对弱酸型有机显色剂和金属离子形成的配合物影响较大；溶液酸度过低可能引起被测金属离子水解，因而破坏了有色配合物，使溶液颜色发生变化，甚至无法测定。

(3) **显色温度** 不同的显色反应对温度的要求不同。大多数显色反应是在常温下进行的，但有些反应必须在较高温度下才能进行或进行得比较快。对不同的反应，应通过实验找出各自适宜的显色温度范围。

(4) **溶剂的选择** 有机溶剂常常可以降低有色物质的离解度，增加有色物质的溶解，从而提高了测定的灵敏度，因此选择合适的有机溶剂，可以提高显色剂的灵敏度和选择性。

(5) **显色反应中的干扰及消除** 在显色反应中存在一些对显色结果具有干扰性的离子，为了获得准确的结果，需要采取适当的措施来消除这些离子的干扰。消除干扰的方法很多，例如可以采用控制溶液的酸度、加入掩蔽剂以掩蔽干扰离子的影响等措施。

3. 测量条件的选择

在测量吸光物质的吸光度时，测量准确度往往受多方面因素影响，如入射光波长、参比溶液、吸光度范围等。

用分光光度计测定被测溶液的吸光度时，需要选择合适的入射波长。在一般情况下，应选用最大吸收波长 λ_{max} 作为入射光波长。在 λ_{max} 处灵敏度高，可得到较好的测量精度。但是，如果最大吸收峰附近有干扰存在（如共存离子或所使用试剂有吸收），则在保证有一定灵敏度的情况下，可以选择吸收曲线中其他波长进行测定，以消除干扰。

在分光光度分析中测定溶液吸光度时，由于入射光的反射，以及溶剂、试剂等对光的吸收会造成透射光通量的减弱。为了使光通量的减弱仅与溶液中待测物质的浓度有关，需要选择合适组分的溶液作参比溶液，先以它来调节透射比 100%（即 $A=0$），然后再测定待测溶液的吸光度。这样就可以消除显色溶液中其他有色物质的干扰，抵消吸收池和试剂对入射光的吸收，比较真实地反映待测物质对光的吸收，因而也就比较真实地反映待测物质的浓度。

任何类型的分光光度计都有一定的测量误差，测量时读出的吸光度过高或过低，误差都很大，一般适宜的吸光度范围是 0.2～0.8。在实际工作中，可以通过调节被测溶液的浓度、使用厚度不同的吸收池来调整待测溶液的吸光度，使其在适宜的吸光度范围内。

四、紫外分光光度法

1. 紫外分光光度法概述

波长为 10～400nm 的光称为紫外光，其中 10～200nm 的光称为远紫外光，200～400nm 的光称为近紫外光。

利用物质对紫外光具有选择性吸收的特性进行分析的方法，称为紫外分光光度法。紫外分光光度法是可见分光光度法的进一步发展。不少有色的有机化合物本身就具有吸收可见和紫外光的性质。许多有机化合物看起来无色透明，不吸收可见光，但却强烈吸收紫外光。即在紫外光照射时并不透明，只不过人的肉眼无法观察到这一点而已。所以不必像无机物那样进行显色反应，而可直接测定，因而不受显色温度、显色时间等因素影响，操作简便，重现性好。大多数有色化合物（包括在紫外范围内的有色化合物），在紫外区的摩尔吸光系数比在可见光区域的摩尔吸光系数还要大，可达 10^5 倍，所以紫外光吸收光谱要比可见光光谱更为灵敏，可以测定更低的含量。

用紫外分光光度法进行定量分析，具有分析快速、灵敏度高及分析混合物中各组分有时不需要事先分离等优点，目前广泛用于微量或痕量分析中，一般测试范围在 $1\% \sim 0.1 \times 10^{-6}\%$，误差小于 2%。

当用一束具有连续波长的紫外光照射某有机物时，在紫外吸收波长处显示出吸收峰。若以波长 λ 作横坐标，以吸光度 A 作纵坐标，就可绘出该化合物的紫外吸收光谱图，如图 4-5 所示。

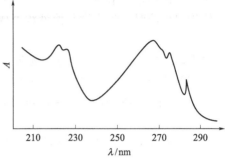

图 4-5　茴香醛的紫外吸收光谱

可用吸收带的最大吸收波长 λ_{max} 和该波长下的摩尔吸光系数 ε_{max} 来表示此化合物的紫外吸收特征。紫外吸收谱带的形状、λ_{max} 和 ε_{max} 的数值与有机化合物的结构密切相关。

2．紫外吸收光谱中常用的术语

（1）生色团　分子中能吸收紫外或可见光的结构单元称为生色团，如—COOH、—N=N—、—COOH 等。

（2）助色团　助色团是一种能使生色团吸收峰向长波位移并增强其强度的官能团，如—OH、—NH₂、—SH 及一些卤族元素等。

（3）红移与蓝移　某些有机化合物经取代反应引入含有未共享电子对的基团（如—OH、—NH₂、—Cl、—Br、—OR、—SH、—SR 等）之后，吸收峰的波长 λ_{max} 将向长波长方向移动，这种效应称为红移效应，这些会使某化合物的 λ_{max} 向长波长方向移动的基团称为向红基团。与红移效应相反，有时在某些生色团（如 ＞C=O）的碳原子一端引入一些取代基之后，吸收峰的波长会向短波长方向移动，这种效应称为蓝移效应，这些会使某化合物的 λ_{max} 向短波长方向移动的基团称为向蓝基团。

第三节　光的吸收定律

一、朗伯-比尔定律

当一束紫外-可见光（波长范围 $200 \sim 750$ nm）通过一透明的溶液时，具有某种能量的光子被吸收，而另一些能量的光子则不被吸收。光子是否被物质所吸收，既决定于物质的内部结构，也决定于光子的能量。当光子的能量等于电子能级的能量差（即 $\Delta E_电 = h\nu$）时，此能量的光子被吸收，并使电子由基态跃迁到激发态。物质对光的吸收定量依据为朗伯-比尔定律。朗伯-比尔定律是光吸收的基本定律，也是分光光度法的依据和基础。当入射光波长一定时，溶液的吸光度 A 是待测物质浓度和液层厚度的函数。

朗伯（Lambert）和比尔（Beer）分别于 1760 年和 1852 年研究了溶液的吸光度与溶液层厚度和溶液浓度之间的定量关系。当用适当波长的单色光照射一固定浓度的溶液时，其吸

光度与光透过的液层厚度成正比,此即朗伯定律,其数学表达式为:

$$A = k'l \tag{4-2}$$

式中,k' 为比例系数;l 为液层厚度(即样品的光程长度)。朗伯定律适用于任何非散射的均匀介质,但它不能阐明吸光度与溶液浓度的关系。

比尔定律描述了溶液浓度与吸光度之间的定量关系。当用一适当波长的单色光照射厚度一定的均匀溶液时,吸光度与溶液浓度成正比,即

$$A = k''c \tag{4-3}$$

式中,c 为溶液浓度;k'' 为比例系数。

当溶液的浓度 c 和液层的厚度 l 均可变时,它们都会影响吸光度的数值。合并式(4-2)和式(4-3),得到朗伯-比尔(Lambert-Beer)定律,其数学表达式为:

$$A = kcl \tag{4-4}$$

式中,k 为比例系数,它与溶液的性质、温度及入射光波长等因素有关。

二、吸光系数

式(4-4)中比例系数 k 的值及单位与 c 和 l 采用的单位有关。l 的单位通常以 cm 表示,因此 k 的单位主要决定于浓度 c 用什么单位。当 c 以 g/L 为单位时,k 称为吸光系数,以 a 表示,式(4-4)变为:

$$A = acl \tag{4-5}$$

式中,a 的单位为 L/(g·cm)。当 c 以 mol/L 为单位时,k 称为摩尔吸光系数,用 ε 表示,单位为 L/(mol·cm)。ε 比 a 更常用,有时吸光光谱的纵坐标用 ε 或 $\lg\varepsilon$ 表示,并以最大吸光系数(ε_{max})表示吸光强度。摩尔吸光系数在特定波长和溶剂的情况下是吸光质点的一个特征常数,在数值上等于吸光物质的浓度为 1mol/L、液层厚度为 1cm 时溶液的吸光度。它是物质吸光能力的量度,可作为定性分析的参考,也可用于估量定量分析方法的灵敏度。ε 值越大,方法的灵敏度越高。

【**例 4-1**】 铁(Ⅱ)浓度为 2.5×10^{-4} g/L 的溶液与邻菲啰啉反应,生成橙红色配合物,该配合物在波长为 508nm、比色皿厚度为 2cm 时,测得 $A=0.15$。计算邻菲啰啉亚铁的 a 及 ε。

解 已知铁的摩尔质量为 55.85g/mol,根据朗伯-比尔定律得

$$a = \frac{A}{lc} = \frac{0.15}{2\times2.5\times10^{-4}} = 300 \, [\text{L/(g·cm)}]$$

$$\varepsilon = 55.85\times300 = 1.676\times10^4 \, [\text{L/(mol·cm)}]$$

朗伯-比尔定律表明,当一束平行单色光通过单一均匀的、非散射的吸光物质溶液时,溶液的吸光度与溶液浓度和液层厚度的乘积成正比。此定律不仅适用于溶液,也适用于其他均匀非散射的吸光物质(气体或固体),是各类吸光度法定量分析的依据。

三、影响光吸收定律的主要因素

根据吸收定律,理论上吸光度对溶液浓度作图所得的直线的截距为零,斜率为 εl。实际上,吸光度与浓度的关系有时是非线性的,或者不通过零点,这种现象称为偏离光吸收定律。

如果溶液的实际吸光度比理论值大,则为正偏离吸收定律;如果比理论值小,则为负偏离吸收定律。引起偏离的原因主要有以下几方面。

1. 入射光为非单色光

吸收定律成立的前提是入射光是单色光。但实际上，一般单色器提供的入射光并非是纯单色光，而是由波长范围较窄的光带组成的复合光。而物质对不同波长的光的吸收程度不同（即吸光系数不同），因而导致了对吸光定律的偏离。复合光对朗伯-比尔定律的影响如图4-6所示。入射光中不同波长的光的摩尔吸光系数差别越大，偏离吸收定律就越严重。实验证明，只要所选的入射光所含的波长范围在被测溶液的吸收曲线较平坦的部分，偏离程度就会相对较小。

2. 溶液的化学因素

溶液中的吸光物质因离解、缔合，形成新的化合物而改变了吸光物质的浓度，从而导致偏离吸收定律。因此，测量前的化学预处理工作十分重要，如控制好显色反应条件、控制溶液的化学平衡等，以防止产生偏离。

3. 朗伯-比尔定律的局限性

严格地说，朗伯-比尔定律是一个有限定律，它只适用于浓度小于 0.01mol/L 的稀溶液。因为浓度高时，吸光粒子间的平均距离减小，以致每个粒子都会影响其邻近粒子的电荷分布。这种相互作用使它们的摩尔吸光系数 ε 发生改变，因而导致偏离朗伯-比尔定律，如图4-7中虚线所示。因此，在实际工作中，待测溶液的浓度应控制在 0.01mol/L 以下。

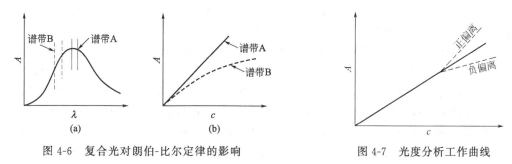

图4-6 复合光对朗伯-比尔定律的影响　　　图4-7 光度分析工作曲线

第四节　紫外-可见分光光度计

用于测量和记录待测物质对紫外光、可见光的吸光度及紫外-可见吸收光谱，并进行定性、定量以及结构分析的仪器，称为紫外-可见吸收光谱仪或紫外-可见分光光度计。

一、仪器的基本构造

紫外-可见分光光度计的波长范围为 200~750nm，构造原理与可见光分光光度计（如721型分光光度计）相似，都是由光源、单色器、吸收池、检测器和显示器五大部件构成，如图4-8所示。

图4-8 紫外-可见分光光度计结构示意图

1. 光源

光源是提供入射光的装置。分光光度计对光源的要求是：在所需的光谱区域内，发射连续的具有足够强度和稳定的紫外及可见光，并且辐射强度随波长的变化尽可能小，使用寿命长。

在可见区常用的光源为钨灯,可用的波长范围为350~1000nm;在紫外区常用的光源为氢灯和氘灯,它们发射的连续光波长范围为180~360nm,其中氘灯的辐射强度大、稳定性好、使用寿命长。

2. 单色器

单色器是将光源辐射的复合光分成单色光的光学装置。单色器一般由狭缝、色散元件和透镜系统组成。最常用的色散元件是棱镜和光栅。棱镜通常用玻璃、石英等制成。玻璃适用于可见光区,石英材料适用于紫外光区。

3. 吸收池

吸收池是用于盛装试液的装置。吸收池的材料必须能够透过所测光谱范围的光,一般可见光区使用玻璃吸收池,紫外光区使用石英吸收池。

4. 检测器

检测器是将光信号转变成电信号的装置,要求灵敏度高、响应时间短、噪声水平低且有良好的稳定性。常用的检测器有硒光电池、光电管、光电倍增管和光电二极管阵列检测器。

硒光电池构造简单,价格便宜,使用方便,但长期曝光易"疲劳",灵敏度也不高。

光电管灵敏度比硒光电池高,它能将所产生的光电流放大,可用来测量很弱的光。常用的光电管有蓝敏和红敏两种。前者是在镍阳极表面沉积锑和铯,适用的波长范围为210~625nm;后者是在阴极表面沉积银和氧化铯,适用的波长范围为625~1000nm。

光电倍增管比普通光电管更灵敏,是目前中高档分光光度计中常用的一种检测器。

光电二极管阵列检测器是紫外-可见光度检测器的一个重要进展。这类检测器用光电二极管阵列作检测元件,阵列由数百个光电二极管组成,各自测量一窄段即几十微米的光谱。通过单色器的光含有全部的吸收信息,在阵列上同时被检测,并用电子学方法及计算机技术对二极管阵列快速扫描采集数据,由于扫描速度非常快,可以得到三维光谱图。

5. 显示器

显示器是将检测器输出的信号放大并显示出来的装置。常用的显示方式有电表指示、图表指示及数字显示等。

二、仪器的类型

紫外-可见分光光度计主要有单光束分光光度计、双光束分光光度计、双波长分光光度计以及光电二极管阵列分光光度计四种类型,下面分别进行介绍。

1. 单光束分光光度计

单光束分光光度计的光路示意图如图4-8所示,它是将一束经过单色器的光,轮流通过参比溶液和样品溶液来进行测定。这种分光光度计结构简单、价格便宜,主要用于定量分析。但缺点是操作麻烦,如在不同的波长范围内需使用不同的光源、不同的吸收池,且每换一次波长,都要用参比溶液校正等,也不适于作定性分析。国产的751型和WFD-8A型分光光度计都是单光束分光光度计。

2. 双光束分光光度计

双光束分光光度计的光路设计基本上与单光束相似,如图4-9所示。经过单色器的光被斩光器一分为二,一束通过参比溶液,另一束通过样

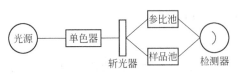

图4-9 双光束分光光度计测量示意图

品溶液，然后由检测系统测量即可得到样品溶液的吸光度。

由于采用双光路方式，两光束同时分别通过参比池和样品池，使操作简化，同时也消除了因光源强度变化而带来的误差。国产的双光束分光光度计有 710 型和 730 型。图 4-10 是一种双光束自动记录式分光光度计的光路系统图。

3. 双波长分光光度计

单光束和双光束分光光度计，就测量波长而言，都是单波长的。双波长分光光度计是用两种不同波长（λ_1 和 λ_2）

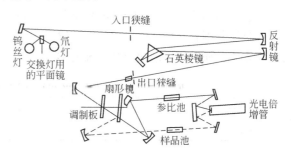

图 4-10 一种双光束自动记录式紫外-可见分光光度计的光路系统图

的单色光交替照射样品溶液（不需使用参比溶液）。经光电倍增管和电子控制系统，测得的是样品溶液在两种波长 λ_1 和 λ_2 处的吸光度之差 ΔA，$\Delta A = A_{\lambda_1} - A_{\lambda_2}$，只要 λ_1 和 λ_2 选择适当，ΔA 就是扣除了背景吸收的吸光度，仪器原理方框图如图 4-11 所示。

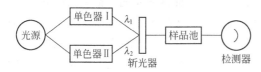

图 4-11 双波长分光光度计示意图

双波长分光光度计不仅能测定高浓度试样、多组分混合试样，还能测定混浊试样。双波长分光光度计在测定相互干扰的混合试样时，不仅操作简单，而且精确度高。

4. 光电二极管阵列分光光度计

这是一种利用光电二极管阵列作多道检测器，由微型电子计算机控制的单光束紫外-可见分光光度计，具有快速扫描吸收光谱的特点。

从光源发射的复合光，通过样品吸收池后经全息光栅色散，通过一个可移动的反射镜使光束通过几个吸收池，色散后的单色光由光电二极管阵列中的光电二极管接收，光电二极管与电容耦合，当光电二极管受光照射时，电容器就放电，电容器的带电量与照射到光电二极管上的总光量成正比。由于单色器的谱带宽度接近于光电二极管的间距，每个谱带宽度的光信号由一个光电二极管接收，一个光电二极管阵列可容纳 400 个光电二极管，可覆盖 200~800nm 波长范围，分辨率为 1~2nm，其全部波长可同时被检测而且响应快，在极短时间内（2s）给出整个光谱的全部信息。

三、仪器的检验与维护保养

1. 分光光度计的检验

为了保证测试结果的准确可靠，新制造、使用中和修理后的分光光度计都应定期进行检定。国家技术监督局批准颁布了各类紫外-可见分光光度计的检验规程。检定规程规定，检定周期为半年，两次检定合格的仪器检定周期可延长至一年。在验收仪器时应按照仪器说明书及验收合同进行验收。分光光度计的检验主要包括以下几个方面。

(1) 波长准确度的检验　分光光度计在使用过程中，由于机械振动、温度变化、灯丝变形、灯座松动等原因，经常会产生刻度盘上的读数与实际通过溶液的波长不符合的现象，因而导致仪器灵敏度降低，影响测定结果的精度，需要经常进行检验。在可见光区，检验波长准确度最简单的方法是绘制镨钕滤光片的吸收光谱曲线；在紫外光区，检验波长准确度比较实用的方法是绘制苯蒸气的吸收光谱曲线。

(2) 透射比正确度的检验　透射比的正确度通常用硫酸铜、硫酸钴铵、铬酸钾等标准溶液来检验,其中应用最普遍的是重铬酸钾($K_2Cr_2O_7$)溶液。具体操作如下:配制质量分数$w_{K_2Cr_2O_7}=0.00600\%$的$K_2Cr_2O_7$标准溶液,以0.001mol/L的$HClO_4$溶液为参比,以1cm石英吸收池分别在235nm、257nm、313nm、350nm波长处测定$K_2Cr_2O_7$标准溶液的透射比,与表4-3所列的标准值比较,根据仪器级别,其差值应在0.8%~2.5%之内。

表4-3　$w_{K_2Cr_2O_7}=0.00600\%$的$K_2Cr_2O_7$溶液的透射比(25℃)

波长/nm	235	257	313	350
透射比	18.2	13.7	51.3	22.9

(3) 稳定度的检验　在光电管不受光的条件下,用零点调节器将仪器调至零点,观察3min,读取透射比的变化,即为零点稳定度。在仪器工作波长范围两端靠中间10nm处(例如仪器工作波长范围为360~800nm,则在370nm和790nm处),调零点后,盖上样品室盖,使光电管受光,调节透射比为95%(数显仪器调至100%),观察3min,读取透射比的变化,即为光电流稳定度。

(4) 吸收池配套性的检验　在定量工作中,尤其是在紫外光区测定时,需要对吸收池作校准及配套工作,以消除吸收池的误差,提高测量的准确度。在实际工作中可以采取下面较为简单的方法进行配套检验:用铅笔在洗净的吸收池毛面外壁编号并标注光路走向。在吸收池中分别装入测定用溶剂,以其中一个为参比,测定其他吸收池的吸光度。若测定的吸光度为零或两个吸收池吸光度相等,即为配套吸收池;若不相等,可以选出吸光度值最小的吸收池为参比,测定其他吸收池的吸光度,求出修正值。测定样品时,将待测溶液装入校正过的吸收池,测量其吸光度,所测得的吸光度减去该吸收池的修正值即为此待测溶液真正的吸光度。

2. 分光光度计的维护和保养

分光光度计是精密光学仪器,正确的安装、使用、维护和保养对保持仪器良好的性能和保证测试的准确度有重要作用。

(1) 对仪器工作环境的要求　分光光度计应安装在稳固的工作台上(周围不应有强磁场,以防电磁干扰),室内温度宜保持在15~28℃。室内应干燥,相对湿度宜控制在45%~65%,不应超过70%。室内应无腐蚀性气体(如SO_2、NO_2及酸雾等),应与化学分析室隔开,室内光线不宜过强。

(2) 仪器的维护和保养方法　仪器工作电源一般为220V,允许±10%的电压波动。为保持光源灯和检测系统的稳定性,在电源电压波动较大的实验室,最好配备稳压器。为了延长光源使用寿命,在不使用时不要开光源灯。如果光源灯亮度明显减弱或不稳定,应及时更换新灯。更换后要调节好灯丝位置,不要用手直接接触窗口或灯泡,避免油污黏附,若不小心接触过,要用无水乙醇擦拭。单色器是仪器的核心部分,装在密封盒内,不能拆开;为防止色散元件受潮发霉,必须经常更换单色器盒干燥剂。必须正确使用吸收池,保护吸收池光学面。光电转换元件不能长时间曝光,应避免强光照射或受潮积尘。

第五节　紫外-可见分光光度法的应用

紫外-可见吸收光谱在某种程度上反映了化合物的性质和结构,主要用于有机化合物的定性、定量和结构分析。此外,紫外-可见吸收光谱法还可以用来研究化合物的组成及测定某些化合物的物理化学参数。

一、定性鉴定

不同的有机化合物具有不同的吸收光谱，因此根据化合物的紫外吸收光谱中特征吸收峰的波长和强度可以进行物质的鉴定、纯度检验和结构分析。

1. 化合物的鉴定

利用标准样品或标准谱图对未知化合物进行鉴定时，可采用吸收光谱对照法，即在相同的测量条件下，测定未知化合物的吸收光谱和标准样品的吸收光谱，或将未知化合物的吸收光谱与文献上提供的标准吸收光谱进行对照。如果两者吸收光谱的形状、吸收峰的数目、最大吸收波长以及吸收带强度等完全一致，则可初步确定在它们的分子结构中，存在相同的生色团（如羰基、苯环和共轭双键体系等）。常用的标准吸收谱图可参考 Sadtler Research Laboratories 编著的《The Sadtler Standard Spectra-Ultraviolet》，自 1964 年的第 1 卷至 1991 年的第 150 卷，共收集了 4.36 万张标准紫外吸收谱图。由于大多数有机化合物的紫外谱图简单，谱带宽且数目少，缺乏精细结构特征，而且很多生色团的吸收峰几乎不受分子中其他非吸收基团的影响，因此，仅依据紫外-可见吸收光谱数据来鉴定未知化合物具有较大局限性，必须与其他方法如红外光谱法、核磁共振波谱法和质谱法等相配合，才能对未知化合物进行准确的鉴定。

2. 化合物的纯度检验

利用紫外-可见吸收光谱法检查化合物的纯度，也是一种简便而有效的方法。例如，在药物分析中常常需要检查阿司匹林片剂中是否存在水杨酸。阿司匹林在空气中容易吸收水分而产生水杨酸，前者在 280nm 处有一强吸收带，后者的吸收带在 312nm 处。因此，只要检查在 312nm 处是否出现吸收峰，即可判断阿司匹林片剂中是否存在水杨酸。

3. 有机化合物的结构分析

由紫外-可见吸收光谱可以得到各吸收带的最大吸收波长 λ_{max} 和相应的摩尔吸光系数 ε_{max} 两种重要数据，它们反映了分子内共轭体系的特征，虽不能反映整个分子结构，但对于推测与鉴定化合物中的官能团和共轭体系还是有一定价值的。

如果某化合物的紫外-可见光谱在 200～400nm 范围内无吸收，说明该化合物可能为饱和直链烃、脂环烃或其他饱和的脂肪族化合物或是只含一个双键的烯烃等。

若化合物在 210～250nm 范围内有强吸收带，表明该化合物可能存在共轭双键。如在 260nm、300nm 和 330nm 左右有高强度吸收峰，则表明分子中含有更大的共轭 π 键体系。

此外，还可以根据化合物可能的分子结构，配合经验计算来推断其紫外-可见吸收峰的位置 λ_{max}，并与实测值对照，以确定预测的化合物结构是否正确。

二、定量分析

1. 单组分化合物的分析

若样品溶液中只含有一种组分，或者混合物溶液中待测组分的吸收峰与其他共存组分的吸收峰不互相重叠时，可采用校准曲线法进行定量测定。校准曲线法是紫外-可见分光光度法中最常用的分析方法之一，具体操作如下：首先绘制待测组分的吸收曲线，由此选择最大吸收波长作为测定波长。然后配制一系列不同浓度的标准溶液，以试剂空白溶液为参比，在选定波长下分别测定它们的吸光度 A。在坐标纸上以吸光度 A 为纵坐标，以标准溶液的浓度 c 为横坐标绘制校准曲线。当溶液的浓度符合朗伯-比尔定律的线性范围时，校准曲线是一条通过原点的直线。在相同条件下测定待测组分的吸光度 A_x，从校准曲线上即可求得待

测组分的浓度 c_x 或含量，如图 4-12 所示。

此外，还可以利用计算机或计算器求出校准曲线的一元线性回归方程，由该方程即可求得未知物浓度。具体方法是根据一系列吸光度-浓度数据求出回归方程，其公式如下：

$$A_x = Kc_x + B \tag{4-6}$$

式中

$$K = \frac{n\sum c_i A_i - \sum c_i \sum A_i}{n\sum c_i^2 - (\sum c_i)^2}$$

$$B = \frac{\sum c_i^2 A_i - \sum c_i \sum c_i A_i}{n\sum c_i^2 - (\sum c_i)^2}$$

$$c_x = \frac{A_x - B}{K} \tag{4-7}$$

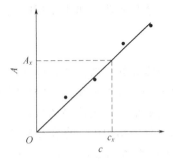

图 4-12 单组分化合物的校准曲线

式中，c 和 A 分别为所配制标准溶液的浓度及所对应的吸光度值；c_x 和 A_x 分别为未知物浓度和吸光度。

2. 混合物中多组分的测定

如果溶液中含有两个或两个以上吸光组分，它们的吸收光谱在测定波长处互相重叠时，只要各组分的吸光性能符合朗伯-比尔定律，就可根据吸光度的加和性原则测定各个组分的浓度。所谓吸光度的加和性，是指在测定波长下，含有多种吸光组分的溶液，只要各组分间不存在着相互作用，总吸光度为各个组分的吸光度之和，即

$$A = A_1 + A_2 + A_3 + \cdots + A_n \tag{4-8}$$

图 4-13 是两组分 M 和 N 各自的吸收光谱和它们混合后的吸收光谱。设 λ_1 和 λ_2 分别为两组分的最大吸收波长，A_{λ_1} 和 A_{λ_2} 分别是混合物在 λ_1 和 λ_2 处的总吸光度，若吸收池厚度为 1cm，根据吸光度的加和性原则，可得到如下的联立方程组：

$$\begin{cases} A_{\lambda_1} = \varepsilon_{\lambda_1}^M \cdot c_M + \varepsilon_{\lambda_1}^N c_N \\ A_{\lambda_2} = \varepsilon_{\lambda_2}^M \cdot c_M + \varepsilon_{\lambda_2}^N c_N \end{cases} \tag{4-9}$$

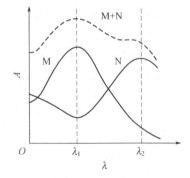

图 4-13 两组分混合物的吸收光谱

式中，c_M 和 c_N 分别为混合物中组分 M 和 N 的浓度；$\varepsilon_{\lambda_1}^M$ 和 $\varepsilon_{\lambda_1}^N$、$\varepsilon_{\lambda_2}^M$ 和 $\varepsilon_{\lambda_2}^N$ 分别为 M 和 N 在波长 λ_1 和 λ_2 处的摩尔吸光系数。解此联立方程组，即可求出 c_M 和 c_N。

联立方程组法也可用于两种以上吸光组分的同时测定。但该方法的测定误差随测定组分的增多而增大。近年来，由于使用微处理机控制的附有测量和数据处理软件的分光光度计，使更复杂的多组分体系可由仪器直接给出测定结果。

当吸收光谱互相重叠的两组分共存时，可以利用双波长法消除共存组分的干扰，对单个组分或同时对两个组分进行测定。此外还可以应用紫外-可见吸收光谱法测定配合物的组成。

思考题与习题

1. 光学分析法有哪些类型？
2. 物质为什么有选择性地吸收光波？如溶液呈现蓝色，则该溶液吸收何种颜色的光？

3. 何谓生色团？何谓助色团？何谓红移？何谓蓝移？
4. 分别用数学式和文字表达 Lambert-Beer 定律。
5. 应用 Lambert-Beer 定律有哪两个先决条件？
6. 摩尔吸光系数的物理意义是什么？其数值上等于什么？
7. 某标准铁溶液浓度为 47.0mg/L，吸取此溶液 5mL，加还原剂还原后，加显色剂显色，用水稀释至 100mL，在 510nm 处用 1cm 吸收池测其吸光度为 0.467，求此配合物的摩尔吸光系数。[答案：$\varepsilon = 1.12 \times 10^4 \text{L/(mol·cm)}$]
8. 称取 0.4994g $CuSO_4 \cdot 5H_2O$ 于 1L 水中，配成标准溶液，取此标准溶液 1mL、2mL、3mL、4mL、5mL、6mL 放入 6 支比色管中，加浓氨水 5mL，用水稀释至 25mL 刻度，配成标准色阶。称取含铜试样 500mg 溶于 250mL 水中，吸取 5mL 加入比色管中，加氨水 5mL，用水稀释至 25mL，其颜色深度与色阶的第四个比色管相同，求试样中铜的质量分数。（答案：$w_{Cu} = 5.1139\%$）
9. 在硫酸介质中用 H_2O_2 法测溶液中的 Ti，从标准系列测得如下数据：

Ti 含量/(μg/mL)	0.50	1.00	1.50	2.00	2.50
吸光度 A	0.14	0.29	0.43	0.57	0.72

绘出吸光度与浓度的工作曲线。取试液 5mL，加入 50mL 容量瓶显色，用水稀释至刻度，测得 $A_x = 0.68$，求 Ti 试液的质量浓度（μg/mL）。（答案：$y = 0.2869x$，$c_{Ti} = 23.7\mu g/mL$）

10. 称取钢样 1.500g，用酸溶解后，以过硫酸铵将 Mn 氧化成 MnO_4^-，转入 100mL 容量瓶中，稀释至刻度，用 1cm 吸收池在 520nm 处测得吸光度为 0.62，已知 MnO_4^- 在 520nm 处的 ε 为 2235，计算钢中 Mn 的质量分数。（答案：$w_{Mn} = 0.102\%$）

第五章 原子发射光谱法

> **学习指南**
>
> 通过本章的学习,了解原子发射光谱产生的基本原理;掌握原子发射光谱法的定性、定量与半定量分析方法;了解原子发射光谱仪的基本组成和类型;掌握原子发射光谱法的应用。

原子发射光谱法是根据试样中被测元素的原子或离子,在光源中被激发而产生特征辐射,通过判断这种特征辐射的波长及其强度的大小,对各元素进行定性、定量分析。

由于不同元素的原子结构不同,因而原子各能级之间的能量差(E)也不相同,各能级间的跃迁所对应的辐射也不同,所以可以根据所检测到的辐射的频率 ν 或波长 λ 对样品进行定性分析。另外,当元素含量不同时,同一波长所对应的辐射强度也不相同,因此可以根据所检测到的辐射强度对各元素进行定量分析。

原子发射光谱具有样品用量少、处理方法简单、应用范围广、检测速度快、灵敏度高、选择性好等优点,是元素分析特别是金属元素分析最强有力的手段之一,可用于冶金、石油、环保、生物、制药、化工、卫生等领域的样品分析。

第一节 原子发射光谱分析基本原理

一、原子发射光谱的产生

原子发射光谱是由于原子的外层电子在不同能级之间的跃迁而产生的。通常情况下,组成物质的原子处于较低的能量状态,这种状态称为基态。当原子受到外界能量(如电能、光能等)作用时,原子的外层电子就从基态跃迁到较高的能量状态,此状态称为激发态。处于激发态的原子很不稳定,10^{-8} s 后,又跃迁回较低的能量状态,同时释放出多余的能量,并以光的形式辐射出来,因此产生了原子发射光谱。原子发射光谱的能量可用下式表示:

$$E = E_2 - E_1 = h\nu = h\frac{c}{\lambda} \tag{5-1}$$

式中,E_2 为高能级的能量;E_1 为低能级的能量;h 为普朗克常数;ν 和 λ 分别为发射光的频率和波长;c 为光速。

由式(5-1)可知,两能级间的能量差越大,则辐射光的波长越短。每次跃迁都发射出相应波长的光,产生一条谱线。由于原子中有许多电子轨道,跃迁的形式很多,因此可以产生许多谱线。

二、原子发射光谱法的基本原理

不同元素的原子结构各有差异,能级间的能量差也各不相同。当原子受激发时,就会辐射出各元素所固有的特征谱线。原子发射光谱法就是根据光谱图中有无某元素的特征光谱曲线,来判断试样中是否存在某元素的;同时,如果试样中某元素含量多时,该元素特征谱线的强度就大,所以可以根据辐射光的强度测定元素的含量。

原子发射光谱法分为以下三个过程:

① 利用外部能量使被测试样蒸发、解离、产生气态原子,并使气态原子的外层电子激发至高能量态。当处于高能量态的原子自发地跃迁回低能量态时,就会以辐射的形式释放出多余的能量。

② 经分光后,一系列谱线按波长大小顺序排列。

③ 用光谱干板或检测器记录和检测各谱线的波长和强度,并据此得出元素定性和定量结果。

三、原子发射光谱法专业术语

1. 激发电位

为了使元素产生谱线,必须将其原子由低能级激发至高能级,因此必须提供给原子 ΔE 能量,才能使其激发,这个能量称为激发电位。

2. 电离电位

当用高能量光源激发电位低的元素时,往往会使其电离成离子,这种使元素的原子达到电离所需的能量称为电离电位。

3. 离子线

离子与中性原子一样,也能被激发产生光谱,这种光谱称为离子线。

四、原子发射光谱法的特点

发射光谱分析法具有以下特点:

(1) 灵敏度高 一般测量的绝对灵敏度可达 $10^{-2}\mu g$,相对灵敏度为 $10^{-7}\sim 10^{-5}$,光谱分析的灵敏度与设备条件、试样处理方法、组成及待测元素的性质有关。原子发射光谱法更适用于微量元素的分析。

(2) 选择性好 因为每一元素都有自己的特征谱线,利用元素的特征谱线,可以较好地鉴定元素的存在。应用原子发射光谱法进行分析,干扰效应小,可以同时鉴定多种元素。

(3) 准确度高 光谱分析的准确度随样品含量而定,当被测元素含量大于1%时,分析准确度较差;含量小于1%时,其准确度优于化学分析法,因此光谱法适用于微量元素分析,特别是含量小于1%的样品。

(4) 分析速度快 能同时测定多种元素,采用光电直读式光谱仪进行分析,几分钟内即可获得20多种元素的分析结果。

(5) 试样用量少 一般只需要几毫克或十分之几毫克的试样,就可以进行光谱全分析。

由于原子发射光谱法具有许多特点,因此被广泛应用于许多领域的微量或痕量元素分析,如轻工、医药、食品、石油、环保等。但原子发射光谱法也有不足之处,首先是仪器设备昂贵,且试样含量超过10%时,其分析准确度差;其次在进行定量分析时,对标准试样、感光板、显影条件等要求很严格;另外,原子发射光谱法不能用于分析非金属元素和有机物。

第二节 原子发射光谱仪的组成

原子发射光谱仪由发射光源、分光系统、记录和检测系统三部分组成。

一、发射光源

发射光源（又称激发光源）的主要作用是为试样的蒸发和激发提供所需的能量，使试样中待测元素原子化，并进一步跃迁至激发态。

对发射光源的基本要求是：高温、稳定、安全、光谱背景小。

常用的发射光源有直流电弧光源、交流电弧光源、火花光源、电感耦合高频等离子体光源（ICP）等，分述如下。

1. 直流电弧光源

直流电弧光源是用硒或硅整流器，也可用直流发电机提供激发能量。常用的电压为220～380V，电流为5～30A。光源的弧焰温度可达4000～7000K，产生的谱线主要是原子谱线。

直流电弧光源的优点有：①灵敏度高，可用于难挥发的微量元素的分析；②背景小，适宜进行定性分析；③设备简单，操作安全。缺点是弧光游移不定，影响了分析结果的重现性。

2. 交流电弧光源

交流电弧光源通常采用低压交流电弧发生器，即高频引燃装置，保持电弧不断点燃。其工作电压为220V，可用市电作电源。

交流电弧光源的优点为：稳定性好，重现性好，操作简便安全，适用于定性和定量分析。其缺点是灵敏度比直流电弧光源差。

3. 火花光源

火花光源采用的是10000V以上的高压交流电通过电极间隙放电，产生电火花。温度可达10000K以上，适用于难激发元素的分析和高含量试样以及低熔点试样的分析。

火花光源的优点为：稳定性好，激发能力强，试样用量少。其缺点是：灵敏度低，蒸发能力低，背景大，是高压电源，必须注意安全。

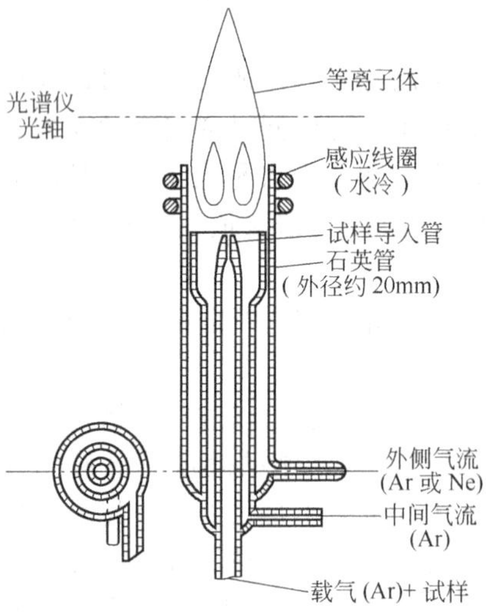

4. 电感耦合高频等离子体光源

电感耦合高频等离子体（ICP）光源是当前发射光谱分析中发展迅速、优点突出的一种新型光源。等离子体是指电离了的但在宏观上呈电中性的物质。高温下电离的气体由于含有自由电子、离子、中性原子和分子，而总体上仍呈电中性，所以也是一种等离子。等离子体光源主要是由高频发生器、同轴的三重石英管和进样系统三部分组成，其结构如图5-1所示。石英管中通入氩气，在管的上部绕有2～4匝线圈，并使之与高频发生器感应耦合而形成等离子体，然后通过雾化器把试样和载气（氩气）导入等离子体，进行激发和发射光谱。

图5-1 ICP光源

电感耦合高频等离子体光源的优点为：原子化效率高，谱线强度大，背景小，检出限低，重现性好，准确度高。

在选择光源时一般应考虑待测元素的特性、含量，电离电位的高低，试样的形状和性质，是作定性分析还是定量分析等，以提高光谱分析的灵敏度和准确性。

二、分光系统（摄谱仪）

分光系统是光谱仪中能把复合光分解成单色光的部分。用照明法记录光谱的光谱仪称为摄谱仪。摄谱仪根据所用色散元件的不同，可分为棱镜摄谱仪和光栅摄谱仪。

1. 棱镜摄谱仪

棱镜摄谱仪根据棱镜色散能力的大小，可分为大、中、小型三种规格。大型的色散力强，可分析具有复杂光谱的元素；中型的适用于一般元素的分析；小型的可用于简单的分析。若按棱镜材料的不同，则可分为：玻璃棱镜摄谱仪（适用于可见光区）、石英棱镜摄谱仪（适用于紫外区）、萤石棱镜光电直读式光谱仪（适用于远紫外区）。

棱镜摄谱仪主要由照明系统、准光系统、色散系统（棱镜）以及摄影系统（暗箱）四个部分组成，如图 5-2 所示。

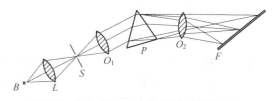

图 5-2 棱镜摄谱仪光路示意图

棱镜摄谱仪的光学特性是以色散率、分辨率和集光本领三个方面来体现的。色散率是将不同波长的光分散开的能力。分辨率是摄谱仪的光学系统能够正确分辨出紧邻的两条谱线的能力。集光本领是摄谱仪所能获得的有效光强的大小，这一性能对光谱分析的灵敏度有直接的影响。

2. 光栅摄谱仪

光栅摄谱仪采用衍射光栅作为色散元件。在原子发射光谱分析中，使用最多的是平面光栅摄谱仪。光栅摄谱仪与棱镜摄谱仪相比，具有以下特点：使用波长范围广，色散和分辨能力大。特别是随着光栅刻画技术的发展，光栅摄谱仪越来越广泛地被应用。

三、记录和检测系统

原子发射光谱仪的检测常采用摄谱法（照相法）和光电检测法两种。前者用感光板记录谱线，后者是以光电倍增管或电荷耦合器件（CCD）接收、记录光谱的主要部件。

1. 摄谱法

摄谱法常使用光谱投影仪和测微光度计。

光谱投影仪又称为光谱放大仪或映摄仪。在观察谱线时，可将摄得的谱片进行放大、投影在屏上，以便进行光谱定性分析和半定量分析。

在进行原子发射光谱定量分析时，用测微光度计测量感光板上所记录的谱线的黑度。照射到感光板上的光线越强，时间越长，则呈现在感光板上的谱线就越黑。常用黑度 S 表示谱线在感光板上的变黑程度。摄谱法的定量分析就是根据测量谱线的黑度，计算待测元素的含量。

2. 光电检测法

光电检测法主要采用光电倍增管作为光谱检测器，可实现光电信号的转换和分析结果的光电直读。

光电检测的另一种方法是电荷耦合器件检测器，它是一种新型固体多通道光学检测器件，是当前数码相机和扫描仪等数字化图形图像设备中最常用的感光元件。在其输入面上密布着光敏像元点阵，可以将光谱信息进行光电转换、存储和传输。

第三节 原子发射光谱仪的类型

一、摄谱仪

摄谱仪是利用光栅或棱镜作为色散元件，用照相法记录光谱的原子发射光谱仪。使用该仪器进行定性分析十分方便，仪器价格便宜，测试费用低，而且感光板所记录的光谱可长期保存，因此目前应用十分普遍。

二、光电直读光谱仪

1. 单道扫描光谱仪

单道扫描光谱仪的光路示意图如图 5-3 所示。光源发出的辐射经入射狭缝投射到可转动的光栅上色散，当光栅转动至某一位置时，只有某一特定波长的谱线能通过出射狭缝进入检测器。通过光栅的转动完成一次全谱扫描。

2. 多道扫描光谱仪

如图 5-4 所示为多道扫描光谱仪的光路示意图。从光源发出的光经透镜聚焦后，在入射狭缝上成像并投射到狭缝后的凹面光栅上。凹面光栅将光色散后聚焦在焦面上。焦面上安置一组出射狭缝以允许不同波长的光通过，在光电倍增管上检测各波长的光强后，用计算机进行数据处理。

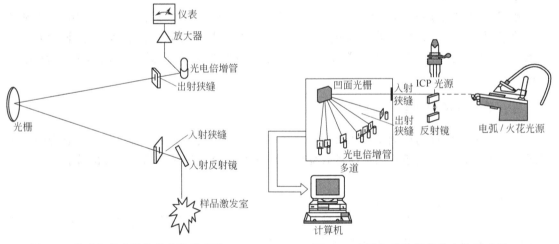

图 5-3　单道扫描光谱仪的光路示意图　　图 5-4　多道扫描光谱仪的光路示意图

第四节 原子发射光谱分析方法

一、定性分析

原子发射光谱的定性分析常采用比较试样光谱与纯物质光谱或铁谱来确定元素的存在。下面先介绍几个基本概念。

1. 元素的灵敏线

所谓灵敏线，是指元素所有谱线中最容易激发或激发电位较低的特征谱线。因为它们在元素含量很低时也能出现，故称为"灵敏线"。当试样中该元素的含量不断降低时，其他灵敏度较差、强度较弱的谱线逐渐消失，但灵敏线将最后消失，因此又可称为"最后线"。

2. 特征谱线组

由于某元素的存在，会同时出现一组强度差不多，具有一定特征的谱线。它随元素的存在而出现，随元素的消失而消失。每种元素的灵敏线和特征谱线组都可以从元素的发射光谱图及谱线表中查到。

3. 元素标准光谱图

在光谱定性分析中，常采用铁的光谱为标准光谱。铁光谱的谱线较多，在 210～660nm 的波长范围内，大约有 4600 条谱线。以铁的光谱作为波长的标尺，把各个元素的灵敏线和特征谱线组按波长插标在铁光谱的相应位置上，放大 20 倍后制成元素标准光谱图。元素标准光谱图由波长数值、铁光谱图、各元素的灵敏线及特征谱线组三部分组成，如图 5-5 为部分元素的标准光谱图。

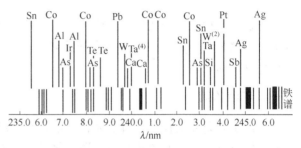

图 5-5　元素标准光谱图

4. 定性分析法

（1）标样光谱比较法　将试样与待测元素的纯物质并列摄谱于同一感光板上，对照比较试样与纯物质光谱，若试样光谱中出现与纯物质相同的特征谱线，则表明试样中存在待测元素。此法适用于对指定的少数几种元素进行定性鉴定。

（2）铁谱比较法　将试样与纯铁并列摄谱于同一感光板上，然后将试样光谱与含铁光谱的元素标准光谱图对照，将所摄铁谱与标准光谱图上的铁谱对齐，逐一检查待测元素的谱线是否在相应的位置出现，判断试样中是否存在该元素。

采用原子发射光谱进行定性分析简便、快速、可靠，目前已有 70 多种元素可以用此法进行定性鉴定。

二、定量分析

1. 半定量分析

原子发射光谱的半定量分析是根据谱线强度的比较或相对谱线强度的测量进行的，是一种快速、简便但准确度较差的定量分析法。例如在用化学法进行准确定量分析之前，要对样品含量进行大致估算；在实际工作中经常遇到需要对许多不同种类的样品迅速作出有一定数量级的含量判断，要求分析速度快，但准确度可以稍差一些，这时应用半定量分析法就比较适宜。半定量分析法有黑度比较法和谱线呈现法。

（1）黑度比较法　将配好的标准试样系列与试样按照给定的操作条件摄谱于同一张谱片上。直接目视比较待测试样与标准样品光谱中待测元素分析线的黑度，如果与某一标准试样相同，则该待测元素的含量与这一标准试样中该元素的含量相当。

（2）谱线呈现法　当试样中待测元素含量很低时，摄谱后在感光板上仅出现该元素的几条灵敏线，可以将不同含量待测元素的标准试样摄谱，把对应出现的谱线编成一个谱线呈现表。

2. 定量分析

内标法是光谱最常用的定量分析方法。在待测元素谱线中选一根谱线，称为分析线；另外从基体元素（或定量加入的其他元素）的谱线中选一根与分析线匀称的谱线，称为内标线或比较线，这两条谱线组成分析线对。分析线与内标线的绝对强度的比值称为分析线对的相对强度。在一定实验条件下，对同一分析线对而言，其黑度差 ΔS 与分析线对的相对强度的对数成正比，而分析线对的相对强度的对数又与被测元素的浓度对数 $\lg c$ 呈线性关系，所以黑度差 ΔS 与被测元素浓度的对数 $\lg c$ 呈线性关系。采用内标法可以减少因实验条件改变对定量分析结果的影响。

第五节 原子发射光谱法的应用

原子发射光谱法由于能够不经分离，同时对试样中共存的多种元素进行快速的定性或定量分析，因此是当前最重要的元素分析手段之一，在环境、生化、制药、食品、材料、电子、矿产等方面得到广泛应用。

一、环境监测

利用原子发射光谱仪可以对水体、土壤、大气颗粒物、海洋沉积物等环境试样中的多种元素进行同时测定，并对地球化学、海洋化学和环境化学的研究及环境污染的监测等起到重要作用。

二、生化临床分析

生命科学的发展对分析化学提出了更高的要求，原子发射光谱法在此领域的应用越来越受到重视。如利用原子发射光谱仪测定尿毒症病人的血清、糖尿病人血液中的微量元素，可以为研究疾病与微量元素的关系提供科学依据；利用原子发射光谱仪测定人发中微量元素的分布，可以辅助进行癌症的初级诊断。

三、材料分析

由于原子发射光谱法能够进行多元素同时测定，因此被广泛地用于各种材料中多种杂质成分和功能的测定，如半导体材料、合金材料、激光材料等。

思考题与习题

1. 原子发射光谱是怎样产生的？
2. 原子发射光谱法定性、定量分析依据各是什么？
3. 什么叫光谱的半定量分析？
4. 元素标准光谱图由哪几部分组成？铁光谱的作用是什么？
5. 简述光电直读光谱仪的工作原理。

第六章 原子吸收光谱法

> **学习指南**
>
> 通过本章的学习，了解标准曲线法、标准加入法的应用；熟练掌握各种金属离子的标准溶液、标准使用液的配制方法；掌握不同样品的处理方法及样品的消化技术；理解原子吸收分光光度计的工作原理；掌握原子吸收分光光度计的使用方法及操作技能。

第一节 概 述

原子吸收光谱法又称为原子吸收分光光度法，它是基于从光源辐射出待测元素的特征谱线被试样蒸气中待测元素的基态原子所吸收，根据辐射特征谱线减弱的程度来测定试样中待测元素含量的分析方法。

原子吸收作为一种现象很早就被发现和观测到了。1802年，W. H. Wollaston 在研究太阳光谱时，发现太阳连续光谱中出现了一系列暗线。1817年，J. Fraunhofer 再次发现了这一现象并将这些暗线称为 Fraunhofer 线。1859年，G. Kirchhoff 等人在研究碱金属和碱土金属的火焰光谱时，发现钠蒸气辐射的光通过温度较低的钠蒸气时，对钠的辐射产生吸收，并且钠的辐射线与暗线所在波长位置相同。根据这一事实，他们认为太阳连续光谱中的暗线是太阳外层大气中的钠原子对太阳光谱中的钠辐射产生吸收的结果。

原子吸收光谱作为一种实用的分析方法则要晚得多。1955年，A. Walsh 发表了著名论文"原子吸收光谱在化学分析中的应用"，奠定了原子吸收光谱法的基础。20世纪60年代初，Hilger、Varian Techtron 及 Perkin-Elmer 公司先后推出了原子吸收光谱分析的商品化仪器。1965年，J. B. Willis 将氧化亚氮-乙炔火焰成功地应用于火焰原子吸收光谱法中，扩大了火焰原子吸收光谱法的应用范围。20世纪60年代后期"间接"原子吸收光谱法的出现，使得原子吸收光谱法不仅可以测定金属元素，还可以测定非金属元素（如卤素、硫、磷等）和一些有机化合物（如维生素 B_{12}、葡萄糖等），为原子吸收光谱法开辟了广泛的应用领域。

原子吸收光谱与紫外-可见吸收光谱都属于吸收光谱，测定方法相似，但实质是有区别的。原子吸收光谱是原子产生吸收，而紫外-可见吸收光谱是分子或离子产生吸收。

原子吸收光谱法的具有以下优点：

（1）灵敏度高 火焰原子吸收光谱法的检出限可达每毫升 10^{-6} g 量级；无火焰原子吸收光谱法的检出限可达 $10^{-10} \sim 10^{-14}$ g。

（2）准确度高 火焰原子吸收光谱法的相对误差小于 1%，石墨炉原子吸收法的准确度一般为 3%～5%。

（3）选择性好 用原子吸收光谱法测定元素含量时，一般不需要分离共存元素就可以进行测定。

（4）分析速度快　一般几分钟即可完成一种元素的测定，自动原子吸收仪可在 35min 内完成 50 个试样中 6 种元素的测定。

（5）应用范围广　原子吸收光谱法被广泛应用于各个领域，它可以直接测定 70 多种金属元素，也可以间接测定一些非金属和有机化合物。

原子吸收光谱法的缺点是因分析不同元素，必须使用不同元素灯，因此多元素同时测定有一定困难。

第二节　原子吸收光谱法基本原理

一、原子吸收光谱法常用术语

1. 基态原子

在正常状态下，原子所处的最低能量状态称为基态。处于基态的原子称为基态原子。

2. 激发态原子

基态原子受到外界能量（如热能、光能）激发后，其外层电子吸收一定的能量跃迁到较高能量状态，此时的原子称为激发态原子。

3. 共振线

当电子吸收一定能量从基态跃迁到能量较低的状态（第一激发态）时所产生的吸收谱线，称为共振吸收线。当电子从第一激发态跃迁回基态时，则发射出同样频率的辐射线，称为共振发射线。共振吸收线和共振发射线都简称共振线。

4. 元素的特征谱线

各元素的原子结构和核外电子排布各异，不同元素的原子从基态跃迁至第一激发态时，吸收的能量不同，因而各种元素的共振线波长不同，各有其特征性，所以元素的共振线又称为元素的特征谱线。

5. 分析线

因从基态跃迁至第一激发态最容易发生，故所产生的谱线称为元素的最灵敏谱线（灵敏线）。在原子吸收分析中，灵敏线又称为分析线。

二、基态与激发态原子的分配

在原子吸收光谱法中，由于采用火焰使试样蒸发而产生原子蒸气，待测元素分子解离成原子，而且绝大部分是基态原子，还有少量激发态原子，在一定温度下，两种状态的原子数有一定的比值，这个关系可用玻耳兹曼方程式表示，即

$$\frac{N_j}{N_0} = \frac{g_j}{g_0} e^{-(E_j - E_0)/(kT)} \tag{6-1}$$

式中　N_j，N_0——激发态和基态的原子数；
　　　E_j，E_0——激发态和基态原子的能量；
　　　　　T——热力学温度；
　　　　　k——玻耳兹曼常数；
　　　g_j，g_0——激发态和基态的统计权重。

对共振线来说，电子是从基态（$E_0 = 0$）跃迁到第一激发态，式（6-1）可以写成

$$\frac{N_j}{N_0} = \frac{g_j}{g_0} e^{-(E_j)/(kT)} \tag{6-2}$$

对一定波长的谱线，g_j/g_0 和 E_j 都是已知值，只要火焰温度 T 确定，就可求得 N_j/N_0 值。表 6-1 中列出了几种元素共振线的 N_j/N_0 值。

表 6-1　几种元素共振线的 N_j/N_0 值

共振线的波长 /nm	g/g_0	N_j/N_0			
		$T=2000K$	$T=3000K$	$T=4000K$	$T=5000K$
Cs 852.1	2	4.44×10^{-4}	7.24×10^{-3}	2.98×10^{-2}	6.82×10^{-2}
Na 589.0	2	9.86×10^{-6}	5.88×10^{-4}	4.44×10^{-3}	1.51×10^{-2}
Ca 422.7	2	1.21×10^{-7}	3.69×10^{-4}	6.03×10^{-4}	3.33×10^{-3}
Zn 213.9	2	7.29×10^{-15}	5.58×10^{-10}	1.43×10^{-7}	4.32×10^{-6}

从表 6-1 可以看出，共振激发态的原子数与基态原子数的比值很小，只在高温下和波长较长的共振线跃迁时变得稍大。由于大多数元素的最强共振线波长都小于 600nm，且通常考虑的都是 3000K 以下的原子蒸气，所以 N_j/N_0 值都很小，N_j 可以忽略，因此可用基态原子数 N_0 代表吸收辐射的原子总数。

三、原子吸收值与待测元素浓度的定量关系

1. 积分吸收

物质的原子对光的吸收具有选择性，即对不同频率的光，原子对光的吸收也不同，故透过光的强度 I_ν 随着光的频率 ν 变化而变化，其变化规律如图 6-1 所示。由图 6-1 可知，在频率 ν_0 处，透过光最少，即吸收最大。可见原子蒸气在特征频率 ν_0 处有吸收峰，而且具有一定的波长范围，这在光谱学中称为吸收线轮廓。常用吸收系数 K_ν 随频率 ν 的变化曲线来描述吸收线轮廓，如图 6-2 所示。

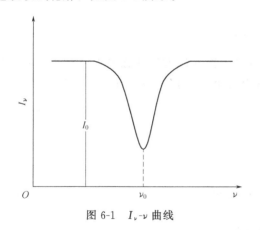

图 6-1　I_ν-ν 曲线

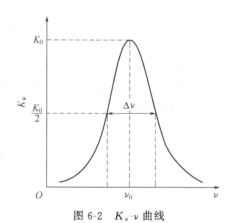

图 6-2　K_ν-ν 曲线

图 6-2 中，当频率为 ν_0 时，吸收系数有极大值，称为"最大吸收系数"或"峰值吸收系数"，以 K_0 表示。最大吸收系数所对应的频率 ν_0 称为中心频率。

图 6-3 为峰值吸收测量示意图。图中吸收线下面所包围的整个面积，是原子蒸气所吸收的全部能量，在原子吸收分析中称为积分吸收。由于原子吸收谱线很窄，仪器的分辨率很难达到，因此原子吸收无法通过测量积分吸收求出被测元素的浓度。

2. 峰值吸收

1955 年 A. Walsh 以锐线光源为激发光源，用测量峰值系数 K 的方法来替代积分吸收。所谓锐线光源，是指能发射出谱线半宽度很窄的（ν_0 为 0.0005～0.002nm）的共振线的

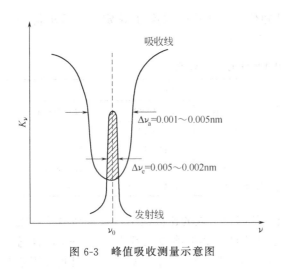

图 6-3 峰值吸收测量示意图

光源。

峰值吸收是指基态原子蒸气对入射光中心频率线的吸收。峰值吸收的大小以峰值吸收系数 K 表示。

在实验条件恒定时,基态原子蒸气的峰值吸收与试液中待测元素的浓度成正比,因此可以通过对峰值吸收的测量来进行定量分析。

为了测定峰值吸收系数 K,必须使用锐线光源代替连续光谱,也就是说,必须有一个与吸收线中心频率 ν_0 相同、半宽度比吸收线更窄的发射线作光源,如图 6-3 所示。

3. 定量分析依据

虽然峰值吸收系数 K 与试液浓度在一定条件下成正比关系,但在实际测量过程中并不是直接测量 K 值的大小,而是通过测量基态原子蒸气的吸光度并根据吸收定律进行定量分析的。

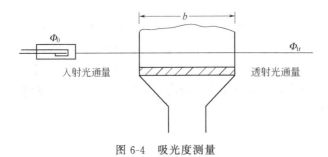

图 6-4 吸光度测量

设待测元素的锐线光通量为 Φ_0,当其垂直通过光程 b 的均匀基态原子蒸气时,由于被试样中待测元素的基态原子蒸气吸收,光通量减少为 Φ_{tr},如图 6-4 所示。

根据光的吸收定律

$$\frac{\Phi_{tr}}{\Phi_0}=e^{-K_0 b}$$

有
$$A=\lg\frac{\Phi_0}{\Phi_{tr}}=K_0 b\lg e \tag{6-3}$$

因为
$$K_0=k'C,\quad A=k'cb\lg e$$

当操作条件一定时,$k'\lg e$ 为一常数,令 $k'\lg e=K$,则
$$A=Kcb \tag{6-4}$$

从式(6-4)中可以看出,当锐线光源强度及其他条件一定时,基态原子蒸气的吸光度与试液中待测元素的浓度及光程长度的乘积成正比。火焰法中 b 通常不变,因此式(6-4)可写为:
$$A=K'c \tag{6-5}$$

式中,K' 为与实验条件有关的常数。式(6-4)和式(6-5)即为原子吸收光谱法的定量依据。

第三节　原子吸收分光光度计

原子吸收分光光度计主要由光源、原子化系统、分光系统和检测系统等四部分组成，通常有单光束和双光束两类，现以火焰原子化单光束为例，说明原子吸收分光光度计的主要部件。

单光束原子吸收分光光度计如图 6-5 所示。

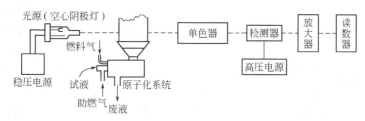

图 6-5　单光束原子吸收分光光度计示意图

一、光源

光源的作用是发射待测元素的特征谱线，以供吸收测量之用。

1. 对光源的要求

为了获得较高的灵敏度和准确度，所使用的光源必须满足如下要求：

① 能发射待测元素的共振线；
② 能发射锐线光；
③ 发射的光必须具有足够的强度，稳定且背景小。

能满足上述条件的光源有空心阴极灯、蒸气放电灯及高频无极放电灯等，其中最常用的是空心阴极灯。

2. 空心阴极灯

空心阴极灯的结构如图 6-6 所示。它的阴极是由待测元素材料制成的空心圆筒，阳极是由钛、铁或其他材料制成的。两极密封于带有石英窗的玻璃管中，管内充有 260～1300Pa 的惰性气体。

通电后，电子从空心阴极流向阳极，途中与惰性气体原子碰撞而使之电离。在电场作用下，带正电荷的惰性气体离子向阴极内壁猛烈轰击，使阴极表面的金属原子溅射出来。溅射出来的金属原子再与电子、原子、离子等发生碰撞而受到激发，跃迁到激发态，然后自发地返回到基态时发射出相应的特征共振线。

空心阴极灯发射的光谱主要是阴极元素的光谱，因此用不同的待测元素作阴极材料，可制作各相应待测元素的空心阴极灯。空心阴极灯的光强度与工作电流有关，增大灯的工作电流，可以增加光的强度。空心阴极灯的优点是发射的光强度高而稳定，谱线宽度窄，而且灯也容易更换；其缺点是使用不太方便，每测定一种元素均需要更换相应的待测元素的空心阴极灯。目前虽已研制出多种元素空心阴极灯，但发射强度低于单元素

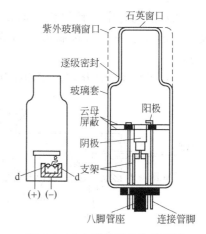

图 6-6　空心阴极灯结构示意图

灯，使用尚不普遍。

二、原子化系统

将试样中的待测元素变成气态的基态原子的过程称为试样的"原子化"。完成试样的原子化所用的设备称为原子化器或原子化系统。原子化系统的作用是将试样中的待测元素转化为原子蒸气。最常用的原子化方法有两种：一种是火焰原子化法，它是利用燃气和助燃气产生的高温火焰使试样转化为气态原子；另一种是无火焰原子化法，它是利用石墨炉电加热的方法使试样转化为气态原子。另外还有氢化物原子化法和冷原子蒸气法等低温原子化方法。由于火焰原子化法简单、快速，对大多数元素有较高的灵敏度和检测极限，所以使用比较广泛。但近年来，无火焰原子化法也有了很大改进，它比火焰原子化法具有较高的原子化效率、灵敏度和检测极限，因而发展较快。原子化系统的结构如图6-7所示。

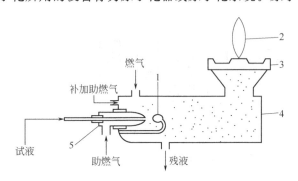

图 6-7 原子化系统结构示意图
1—撞击球；2—火焰；3—燃烧器；4—预混合；5—雾化器

1. 火焰原子化器

火焰原子化器装置包括雾化器、预混合室和燃烧器三部分。

(1) 雾化器 雾化器的作用是将试样雾化成微小的雾滴。由于雾化器的性能会对灵敏度、测量精度和化学干扰等产生影响，因此要求雾化器喷雾稳定、雾滴细小而均匀、雾化效率高。目前使用最多的是气动型雾化器，如图6-8所示。其工作原理是当具有一定压力的压缩空气作为助燃气高速通过毛细管外壁与喷嘴口处时，在毛细管出口的尖端处形成负压区，试样被毛细管吸入，迅速分散成小雾滴，此雾滴再被前方小球撞击成更为细小的雾滴。这类雾化器的效率一般只有10%～30%。

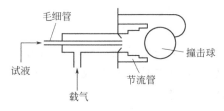

图 6-8 气动型雾化器

(2) 预混合室 预混合室的作用是进一步细化雾滴，并使之与燃气均匀混合后进入火焰。部分未细化的雾滴沿预混合室壁冷凝下来，随废液管排出。预混合室如图6-9所示。

(3) 燃烧器 燃烧器的作用是使燃气在助燃气的作用下形成稳定的高温火焰，使待测元素原子化。燃烧器应能使火焰燃烧稳定，原子化程度高，并能耐高温、耐腐蚀。

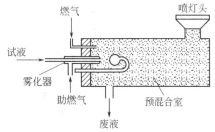

图 6-9 预混合室

(4) 火焰 火焰的作用是提供一定的能量，促使试样雾滴蒸发、干燥并经过热解离或还原作用，产生大量基态原子。因此要求火焰的温度应能使待测元素解离成游离基态原子，如果超过需要的温度，激发态原子数将增加，基态原子数将减少，且不利于原子吸收。各种火焰的燃烧速度和温度列于表6-2中。

表 6-2　各种火焰的燃烧速度和温度

气体混合物	燃烧速度/(cm/s)	温度/K	应　　用
空气-丙烷	82	2198	适用于易挥发、易解离的元素,如 Cd、Cu、Pb、Ag、Zn、Au、Hg
空气-氢气	320	2318	适用于 As、Se、Sn
空气-乙炔	160	2573	能分析 35 种以上的元素
氧化亚氮-乙炔	180	3248	能分析 70 种以上的元素,特别是难熔氧化物

在原子吸收分析中最常用的火焰是空气-乙炔火焰和氧化亚氮-乙炔火焰两种。前者的最高使用温度约为 2600K,是用途最广的一种火焰,能用于测定 35 种以上的元素;后者的温度高达 3300K 左右,这种火焰不但温度高,而且能形成强还原性气氛,可用于测定空气-乙炔火焰所不能分析的难解离元素,如铝、硅等,并且可消除在其他火焰中可能存在的化学干扰。

对于同一种类型的火焰,随着燃烧气和助燃气流量的不同,火焰的燃烧状态也不相同,在实际测定中,常通过调节助燃比来选择理想的火焰。下面以空气-乙炔火焰为例介绍火焰的三种状态。

① 贫燃性火焰　这种火焰燃气量较少,助燃气量较多,火焰燃烧显得"贫弱",燃烧不稳定,但是燃烧完全,火焰温度较低,氧化性较强,火焰原子化区域窄,适用于碱金属元素的测定。

② 化学计量性火焰　这种火焰的燃气与助燃气量基本上是按它们之间的化学计量关系提供的,是最常用的火焰状态。此火焰燃烧层次分明,稳定,干扰少,背景小,火焰温度较高,稍具有还原性,适用于多种元素的测定。

③ 富燃性火焰　这种火焰燃气量较大,助燃气量少,火焰燃烧不完全,含有大量 CN、CH、C 等,具有较强的还原作用,适用于测定氧化物难熔的元素,如钼、铬和稀土元素等。

火焰原子化法的特点是操作简便,重现性好,对大多数元素有较高灵敏度,因此应用广泛。但火焰原子化法的原子化效率低,灵敏度不高,而且一般不能直接分析固体样品。

2. 无火焰原子化器

无火焰原子化装置与火焰原子化装置相比最大的优点是提高了试样的原子化效率。

无火焰原子化装置有许多种:电热高温石墨管、石墨坩埚、空心阴极溅射、激光等。其中应用较多的是电热高温石墨管原子化器,其结构如图 6-10 所示。

电热高温石墨管原子化器是由加热电源、保护气控制系统和石墨管组成的。仪器启动后,保护气氩气流通,空烧完毕,切断氩气流。外气路中的氩气沿石墨管外壁流动,以保护石墨管不被

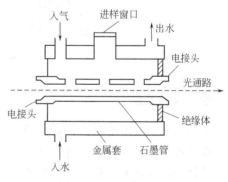

图 6-10　电热高温石墨管原子化器

烧坏;内气路中的氩气从管两端流向管中心,再由管中心孔流出,以有效地去除在干燥和灰化过程中产生的基体蒸气,同时保护已原子化了的原子不再被氧化。在原子化阶段,停止通气,以延长原子在吸收区内的平均停留时间,避免对原子蒸气的稀释。电热高温石墨管原子化操作分为干燥、灰化、原子化和净化等四个阶段。

(1) 干燥阶段　干燥的目的是蒸发除去试液中的溶剂,以免因溶剂存在引起灰化过程飞溅。干燥温度一般高于溶剂沸点,干燥时间一般每微升溶液需要 1.5s。

（2）灰化阶段　灰化的目的是在不损失待测元素的前提下，进一步除去有机物或低沸点无机物，以减少基体组分对待测元素的干扰。灰化温度一般为 100～1800℃，灰化时间为 0.5s～5min。

（3）原子化阶段　原子化的目的是使待测元素解离为基态原子。原子化的温度随待测元素而定，最佳原子化温度由实验确定，原子化的时间为 3～10s。

（4）净化阶段　样品测定结束后，还需要升温至 3300K 左右，除去石墨管中的残留物质，以便下一个试样的测定。

石墨管的升温程序是由微机控制的，进样后原子化过程按程序自动进行。

石墨管原子化的缺点是基体效应、化学干扰较多，测定结果重现性较火焰法差。

三、分光系统

原子吸收分光光度计中的分光系统的作用及组成，与其他分光光度计中的分光系统基本相同。要说明的是在可见、紫外、红外等分光光度计中，分光系统在光源与试样吸收之间，而原子吸收分光光度计的分光系统在试样吸收之后（见图 6-3）。

分光系统主要是由色散元件、凹面镜和狭缝组成的，这样的系统也称为单色器。单色器的作用是将待测元素的共振线与邻近线分开。单色器的色散元件采用棱镜或衍射光栅。分光系统如图 6-11 所示。从光源辐射的光经入射狭缝 S_1 射入，被凹面镜 M_1 反射成平行光束射到光栅 G 上，经光栅衍射分光后，再被凹面镜 M_2 反射聚焦在出射狭缝 S_2 处，经出射狭缝得到平行光谱。通过转动光栅，可以使光栅中各种波长的光按顺序从出射狭缝射出。光栅与波长刻度盘直接相连，可以读出出射光的波长。

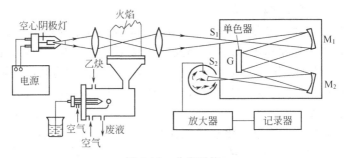

图 6-11　分光系统

四、检测系统

检测系统主要由检测器、放大器、对数变换器和显示装置组成，其中检测器是主要装置。检测器的作用是将单色器分出的光信号转换成电信号，使用的光电转换元件是光电倍增管。其他装置与可见、紫外分光光度计基本相同。

第四节　原子吸收分光光度计的类型

原子吸收分光光度计按光束形式可分为单光束和双光束两类，按波道数目可分为单道、双道和多道等。目前使用比较广泛的是单道单光束和单道双光束原子吸收分光光度计。

一、单道单光束型

"单道"是指仪器中只有一个光源、一个单色器、一个显示系统，每次只能测一种元素。

"单光束"是指光源中发出的光仅以单一光束的形式通过原子化器、单色器和检测系统。单道单光束原子吸收分光光度计的光学系统如图 6-12 所示。

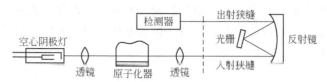

图 6-12 单道单光束原子吸收分光光度计的光学系统示意图

这类仪器结构简单、操作方便、体积小、价格低，能满足一般原子吸收分析的要求。其缺点是不能消除光源波动造成的影响，基线漂移，国产 WYX-1A、WYX-1B、WYX-1C 等均属于单道单光束仪器。

二、单道双光束型

双光束是指从光源发出的光被切光器分成两束强度相等的光，一束作为样品光束通过原子化器被基态原子部分吸收；另一束只作为参比光束，不通过原子化器，其光强度不被减弱。两束光被原子化器后面的反射镜反射后，交替地进入同一单色器和检测器。检测器将接收到的脉冲信号转换为电信号，并通过放大器放大，最后由显示器输出。图 6-13 是单道双光束型仪器的光学系统示意图。

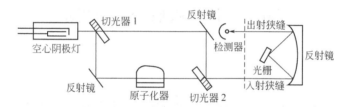

图 6-13 单道双光束型仪器的光学系统示意图

因两光束来源于同一光源，光源的漂移通过参比光束的作用而得到补偿，所以能获得一个稳定的输出信号。不过由于参比光束不通过火焰，火焰扰动和背景吸收影响无法消除。国产 310 型、320 型、GFU-201 型属于此类仪器。

三、双道单光束型

"双道单光束"是指仪器有两个不同光源、两个单色器、两个检测显示系统，而光束只有一路。双道单光束型仪器的光学系统示意图如图 6-14 所示。

从图 6-14 中可以看出，两种不同元素的空心阴极灯发射出不同波长的共振线，两条谱线同时通过原子化器，被两种不同元素的基态原子蒸气吸收，利用两套各自独立的单色器和检测器，对两路光进行分光和检测，同时给出两种元素的检测结果。这类仪器的优

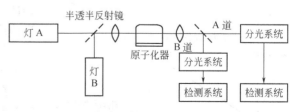

图 6-14 双道单光束型仪器的光学系统示意图

点是一次可测两种元素，并可进行背景吸收扣除。这类仪器有日本岛津 AA-8200 型和 AA-8500 型。

四、双道双光束型

这类仪器有两个光源、两套独立的单色器和检测系统。但每一光源发出的光都分为两个光束，一束为样品光束，通过原子化器；另一束为参比光束，不通过原子化器。双道双光束型仪器的光学系统如图 6-15 所示。

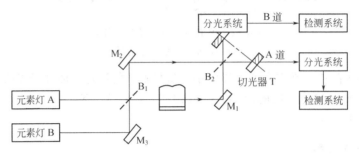

图 6-15　双道双光束型仪器的光学系统示意图
M_1，M_2，M_3—平面反射镜；B_1，B_2—半透半反射镜；T—双道切光器

这类仪器可以同时测定两种元素，且能消除光源强度波动的影响及原子化系统的干扰，准确度高，稳定性好，但仪器结构复杂。这类仪器有美国 PE 公司生产的 SIM6000 多元素同时分析原子吸收光谱仪。

第五节　原子吸收光谱分析法

一、定量分析法

1. 标准曲线法

标准曲线法也称为工作曲线法。具体操作方法为：首先配制一组不同浓度的标准溶液，在最佳测定条件下，由低浓度到高浓度依次测定它们的吸光度，然后以吸光度 A 为纵坐标，标准溶液浓度 c 为横坐标，绘制 A-c 标准曲线图。

使用标准曲线法应注意以下问题：

① 相应的标准曲线应是一条通过坐标原点的直线，待测组分的浓度应在此范围之内。

② 标准溶液与试样基体（指溶液中除待测组分外的其他成分的总体）要相似，以消除基体效应。标准溶液浓度范围应将试样溶液浓度包括在内。

③ 在测定过程中要用蒸馏水或空白溶液来校正零点漂移。

④ 由于燃气和助燃气流量变化会引起工作曲线的变化，因此每次分析时应重新绘制标准曲线。

标准曲线法快速、简便，特别适于组成简单的大批样品的测定。

【例 6-1】　测定样品中铁含量，称取 0.9986g 样品，经化学处理后，移入 250mL 容量瓶中，以蒸馏水稀释至刻度线，摇匀。测出其吸光度为 0.32，图 6-16 为铁的标准曲线，求样品中铁的质量分数。

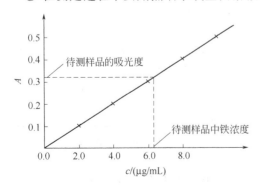

图 6-16　铁的标准曲线图

解 由标准曲线查出当 $A=0.32$ 时，$c=6.5\mu g/mL$，即为样品溶液中铁的质量浓度，则样品中铁的质量分数为：

$$w_{Fe}=\frac{6.5\times 250\times 10^{-6}}{0.9986}\times 100\%=0.16\%$$

2. 标准加入法

当试样中共存物较多或基体复杂时，应采用标准加入法。具体操作方法为：取试液五份，第一份不加待测元素标准溶液，从第二份开始依次按比例加入不等量的待测元素标准溶液，用溶剂稀释至同一体积，以空白（即第一份）为参比，在相同测定条件下，分别测定各试液的吸光度，绘制标准曲线，并将它外推至浓度轴，则在浓度轴上的截距即为未知试液中待测元素的浓度 c_x。

使用标准加入法应注意以下问题：

① 第二份中加入标准溶液的浓度与试样的浓度应当接近，以免曲线的斜率过大或过小，给测定结果带来较大误差。

② 为了保证能得到较为准确的外推结果，至少要采用四个点制作外推曲线。

标准加入法可以消除基体带来的干扰，并在一定程度上消除化学和电离干扰，但不能消除背景干扰。因此只有在扣除背景之后，才能得到待测元素的真实含量，否则将使测定结果偏离。

【例 6-2】 测定某合金中微量铝，称取 0.2650g 试样，经化学处理后移入 50mL 容量瓶中，以蒸馏水稀释至刻度后摇匀。取上述试样溶液 10mL 于 25mL 容量瓶中（共取 5 份），分别加入含铝 0、$2.0\mu g$、$4.0\mu g$、$6.0\mu g$、$8.0\mu g$ 的铝标准溶液，以蒸馏水稀释至标线，摇匀。测出上述各溶液的吸光度依次为 0.100、0.300、0.500、0.700、0.900。求试样中铝的质量分数。

解 根据所测数据绘出标准曲线，曲线与横坐标的交点到原点的距离为 1.0，即未加铝标准溶液的 25mL 容量瓶内，含有 $1.0\mu g$ 铝，这 $1.0\mu g$ 铝只来源于所加入的 10mL 试样溶液，所以可由下式算出试样中铝的质量分数：

$$w_{Al}=\frac{1.0\times 10^{-6}}{0.2650\times\frac{10}{50}}\times 100\%=0.0019\%$$

3. 内标法

内标法是指将一定量试样中不存在的元素 N 的标准物质加到一定试液中进行测定的方法，所加入的这种标准物质称为内标物质。内标法与标准加入法的区别在于，前者所加入的标准物质是试液中不存在的；而后者所加入的标准物质是待测组分的标准溶液，是试液中存在的。

具体操作方法为：在一系列不同浓度的待测元素标准溶液及试液中依次加入相同量的内标元素 N，稀释至同一体积。在相同实验条件下，分别在内标元素及待测元素的共振吸收线处，测定待测元素 M 和内标元素 N 的吸光度 A_M 和 A_N，并求出它们的比值 A_M/A_N，再绘制 A_M/A_N 的内标工作曲线，如图 6-17 所示。

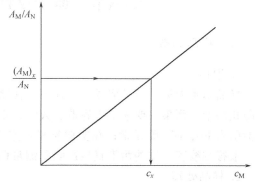

图 6-17 内标工作曲线

由待测试液 A_M/A_N 的比值，在内标工作曲线上用内插法查得试液中待测元素的浓度并计算试样中待测元素的含量。

在使用内标法时应注意内标元素与内标线的选择，选择原则如下：
① 内标元素在原试样中不存在；
② 内标元素与被测元素性质接近；
③ 内标元素的加入量应接近待测元素的含量。

内标法的优点是能消除物理干扰，还能消除因操作条件变化引起的误差。但内标法仅适用于双道或多道仪器，单道仪器不能使用。

二、回收率

在原子吸收光谱分析中，通常采用回收率来评价方法的准确度和可靠性。

(1) 利用标准物质进行测定　将已知含量的待测元素标准样品与试样在相同条件下处理，并在相同条件下检测，得到标准样品中待测元素的含量。回收率为测定值与真实值之比。

$$回收率 = \frac{含量测定值}{含量真实值} \times 100\%$$

该法比较简便，但通常情况下，含量已知的待测元素标样不易得到。

(2) 利用标准加入法测定　在一定操作条件下，先测定样品中待测元素的含量，然后在一定量的该试样中，准确加入一定量的待测元素，在相同条件下，测定其中待测元素的含量，则回收率等于加标样测定值与未加标样测定值之差与标样加入量之比，即

$$回收率 = \frac{加标样测定值 - 未加标样测定值}{标样加入量} \times 100\%$$

显然，回收率越接近 1，则方法的可靠性就越高。

【例 6-3】　用火焰原子吸收分光光度法测定样品中铜含量，测得铜的平均含量为 $4.6 \times 10^{-6}\%$，在此样品中加入 $5.0 \times 10^{-6}\%$ 的铜标准溶液，在相同条件下测得铜含量为 $9.0 \times 10^{-6}\%$，求回收率。

解　$$回收率 = \frac{(9.0-4.6) \times 10^{-6}}{5.0 \times 10^{-6}} \times 100\% = 88\%$$

第六节　原子吸收光谱分析实验技术

一、样品制备

1. 取样

样品制备的第一步是取样，取样要有代表性。样品在采集、包装、运输、粉碎等过程中要防止污染。污染主要来源于容器、大气、水和所用试剂。例如，利用粉碎机粉碎样品时，可能引入 Fe、Mn 等元素；在实验室里，空气中常含有 Fe、Ca、Mg 等元素，而大气的污染一般很难校正，这些污染直接影响到测量精度。

2. 样品处理

原子吸收光谱分析通常是液体进样，因此被测样品需要事先转化为溶液样品。通常处理

样品的方法有以下三种。

(1) 样品的溶解　对无机样品，首先考虑能否溶于水。若能溶于水，可用去离子水为溶剂溶解样品，配成合适浓度的样品溶液；若不能溶于水，则考虑用酸处理后再配制成合适浓度的样品溶液，常用的酸有 HCl、H_2SO_4、HNO_3、H_3PO_4；若酸不能溶解或溶解不完全，则可采用熔融法。熔剂的选择原则是：酸性样品选择碱性熔剂，碱性样品选择酸性熔剂。常用的酸性熔剂有 $NaHSO_4$、$KHSO_4$，常用的碱性熔剂有 Na_2CO_3、K_2CO_3、NaOH 等。

(2) 样品的灰化　灰化又称为消化，灰化处理可除去有机物基体。灰化处理分为干法灰化和湿法消化两种。

① 干法灰化。干法灰化是在较高温度下，用氧来氧化样品。具体做法是：准确称取一定量样品，放在坩埚中，于电炉上加热至碳化，即除去大量有机物，然后置于马弗炉中高温加热 6～8h 进行灰化，温度一般控制在 500～600℃，冷却后将灰分用 HNO_3、HCl 或其他溶剂溶解，最后转移到容量瓶中，稀释至刻度线。干法灰化技术操作简单，可处理大量样品，一般不受污染，因此被广泛应用于无机样品中有机物的破坏。这种方法不适于易挥发元素的测定，如 Hg、As、Pb、Sn、Sb 等，因为它们在灰化过程中极易损失。

② 湿法消化。湿法消化是将样品在酸化的条件下进行氧化，最常用的氧化剂有 HNO_3、H_2SO_4、$HClO_4$。消化液可以选择一种，也可以选择多种酸混合，其中最常用的混合酸是 HNO_3-H_2SO_4-$HClO_4$（体积比为 3∶1∶1）。湿法消化样品损失小，由于消化时加入的试剂都是强酸和强氧化剂，因此操作时必须特别小心。

此外，微波消解样品技术也已得到广泛应用，无论是无机样品还是有机样品，微波消解法均可获得满意结果。微波消解法是将样品放在聚四氟乙烯罐中，于专用微波炉中加热，这种方法样品消解快、分解完全、损失少、适合大批量样品的处理，特别是对微量、痕量元素的测定效果较好。

(3) 待测元素的分离与富集　分离共存干扰组分同时使被测组分得到富集是提高痕量组分测定灵敏度的有效途径。目前常用的分离与富集方法有沉淀和共沉淀法、萃取法、离子交换法、浮选分离富集法等，其中最常用的是萃取法和离子交换法。

二、标准溶液的配制

标准溶液的组成要尽可能接近未知样品的组成。配制标准溶液通常使用各元素合适的盐类来配制，如果没有合适的盐类，可直接溶解相应的高纯度（99.99%）金属于溶剂中，然后稀释成所需浓度范围的标准溶液。

配制好的标准溶液应存于聚四氟乙烯、聚乙烯或硬质玻璃容器中。表 6-3 中列出了常用标准溶液的配制方法。

表 6-3　常用标准溶液的配制

金属	基准物	配制方法（浓度 1mg/mL）
Ag	金属银(99.99%) 硝酸银	溶解 1.000g 银于 20mL(1+1)硝酸中，用水稀释至 1L 溶解 1.575g 硝酸银于 50mL 水中，加 10mL 浓硝酸，用水稀释至 1L
Ca	$CaCO_3$	将 2.497g 在 110℃ 烘干的碳酸钙溶于 1∶4 硝酸中，用水稀释至 1L
Cr	金属铬 $K_2Cr_2O_7$	将 1.000g 金属铬溶于(1+1)盐酸中，加热使之溶解完全，冷却，用水稀释至 1L 溶解 2.829g 重铬酸钾于水中，加 20mL 硝酸，用水稀释至 1L
Cd	金属镉	溶解 1.000g 金属镉于(1+1)硝酸中，用水稀释至 1L

三、测定条件的选择

1. 分析线的选择

每种元素的基态原子都有若干条吸收线,为了提高测定的灵敏度,一般分析线选用其最灵敏线。但如果测定元素的浓度很高,或为了消除邻近光谱线的干扰,也可以选用次灵敏线。表 6-4 中列出了常用的元素分析线,可供使用时参考。

表 6-4 原子吸收分光光度法中常用的元素分析线

元素	分析线/nm	元素	分析线/nm	元素	分析线/nm
Ag	328.1,338.3	Cu	324.8,327.4	Ni	232.0,341.5
Al	309.3,308.2	Fe	248.3,352.3	Pb	216.7,283.3
As	193.6,197.2	Ga	287.4,294.4	Pt	266.0,306.5
B	249.7,249.8	Ge	265.2,275.5	Re	346.1,436.5
Be	234.9	Hg	253.7	Sb	217.6,206.8
Bi	223.1,222.8	K	766.5,769.9	Se	196.1,204.0
Ca	422.7,239.9	Li	670.8,323.3	Si	251.6,250.7
Cd	228.8,326.1	Mg	285.2,279.6	Sn	224.6,286.3
Ce	520.0,369.7	Mn	279.5,403.7	Sr	460.7,407.8
Cr	357.9,359.4	Na	589.0,330.3	Zn	213.9,307.6

2. 空心阴极灯工作电流的选择

空心阴极灯上都标明了工作电流范围,一般在保证放电稳定和有适当光强输出的情况下,应尽量选用低的工作电流,日常分析的工作电流建议采用额定电流的 40%~60%。

3. 原子化条件的选择

(1) 火焰的选择 火焰的温度是影响原子化效率的重要因素,有足够高的温度才能使试样分解为基态原子,但温度过高会增加原子的电离或激发,使基态原子数减少,影响原子吸收。因此在确保试样能充分解离为基态原子的前提下,低温火焰具有较高的灵敏度。但温度也不可太低,否则试样不能解离。因此必须依据试样,合理选择火焰温度。选择火焰时,首先选择火焰的种类,根据待测元素确定使用何种火焰;然后选择火焰的性质,可通过调节燃气和助燃气比来完成。多数元素测定使用空气-乙炔火焰,其流量比在 3:1~4:1 之间。最佳的流量比可通过绘制吸光度-燃气和助燃气流量比曲线来确定。

(2) 燃烧器高度的选择 不同元素在火焰中形成的基态原子的最佳浓度区域高度是不同的,因而灵敏度也不同。因此要选择合适的燃烧器高度,使光束从原子浓度最大的区域通过。燃烧器高度一般选择在燃烧器狭缝口上方 2~5mm 处,最佳燃烧器高度可通过试验来确定。

(3) 进样量的选择 试样的进样量一般在 3~6mL/min 较为适宜,进样量过大,对火焰产生冷却效应,同时大雾滴进入火焰,难以完全蒸发,原子化效率降低;进样量过小,火焰中气态原子浓度太低,产生的信号较弱,影响测定灵敏度。

四、干扰及其消除方法

尽管原子吸收分光光度法使用锐线光源,光谱干扰小,但在某些情况下干扰的问题是不可忽视的,因此了解各种干扰的来源及消除方法是十分必要的。

1. 化学干扰及其消除方法

化学干扰是由于液相或气相中被测元素的原子与干扰组分之间形成了更稳定的化合物,

从而影响被测元素的原子化效率。

化学干扰的主要来源有：

① 与共存元素生成稳定的化合物。如测 Ca 时，若有 H_3PO_4 存在，可生成难电离的 $Ca_3(PO_4)_2$，产生干扰。

② 生成了难熔的氧化物、氮化物或碳化物。例如，在空气-乙炔火焰中测镁，若有铝存在，可生成 $MgO \cdot Al_2O_3$ 难熔化合物，妨碍了镁的原子化。

消除化学干扰的方法为：

① 选择合适的火焰。如使用高温火焰可促使难离解化合物的分解，有利于原子化。使用燃气和助燃气比较高的富燃性火焰有利于氧化物的还原。

② 加入释放剂、保护剂。如测定钙时若发生干扰，可以加入锶或镧与干扰元素形成热稳定性更高的化合物，从而保护了待测元素钙；也可以加入 EDTA 使钙处于配合物的保护下进入火焰，保护剂在火焰中被破坏而将被测元素原子解离出来。

③ 预先进行化学分离。

2. 光谱干扰及其消除方法

光谱干扰主要指非吸收线的吸收所带来的干扰。

光谱干扰的主要来源有：

① 空心阴极灯引起的、由于灯内杂质产生的、不被单色器分离的非待测元素的邻近谱线。

② 试样中含有能部分吸收待测元素的特征谱线的元素。

③ 分子吸收。在原子吸收光谱法中，某些基态分子的吸收带与待测元素的特征谱线重叠，以及火焰本身或火焰中待测元素的辐射都可造成分子吸收。

消除光谱干扰的方法为：减小狭缝，使用高纯度的单元素灯，零点扣除，使用合适的燃气与助燃气，以及使用氘灯背景校正等。

第七节　原子吸收分光光度计的使用和维护

一、使用方法

（1）按仪器使用说明书检查各气路接口是否安装正确，气密性是否良好。

（2）安装空心阴极灯，选择灯电流、波长、光谱带宽。

（3）开气瓶点燃火焰。下面以空气-乙炔火焰为例说明具体操作。

① 检查燃烧器和废液排放管是否安装妥当，然后将"空气-乙炔"开关切换到空气位置。

② 开启排风装置电源开关。排风 10min 后，接通空气压缩机电源，将输出压调至 0.3MPa，接通仪器上气路电源总开关和"助燃气"开关，调节助燃气稳定阀，使压力表指示为 0.2MPa，顺时针旋转辅助气钮，关闭辅助气。

③ 开启乙炔钢瓶总阀，调节乙炔钢瓶减压阀输出压力为 0.05MPa，打开仪器上乙炔开关，调乙炔气钮使乙炔流量为 1.5L/min。

④ 按下点火钮（约 4s 左右），使燃烧器点燃，重新调节乙炔流量，选择合适的分析火焰。

（4）点火 5min 后，吸喷去离子水，按"调节"钮调节。

（5）将"信号"开关置于"积分"位置，吸去离子水（或空白液），按"调零"钮再次调零，吸标准溶液（或试液），待能量表指针稳定后按"读数"键，3s后在显示器中读取吸光度值。为保证读数可靠，重复以上操作三次，取平均值，记录仪同时记录积分波形。

（6）测量完毕吸去离子水5min，冲洗通道。

（7）熄灭火焰并关机。空气-乙炔火焰熄灭时，应关闭乙炔钢瓶总阀使火焰熄灭，待压力表指针回到零时再旋松减压阀。关闭空气压缩机，待压力表和流量计回零时，关仪器气路电源总开关。

二、仪器的维护

原子吸收分光光度计的日常维护工作应做到以下几点：

（1）开机前检查各电源接头是否接触良好，仪器各仪表盘是否归零。

（2）实验完毕，让灯冷却后再从灯架上取下存放。长期不用的灯，应定期在工作电流下点燃，以延长灯的使用寿命。

（3）预混合室要定期清洗积垢，喷过浓酸、浓碱后，要仔细清洗；日常工作后应用蒸馏水吸喷5～10min进行清洗。

（4）燃烧器上如有盐类结晶，火焰呈齿形，可用滤纸轻轻刮去。

（5）仪器点火时，先开助燃气，后开燃气；关闭时先关燃气，后关助燃气。

（6）乙炔钢瓶工作时应直立放置，严禁剧烈振动和撞击。工作时乙炔钢瓶应放置在室外，温度不宜超过30～40℃，防止日晒雨淋。开启钢瓶时，阀门旋钮不宜开得过大，防止丙酮逸出。

（7）仪器中的光学元件严禁用手触摸和擅自调节。

第八节 原子吸收光谱法的应用及发展趋势

一、原子吸收光谱法的应用

原子吸收光谱法广泛应用于环境保护、生物制药、食品工业、材料科学、农业等各个领域，是目前痕量金属元素测定中选择性最好、最有效的分析方法之一。直接原子吸收法可以测定元素周期表中的70多种元素，也可通过各种化学处理测定金属元素的化合物；间接原子吸收法可以测定多种阴离子和有机化合物，大大地拓展了原子吸收法的应用范围。

1. 工业废水中铬的测定　工业废水成分复杂，采用二乙胺硫代甲酸钠（DDTC）在醋酸缓冲溶液（pH=4）条件下与铬形成配合物，再用甲基异丁基酮萃取此配合物，于有机相中测定铬含量。采用标准曲线法法定量。

使用仪器：原子吸收分光光度计。

测定条件：波长357.9nm，灯电流12mA，光谱通带0.19nm，燃烧器高度2mm，空气流量10L/min，乙炔流量1.5～2.0L/min。

2. 自来水中铜的测定　在自来水输送管道中，经常使用铜管或铜的接头，使自来水中铜的含量增加。国家标准对自来水中铜含量有严格的限制，铜含量的测定采用标准曲线法。

使用仪器：原子吸收分光光度计。

测定条件：波长324.8nm，灯电流4mA，光谱通带0.20nm，燃烧器高度2mm，空气流量：乙炔流量为2:1。

3. 食品中铁的测定　试样经湿法消化后，采用标准加入法测定。

使用仪器：原子吸收分光光度计。

测定条件：波长 248.3nm，灯电流 4mA，光谱通带 0.20nm，燃烧器高度 2mm，空气流量：乙炔流量为 2.5：1。

二、原子吸收光谱法的现状及发展趋势

各种联用技术，如色谱-原子吸收光谱联用、流动注射-原子吸收光谱联用等日益受到人们的重视。早在 30 年前原子吸收法发展初期，就有人将色谱-原子吸收光谱联用作为气相色谱的检测器，测定了汽油中的烷基铅，但这种 GC-AAS 联用的思路直到 20 世纪 80 年代才引起重视。现在这种联用技术已用于环境、生物、医学、食品、地质等领域，分析元素也由原来的铅、砷、锡、硒等扩展到现在的 20 多种。色谱-原子吸收联用的方法不仅可用于测定有机金属化合物的含量，而且可进行相应元素的化学形态分析，该法在生命科学中揭示微量元素的毒性和营养作用以及在环境科学中正确评价环境质量等方面将会得到更为广阔的发展。

第九节　原子荧光光谱法简介

19 世纪末 20 世纪初已有科学家观察到荧光现象，但原子荧光光谱作为一种新的分析技术，直到 1964 年后才得到应用。原子荧光光谱法（AFS）是通过测量待测元素的原子蒸气在特定频率辐射能的激发下所产生的荧光强度来测定元素含量的一种光谱分析法。

一、基本原理

气态原子受特征波长光激发后，原子的外层电子从基态或较低的能态跃迁到高能态，约经过 10^{-8}s 后，又跃迁回基态或低能态，同时发射出与原激发波长相同或不同的辐射，这种辐射称为原子荧光。当荧光的波长与光源辐射的波长相同时，这种荧光称为共振荧光。在原子荧光分析中，最常用的是共振荧光。

将试样导入火焰（或无火焰）原子化器时，试样中的待测元素转化为原子蒸气，吸收了由光源辐射的该元素共振线，通过分光系统及检测器，检测到该元素发射的荧光。由于各种元素发射的荧光波长不同，故称为元素的特征荧光。根据这些特征波长，可以对试样进行定性分析，再由荧光强度进行定量分析。

二、原子荧光分光光度计

原子荧光分光光度计与原子吸收分光光度计基本相同，主要包括光源、原子化器、分光系统和检测系统四个部分。二者的主要区别是，为了消除透射光对荧光测定的干扰，原子荧光分光光度计的光源、原子化器与分光系统、检测系统不是在一条直线上，而是排成直角形。

1. 激发光源

激发光源是原子荧光分光光度计的主要组成部分，其作用是提供激发待测元素原子的辐射能。理想的光源必须具备以下条件：辐射光强度大、无自吸、稳定性好、噪声小、辐射光谱重现性好、操作简便、价格低廉、使用寿命长。

激发光源可以是锐线光源，也可以是连续光源，常用的光源有空心阴极灯、无极放电灯、二极管激光灯等，其中目前应用较多的是空心阴极灯。

2. 原子化器

原子化器是提供待测自由原子蒸气的装置。原子化器需具备原子化效率高、背景辐射

弱、稳定性好、操作简便等特点。常用的原子化器有火焰原子化器和电热原子化器两大类，如火焰原子化器、高频电感耦合等离子焰（ICP）石墨炉等。

3. 分光系统

由于原子荧光光谱比较简单，因而要求所采用的分光系统有较高的集光本领，而对色散率要求不高。其结构与原子吸收分光光度计中的分光系统基本相同。

4. 检测系统

在原子荧光光谱仪中，目前普遍使用的检测器仍以光电倍增管为主。

5. 显示系统

光电转换所得的电信号经锁定放大器放大后显示出来。由于计算机的迅速发展，绝大多数的仪器均采用计算机来处理数据，基本上具有实时图像显示、曲线拟合、打印结果等自动功能，使分析工作更为快捷方便。

三、原子荧光定量分析

原子荧光定量分析常采用标准曲线法，即配制一系列标准溶液，测量其相对荧光强度，以相对荧光强度为纵坐标，以浓度为横坐标绘制工作曲线。在相同条件下测量试样的相对荧光强度，就可从工作曲线上求得试样的浓度。

四、原子荧光光谱法的应用

原子荧光光谱法具有很高的灵敏度，线性范围宽，能进行多元素同时测定，广泛应用于生物、环境、医药、材料、农业、石油等领域。例如测定大气中的汞、南极冰雪水中的铝和锌、土壤中的金、海洋沉积物中的金、酸雨中的锌和矿石中的锡等。近年来特别是随着电热原子化器-激光激发原子荧光光谱法的发展，完成了许多其他方法难以完成的分析任务。

思考题与习题

1. 原子吸收光谱法的基本原理是什么？
2. 原子吸收光谱法对光源的要求是什么？
3. 简述空心阴极灯的工作原理。
4. 火焰原子化法与电热高温石墨管原子化法各有何特点？
5. 原子吸收光谱法中常用的定量分析法有几种？各有何特点？
6. 简述标准加入法的分析过程。
7. 原子吸收光谱法与紫外-可见分光光度法有何异同点？
8. 原子吸收分光光度计有哪几种类型？它们各有什么特点？
9. 如何维护原子吸收分光光度计？
10. 用标准加入法测定水样中镁的浓度，分别取试样 5 份，再各加入不同量的 $100\mu g/mL$ 标准镁溶液，定容至 25mL，测得其吸光度见下表。用作图法求水样中镁的浓度（用 mg/L 表示）。

序　　号	1	2	3	4	5
试液的体积/mL	20	20	20	20	20
加入 Mg 标准溶液的体积/mL	0	0.20	0.40	0.60	0.80
吸光度 A	0.091	0.183	0.282	0.375	0.470

11. 用标准加入法测定血浆中锂的含量，取 4 份 0.500mL 血浆试样分别加入 5.00mL 水中，然后分别加入 0.0500mol/L LiCl 标准溶液 0、10.0μL、20.0μL、30.0μL，摇匀，在 670.8nm 处测得吸光度依次为 0.201、0.414、0.622、0.835，计算此血浆中锂的含量（以 μg/L 为单位）。

第七章 红外光谱法

> **学习指南**
>
> 通过本章的学习,了解常见有机物的红外光谱特征及红外光谱图;掌握红外光谱仪的结构及使用方法;理解红外光谱法的应用。

第一节 红外光谱法的基本原理

红外光谱法(IR)是根据物质对红外辐射的选择性吸收特性而建立起来的一种光谱分析方法。分子吸收红外辐射后发生振动和转动能级的跃迁,故红外光谱又称为分子转动光谱。所以,红外光谱法实质上是一种根据分子内部振动原子间的相对振动和分子转动等信息来鉴别化合物和确定物质分子结构的分析方法。

一、红外光谱法的创立和发展

1800年,英国天文学家赫谢尔(Herschel)用温度计测量太阳光可见光区内、外温度时,发现可见光以外"黑暗"部分的温度比可见光部分的高,从而认识到在可见光谱长波末端还有一个红外光区。这种人类视觉看不见的红外光,称为红外辐射或红外线。

红外线被发现以后,逐步应用到各个方面。例如工业部门利用红外辐射能与热能、电能的相互转换性能,制成了红外检测器、红外瞄准器、红外遥测遥控器和红外理疗机等。而许多化学家则致力于研究各种物质对不同波长红外辐射的吸收程度,从而用于推断物质组成和分子结构。例如,在1892年发现凡是含有甲基的物质都会强烈地吸收$3.4\mu m$波长的红外光,从而可推断凡是在该波长处产生强烈吸收的物质都含有甲基。这种利用观察样品物质对不同波长红外光的吸收程度来研究物质分子的组成和结构的方法,称为红外分子吸收光谱法,简称红外吸收光谱法或红外光谱法。

在这种原始的红外吸收光谱法的基础上,人们观察了各种物质对红外线的吸收情况,到1905年前后,已系统地研究了数百种化合物的红外吸收光谱,并总结了一些物质的分子基团与其红外吸收带之间的关系。同时人们也利用量子力学的方法研究红外光谱,1930年有人用群论方法计算了许多简单分子的基频和键力常数,发现了红外光谱理论。但是对大量的复杂物质的红外光谱吸收带,人们至今还不能从理论上清楚地阐明它与分子结构间的关系。因此,长期以来化学工作者致力于总结各种物质红外吸收光谱的实验资料,为化合物的分子结构分析和基团鉴定提供了许多实用的经验规律。

二、红外吸收光谱分析的基本原理

1. 红外光谱的产生

红外光谱是由于物质吸收红外辐射后导致分子振动能级的跃迁而产生的。和物质对紫外-可见光的吸收一样,物质对红外光具有选择性吸收必须同时满足两个条件:①红外辐射应具有刚好能满足物质跃迁时所需的能量;②红外辐射与物质之间有耦合作用。

当一定频率的红外光照射分子时,如果分子中某个基团的振动频率和它一样,二者就会产生共振,此时光的能量通过分子偶极矩的变化而传递给分子,这个基团就吸收一定频率的红外光,产生振动跃迁;如果红外光的振动频率和分子中各基团的振动频率不符,该部分的红外光就不会被吸收。因此,若用连续改变频率的红外光照射某试样,由于该试样对某些频率的红外光有吸收,则通过试样后的红外光在一些波长范围内变弱(被吸收),在另一些范围内仍较强(不吸收)。如果用一种仪器把物质对红外光的吸收情况记录下来,就可以得到该物质的红外吸收光谱图,图中横坐标为波长,纵坐标为该波长下物质对红外光的吸收程度。不同结构的物质有不同的红外吸收光谱图,因此可以从未知物质的红外吸收光谱图反过来求证该物质的结构,这正是红外光谱定性的依据。

如前所述,红外光谱在可见光区和微波区之间,其波长范围为 0.75～1000μm。根据实验技术和应用的不同,通常将红外光谱划分为三个区域,即近红外光区、中红外光区和远红外光区。目前广泛用于化合物定性、定量和结构分析以及其他化学过程研究的红外吸收光谱,主要是波长处于中红外光区的光谱,因此本章主要讨论中红外吸收光谱。

2. 红外吸收光谱的表示方法

红外吸收光谱一般用 T-σ 曲线或 T-λ 曲线来表示。在红外吸收光谱图中,横坐标表示吸收峰的位置,通常有波长(λ)和波数(σ)两种标度,其单位分别为 μm 和 cm^{-1},λ 与 σ 的关系见式(7-1)。

$$\sigma(\mathrm{cm}^{-1}) = \frac{1}{\lambda(\mathrm{cm})} = \frac{10^4}{\lambda(\mu m)} \tag{7-1}$$

由于辐射能 E 与波数 σ 呈线性关系($E = h\nu = hc\sigma$),用波数描述吸收谱带位置较为简单,且便于与拉曼光谱进行比较,所以近年来的红外光谱均采用波数等间隔分度。红外光谱图的纵坐标一般用透射比 T(%)来表示,因而吸收峰向下,波谷向上,如图 7-1 所示。

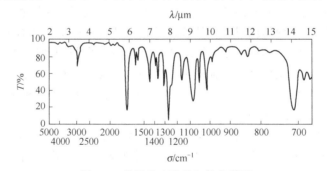

图 7-1 苯甲酸乙酯的红外光谱图

3. 分子的振动与红外吸收

任何物质的分子都是由原子通过化学键联结起来而组成的。分子中的原子与化学键都处于不断的运动中。它们的运动,除了原子外层价电子跃迁以外,还有分子中原子的振动和分子本身的转动。这些运动形式都可能吸收外界能量而引起能级的跃迁,每一个振动能级常包含有很多转动分能级,因此在分子发生振动能级跃迁时,不可避免地发生转动能级的跃迁,因此无法测得纯振动光谱,故通常所测得的光谱实际上是振动-转动光谱,简称振转光谱。

(1)双原子分子的振动 分子的振动运动可近似地看成一些用弹簧连接着的小球的运动。以双原子分子为例,若把两原子间的化学键看成质量可以忽略不计的弹簧,长度为 r

（键长），把两个原子看成两个小球，则它们之间的伸缩振动可以近似看成沿轴线方向的简谐振动，因此可以把双原子分子称为谐振子。设两个原子的分子量分别为 m_1、m_2，这个体系的振动频率为 σ（以波数表示，单位是 cm^{-1}），则由经典力学（虎克定律）可导出：

$$\sigma = \frac{N_A^{1/2}}{2\pi c}\sqrt{\frac{k}{\mu}} \tag{7-2}$$

式中　N_A——阿伏伽德罗常数；

c——光速，3×10^{10} cm/s；

k——化学键的力常数，N/cm；

μ——两个原子的折合质量，g，$\mu=\dfrac{m_1 m_2}{m_1+m_2}$。

将有关已知常数代入得

$$\sigma = 1303\sqrt{\frac{k}{\mu}} \tag{7-3}$$

显然，振动频率 σ 与化学键的力常数 k 成正比，与两个原子的折合质量 μ 成反比。不同化合物的 k 和 μ 不同，所以不同化合物有自己的特征红外光谱。

【例 7-1】 已知 C—C 键（看作双原子分子）的力常数为 $k=5$N/cm，求 C—C 键的振动频率 σ。

解　C 原子和 C 原子的折合质量 μ 为：

$$\mu = \frac{m_1 m_2}{m_1+m_2} = \frac{12\times12}{12+12} = 6$$

代入式(7-3)，得

$$\sigma = 1303\sqrt{\frac{k}{\mu}} = 1189 \text{（cm}^{-1}\text{）}$$

双原子分子的振动频率取决于化学键的力常数和原子的质量，化学键越强，相对原子质量越小，振动频率越高。举例如下：

H—Cl　　2892.4cm^{-1}　　　　C=C　　1683cm^{-1}

C—H　　2911.4cm^{-1}　　　　C—C　　1190cm^{-1}

同类原子组成的化学键（折合质量相同），力常数大的，基本振动频率就大。由于氢的原子质量最小，故含氢原子单键的基本振动频率都出现在中红外的高频率区。

(2) 多原子分子的振动　多原子分子的基本振动类型可分为伸缩振动和弯曲振动两类。

① 伸缩振动　伸缩振动用 ν 表示，是指原子沿着键轴方向伸缩，使键长发生周期性变化的振动。伸缩振动的力常数比弯曲振动的力常数要大，因而同一基团的伸缩振动常在高频区出现吸收。周围环境的改变对频率的变化影响较小。由于振动耦合作用，原子数 n 大于等于 3 的基团还可以分为对称伸缩振动和不对称伸缩振动，符号分别为 ν_s 和 ν_{as}，一般 ν_{as} 比 ν_s 的频率高。

② 弯曲振动　弯曲振动用 δ 表示，又叫变形或变角振动，一般是指基团键角发生周期性变化的振动或分子中原子团对其余部分所作的相对运动。弯曲振动的力常数比伸缩振动的小，因此同一基团的弯曲振动在其伸缩振动的低频区出现，另外弯曲振动对环境结构的改变可以在较广的波段范围内出现，所以一般不把它作为基团频率处理。亚甲基—CH$_2$—的各种基本振动形式如图 7-2 所示。

由上述可知，多原子分子的振动比双原子分子的振动要复杂得多。双原子分子只有一种

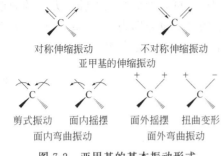

图 7-2 亚甲基的基本振动形式

振动方式（伸缩振动），所以可以产生一个基本振动吸收峰；而多原子分子随着原子数目的增加，振动方式也更加复杂，因而它可以出现一个以上的吸收峰，并且这些峰的数目与分子的振动自由度有关。

在研究多原子分子时，常把多原子的复杂振动分解为许多简单的基本振动（又称简正振动），这些基本振动数目称为分子的振动自由度，简称分子自由度。分子自由度数目与该分子中各原子在空间坐标中运动状态的总和紧密相关。经典振动理论表明，含 n 个原子的线型分子的振动自由度为 $3n-5$，非线型分子的振动自由度为 $3n-6$。每种振动形式都有它特定的振动频率，即有相对应的红外吸收峰，因此分子的振动自由度数目越大，则在红外吸收光谱中出现的峰数也就越多。

4. 红外吸收峰的强度

分子振动时偶极矩的变化不仅决定了该分子能否吸收红外光产生红外光谱，而且还关系到吸收峰的强度。根据量子理论，红外吸收峰的强度与分子振动时偶极矩变化的平方成正比。因此，振动时偶极矩变化越大，吸收强度越强。而偶极矩变化的大小主要取决于下列四种因素。

（1）化学键两端连接的原子 若它们的电负性相差越大（极性越大），瞬间偶极矩的变化也越大，在伸缩振动时，引起的红外吸收峰也越强（有费米共振等因素时除外）。

（2）振动形式 振动形式不同，对分子的电荷分布影响不同，故吸收峰强度也不同。通常不对称伸缩振动比对称伸缩振动的影响大，而伸缩振动又比弯曲振动的影响大。

（3）结构 结构对称的分子在振动过程中，如果整个分子的偶极矩始终为零，则没有吸收峰出现。

（4）其他因素 诸如费米共振、形成氢键及与偶极矩大的基团共轭等因素，也会使吸收峰强度改变。

红外光谱中吸收峰的强度可以用吸光度（A）或透过率 T（%）表示。峰的强度遵守朗伯-比耳定律。吸光度与透过率的关系为：

$$A = -\lg T \tag{7-4}$$

所以，在红外光谱中，"谷"越深（T 小），吸光度越大，吸收强度越强。

5. 红外吸收光谱中常用的几个术语

（1）基频峰与泛频峰 当分子吸收一定频率的红外线后，振动能级从基态（V_0）跃迁到第一激发态（V_1）时所产生的吸收峰，称为基频峰；如果振动能级从基态（V_0）跃迁到第二激发态（V_2）、第三激发态（V_3），所产生的吸收峰称为倍频峰。通常基频峰的强度比倍频峰强，由于分子的非谐振性质，倍频峰的波数并非是基频峰的两倍，而是略小一些，如H—Cl 分子的基频峰是 2885.9cm^{-1}，强度很大，其二倍频峰是 5668cm^{-1}，是一个很弱的峰。除基频峰和倍频峰外，还有组频峰，它包括合频峰及差频峰，它们的强度更弱，一般不易辨认。倍频峰、差频峰及合频峰总称为泛频峰。

（2）特征峰与相关峰 红外光谱的最大特点是具有特征性。复杂分子中存在许多原子基团，各个原子团在分子被激发后，都会发生特征的振动。分子的振动实质上是化学键的振动。通过研究发现，同一类型的化学键的振动频率非常接近，总是在某个范围内。例如

$CH_3—NH_2$ 中的 $—NH_2$ 具有一定的吸收频率，而很多含有 $—NH_2$ 的化合物，在这个频率附近（3500～3100 cm^{-1}）也出现吸收峰。因此凡是能用于鉴定原子团存在并有较高强度的吸收峰，均可称为特征峰，对应的频率称为特征频率。一个基团除有特征峰外，还有很多其他振动形式的吸收峰，习惯上称为相关峰。

6. 红外吸收光谱法的特点

红外吸收光谱与紫外-可见吸收光谱同属于分子光谱范畴，但它们的产生机制、研究对象和使用范围不尽相同。紫外-可见光谱是电子-振动-转动光谱，研究的主要对象是不饱和有机化合物，特别是具有共轭体系的有机化合物；而红外光谱是振动-转动光谱，主要研究在振动中伴随有偶极矩变化的化合物。因此，除了单原子分子和同核分子，如 Ne、He、O_2、N_2、Cl_2 等少数分子外，几乎所有化合物均可用红外光谱法进行研究。

红外光谱最突出的特点是具有高度的特征性，除光学异构体外，每种化合物都有自己的特征红外光谱。它作为"分子指纹"被广泛地用于分子结构的基础研究和化学组成的分析。红外吸收谱带的波数位置、波峰的数目及强度，反映了分子结构的特点，可以用来鉴定未知物的分子结构组成或确定其化学基团。吸收谱带的吸收强度与分子组成或其化学基团的含量有关，可用于进行定量分析或纯度鉴定。

红外光谱法对气体、液体、固体样品都可测定，具有样品用量少、分析速度快、不破坏样品等特点。

自 20 世纪 70 年代以来，随着计算机的高速发展以及傅里叶变换红外光谱仪和各种联用技术的出现，大大拓宽了红外光谱的应用范围。例如，红外与色谱联用可以进行多组分样品的分离和定性；与显微红外联用可进行微区（$10\mu m \times 10\mu m$）和微量（10^{-12} g）样品的分析鉴定；与热失重联用可进行材料的热稳定性研究；与拉曼光谱联用可得到红外光谱弱吸收的信息。这些新技术为物质结构的研究提供了更多的手段。因此，红外光谱成为现代分析化学和结构化学不可缺少的工具，红外光谱法被广泛地应用于有机化学、高分子化学、无机化学、化工、催化、石油、材料、生物、医药和环境保护等领域。

第二节 有机化合物的红外吸收光谱

有机化合物种类繁多，应用红外吸收光谱法对有机化合物进行定性分析具有鲜明的特征性。因为每一个有机化合物都具有特异的红外吸收光谱，其谱带的数目、位置、形状和强度均随化合物及其聚集态的不同而不同。本节就常见有机化合物的红外吸收光谱进行简要介绍，其中各符号的意义为：ν 表示伸缩振动，δ 表示面内弯曲振动，γ 表示面外弯曲振动。

一、烷烃

饱和烷烃的红外光谱主要由 C—H 键的骨架振动所引起，其中以 C—H 键的伸缩振动最为有用。在确定分子结构时，也常借助于 C—H 键的变形振动和 C—C 键的骨架振动吸收。烷烃有下列四种振动吸收。

(1) ν_{C-H} 在 2975～2845 cm^{-1} 范围，包括甲基、亚甲基和次甲基的对称与不对称伸缩振动。

(2) δ_{C-H} 在 1460 cm^{-1} 和 1380 cm^{-1} 处有特征吸收。1380 cm^{-1} 峰对结构敏感，对于识别甲基很有用。共存基团的电负性对 1380 cm^{-1} 峰的位置有影响，相邻基团的电负性愈强，愈移向高波数区，例如，在 CH_3F 中此峰移至 1475 cm^{-1}。在异丙基中，1380 cm^{-1} 峰裂分为强度几乎相等的两个峰 1385cm^{-1} 和 1375cm^{-1}；在叔丁基中，1380cm^{-1} 峰裂分为 1395cm^{-1}、1370cm^{-1} 两个峰，后者的强度差不多是前者的两倍；在 1250cm^{-1}、1200cm^{-1} 附近出现两个中等强度的骨架振动。

(3) ν_{C-C}　在 1250～800cm^{-1} 范围内，因特征性不强，用处不大。

(4) γ_{C-H}　当分子中具有 $\text{-}(CH_2)_n\text{-}$ 链节且 $n \geqslant 4$ 时，在 722cm^{-1} 有一个弱吸收峰。随着 CH_2 个数的减少，吸收峰向高波数方向移动，由此可推断分子链的长短。

烷烃的谱图如图 7-3 和图 7-4 所示。

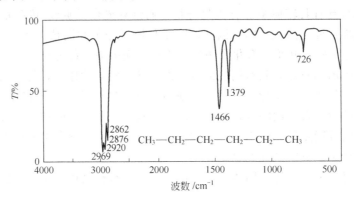

图 7-3　正己烷的红外光谱图

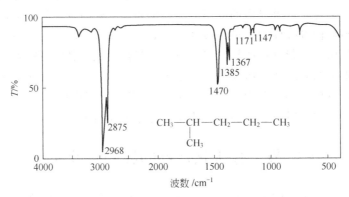

图 7-4　2-甲基戊烷的红外光谱图

二、烯烃

烯烃的特征峰由 C=C—H 键的伸缩振动以及 C=C—H 键的变形振动所引起。烯烃分子主要有三种特征吸收。

(1) $\nu_{C=C-H}$　烯烃双键上的 C—H 键伸缩振动的波数在 3000cm^{-1} 以上，末端双键氢 $\diagdown_{C=CH_2}$ 在 3075～3090cm^{-1} 有强峰，最易识别。

(2) $\nu_{C=C}$　吸收峰的位置在 1670～1620cm^{-1}。随着取代基的不同，$\nu_{C=C}$ 吸收峰的位置有所不同，强度也发生变化。

(3) $\delta_{C=C-H}$　烯烃双键上的 C—H 键的面内弯曲振动在 1500～1000cm^{-1}，对结构不敏感，用途较少；而面外摇摆振动吸收最有用，在 1000～700cm^{-1} 范围内，该振动对结构敏感，其吸收峰特征性明显，强度也较大，易于识别，可借以判断双键取代情况和构型。

烯烃的谱图如图 7-5 和图 7-6 所示。

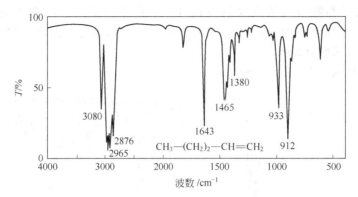

图 7-5　1-戊烯的红外光谱图

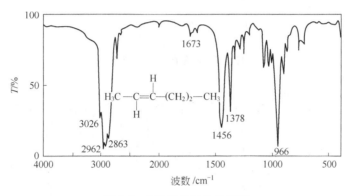

图 7-6　2-己烯的红外光谱图

三、炔烃

在红外光谱中，炔烃基团很容易识别，它主要有三种特征吸收。

(1) $\nu_{C\equiv C-H}$　　该振动吸收非常特别，吸收峰位置在 $3300\sim3310cm^{-1}$，中等强度。ν_{N-H} 值与 ν_{C-H} 值相同，但前者为宽峰，后者为尖峰，易于识别。

(2) $\nu_{C\equiv C}$　　一般 C≡C 键的取代伸缩振动吸收都较弱。一元取代炔烃 RC≡CH 的 $\nu_{C\equiv C}$ 出现在 $2140\sim2100cm^{-1}$；二元取代炔烃在 $2260\sim2190cm^{-1}$，当两个取代基的性质相差太大时，炔化物极性增强，吸收峰的强度增大。

(3) $\nu_{C\equiv C-H}$　　炔烃的伸缩振动发生在 $680\sim610cm^{-1}$。

四、芳烃

芳烃的红外吸收主要由苯环上的 C—H 键及环骨架中的 C═C 键振动所引起。芳族化合物主要有以下三种特征吸收。

(1) ν_{Ar-H}　　芳环上 C—H 键的吸收频率在 $3100\sim3000cm^{-1}$ 附近有较弱的三个峰，特征性不强，与烯烃的 $\nu_{C=C-H}$ 频率相近，但烯烃的吸收峰只有一个。

(2) $\nu_{C=C}$　　芳环的骨架伸缩振动正常情况下有四条谱带，约为 $1600cm^{-1}$、$1585cm^{-1}$、$1500cm^{-1}$、$1450cm^{-1}$，这是鉴定有无苯环的重要标志之一。

(3) δ_{Ar-H}　　芳烃的 C—H 变形振动吸收出现在两处。一处是 $1275\sim960cm^{-1}$ 的 δ_{Ar-H}，由于吸收较弱，易受干扰，用处较小。另一处是 $900\sim650cm^{-1}$ 的 δ_{Ar-H}，吸收较强，是识别

苯环上取代基位置和数目的极重要的特征峰。取代基越多，δ_{Ar-H}频率越高。在 1600～2000cm^{-1} 之间的锯齿状倍频吸收（C—H 面外和 C=C 面内弯曲振动的倍频或组频吸收），是进一步确定取代苯的重要旁证。

芳烃的谱图如图 7-7 和图 7-8 所示。

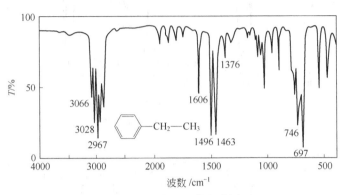

图 7-7 乙苯的红外光谱图

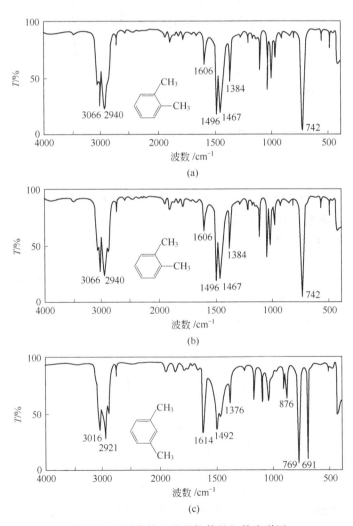

图 7-8 二甲苯的三种异构体的红外光谱图

五、卤化物

随着卤素原子原子量的增加，ν_{C-X} 降低。例如，C—F 在 1100～1000cm^{-1}，C—Cl 在 750～700cm^{-1}，C—Br 在 600～500cm^{-1}、C—I 在 500～200cm^{-1}。此外，C—X 吸收峰的频率容易受到邻近基团的影响，吸收峰位置变化较大，尤其是含氟、含氯的化合物变化更大，而且用溶液法或液膜法测定时，常出现不同构象引起的几个伸缩吸收带。因此红外光谱对含卤素有机化合物的鉴定受到一定限制。

六、醇和酚

醇和酚类化合物有相同的羟基，其特征吸收是 O—H 和 C—O 键的振动频率。

(1) ν_{O-H} 一般在 3670～3200cm^{-1} 区域。游离羟基吸收出现在 3640～3610cm^{-1}，峰形尖锐，无干扰，极易识别（溶剂中微量游离水吸收位于 3710cm^{-1}）。羟基是一个强极性基团，因此羟基化合物的缔合现象非常显著，羟基形成氢键的缔合峰一般出现在 3550～3200cm^{-1}。

(2) ν_{C-O} 和 δ_{O-H} C—O 键伸缩振动和 O—H 面内弯曲振动在 1410～1100cm^{-1} 处有强吸收。当无其他基团干扰时，可利用 ν_{C-O} 的频率来了解羟基的碳链取代情况（伯醇在 1050cm^{-1}，仲醇在 1125cm^{-1}，叔醇在 1200cm^{-1}，酚在 1250cm^{-1}）。

醇的谱图如图 7-9 所示。

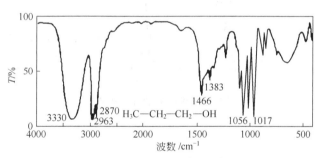

图 7-9 正丙醇的红外光谱图

七、醚和其他化合物

醚的特征吸收带是 C—O—C 不对称伸缩振动，出现在 1150～1060cm^{-1} 处，强度大，C—C 骨架振动吸收也出现在此区域，但强度弱，易于识别。醇、酸、酯、内酯的 ν_{C-O} 吸收在此区域，故很难归属。醚的谱图如图 7-10 所示。

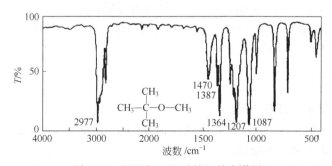

图 7-10 甲基叔丁基醚的红外光谱图

八、醛和酮

醛和酮的共同特点是分子结构中都含有 C=O，$\nu_{C=O}$ 在 1750~1680cm^{-1} 范围内，吸收强度很大，这是鉴别羰基的最明显的依据。酮和醛的谱图分别如图 7-11 和图 7-12 所示。

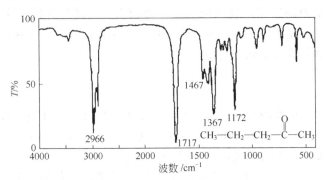

图 7-11 2-丁酮的红外光谱图

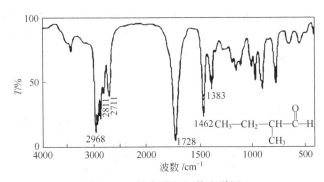

图 7-12 异戊醛的红外光谱图

九、羧酸

羧酸的谱图具有以下特点：

(1) ν_{O-H} 游离的 O—H 在 3550cm^{-1}，缔合的 O—H 在 3300~2500cm^{-1}，峰形宽而散，强度很大。

(2) $\nu_{C=O}$ 游离的 C=O 一般在 1760cm^{-1} 附近，吸收强度比酮羰基的吸收强度大，但由于羧酸分子中的双分子缔合，使得 C=O 的吸收峰向低波数方向移动，一般在 1725~1700cm^{-1}，如果发生共轭，则 C=O 的吸收峰移到 1690~1680cm^{-1}。

(3) ν_{C-O} 一般在 1440~1395cm^{-1}，吸收强度较弱。

(4) δ_{O-H} 一般在 1250cm^{-1} 附近，是一强吸收峰，有时会和 σ_{C-O} 重合。

羧酸的谱图如图 7-13 所示。

十、酯和内酯

酯和内酯的谱图具有以下特点：

(1) $\nu_{C=O}$ 在 1750~1735cm^{-1} 处出现（饱和酯 $\nu_{C=O}$ 位于 1740cm^{-1} 处），受相邻基团的影响，吸收峰的位置会发生变化。

(2) ν_{C-O} 一般有两个吸收峰，分别在 1300~1150cm^{-1} 和 1140~1030cm^{-1} 处。

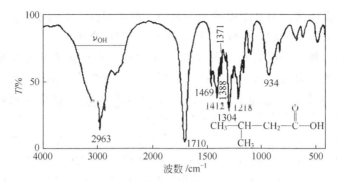

图 7-13 3-甲基丁酸的红外光谱图

酯的谱图如图 7-14 所示。

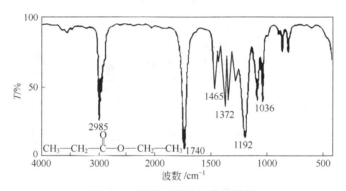

图 7-14 丙酸乙酯的红外光谱图

第三节 红外光谱仪

红外光谱仪可分为两大类，即色散型和干涉型。色散型又有棱镜分光型和光栅分光型（见图 7-15）两种；干涉型为傅里叶变换红外光谱仪，它没有单色器和狭缝，是由迈克耳逊干涉仪和数据处理系统组合而成的。

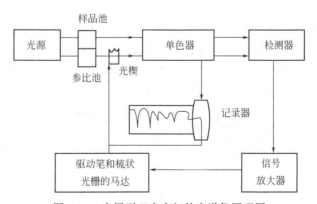

图 7-15 光栅型双光束红外光谱仪原理图

一、色散型红外光谱仪

第一代色散型红外光谱仪为棱镜分光的红外光谱仪，第二代的仪器采用光栅分光，光栅的分辨率要比棱镜高得多，但基本原理是一致的。色散型红外光谱仪由光学系统、机械传动部分和电学系统三大部分组成，现仅就光学部分作一简单介绍。

色散型双光束红外光谱仪的光路图如图 7-16 所示。来自光源的光束被分成两束，其中一束通过样品池，另一束通过参比池，再经过切光器（斩光镜）作用，使两束光交替通过入射狭缝 S_1，并交替地进入单色器中的光栅，最后抵达检测器。这两束光如果强度相等，则检测器（如热电偶）将不产生信号；如果两束光强度不等，则产生一个交变的信号（交流电压即热电偶产生的电位差），此电信号与双光束强度差成正比，电信号经过放大后，用伺服电机驱动光楔运动，光楔的运动补偿了样品光的吸收，使两束光强度达到平衡（光学零位法）。被遮挡掉的那一部分光即等于被样品吸收掉的那部分光。当波长连续改变时，样品对不同波长的单色光吸收不同，检测器就要输出不同大小的信号，使光楔随机运动，自动调节参考光束的强度，光楔的运动带动了记录笔，从而记录样品的吸收光谱。

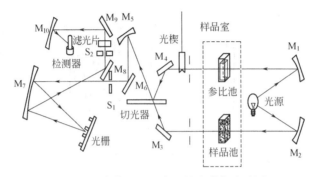

图 7-16　色散型双光束红外光谱仪光路图

光学系统是由光源室、样品池、单色器及检测器等部分组成。

1. 光源室

常用的红外辐射光源是能斯特灯，它是由氧化铁、氧化铈、氧化钍等稀土元素氧化物烧结而成的长约 35mm、直径约 1.5mm 的圆柱形棒，工作温度可达 1306～1700℃，能斯特灯寿命约 2 万小时。有的仪器也用硅碳棒作光源，工作温度为 1200～1500℃，其使用波长范围比能斯特灯宽，发光面大，操作方便，价格较低。

2. 样品池

因玻璃、石英等材料不能透过红外光，红外吸收池要用可透过红外光的 NaCl、KBr、CsI、KRS-5（TiI 58%，TiBr 42%）等材料制成窗片。用 NaCl、KBr、CsI 等材料制成的窗片需注意防潮，CaF 和 KRS-5 窗片可用于水溶液的测定。固体试样常与纯 KBr 混合后压片进行测定。样品池各常用材料的透光范围见表 7-1。

表 7-1　常用池体材料的透光范围

材　料	透光范围/μm	材　料	透光范围/μm
NaCl	0.2～17	CaF	0.13～12
KBr	0.2～25	AgCl	0.2～25
CsI	1～50	KRS-5	0.55～40
CsBr	0.2～55		

3. 单色器

单色器的作用是将由入射狭缝 S_1 进入的复色光通过三棱镜（或光栅）色散为具有一定宽度的单色光，按一定的波长顺序排列在出射狭缝 S_2 的平面上。用于红外光谱仪的色散元件有两类,即棱镜和光栅。早期的第一代红外光谱都是用三棱镜分光的,近年来的仪器则主要采用光栅分光,一般采用反射型平面衍射光栅。多数仪器在出口狭缝后配有滤光片,用来消除多级次光谱线的重叠。光栅型仪器测定的波长范围虽然也仍是4000~650cm^{-1},但光栅的分辨率要比棱镜高得多。棱镜分光的光谱在1000cm^{-1}处分辨率为3~1cm^{-1},而光栅分光的光谱在1034cm^{-1}处的分辨率为0.16cm^{-1}。至于第三代干涉型的仪器(FTIR)的分辨率则更高。

4. 检测器

色散型红外光谱的检测器有两类:热检测器和光检测器。热检测器包括热电偶、测辐射热计、热电检测器等。目前最常用的是热电检测器,其原理是将大量光子的累积能量,经过热效应转换成可检测的响应值。光检测器是一种半导体装置,利用光导效应检测,如碲镉汞检测器(MCT检测器)。

热电检测器(TGS检测器)是利用硫酸三苷肽的单晶片(TGS)作为检测元件,将TGS薄片正面真空镀铬(半透明),背面镀金,形成两电极。其极化强度与温度有关,温度升高,极化强度降低。当红外辐射光照射到薄片上时,引起温度升高,TGS极化度改变,表面电荷减少,相当于"释放"了部分电荷,经放大,转变成电压或电流方式进行测量。

碲镉汞检测器(MCT检测器)是由宽频带的半导体碲化镉和半金属化合物碲化汞混合形成的,目前可获得测量波段不同、灵敏度各异的各种MCT检测器。MCT检测器比TGS检测器有更快的响应时间和更高的灵敏度,但需要液氮冷却。因此,和热检测器相比,MCT检测器更适合傅里叶变换红外光谱仪(FTIR)。

二、傅里叶变换红外光谱仪

傅里叶变换红外光谱仪(FTIR)的工作原理(见图7-17)和色散型红外光谱仪是完全不同的,它没有单色器和狭缝,是利用一个迈克耳逊干涉(Michelson)仪获得入射光的干涉图,通过数学运算(傅里叶变换,FT)把干涉图变成红外光谱图。

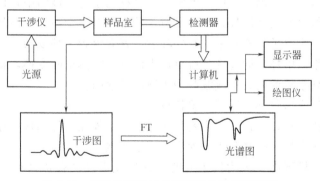

图7-17 傅里叶变换红外光谱仪的工作原理图

傅里叶变换红外光谱仪主要由光源(硅碳棒、高压汞灯等)、干涉仪、检测器、计算机和记录系统组成。大多数傅里叶变换红外光谱仪使用迈克耳逊干涉仪(其光学示意图见图7-18)。首先记录的是光源的干涉图,然后通过计算机将干涉图进行快速傅里叶交换,最后得到以波长或波数为横坐标的光谱图。

干涉仪是由固定反射镜M$_1$(定镜)和移动反射镜M$_2$(动镜)以及分束器(BS)组成的。定镜和动镜相互垂直放置,分束器是一个半透膜,放置在定镜和动镜之间呈45°角,它能把来自光源的光束分成相等的两部分。当入射光照到分束器(BS)上时,有50%的光透

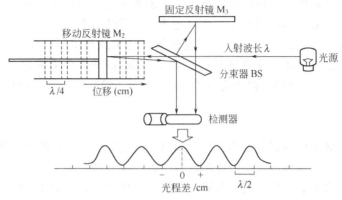

图 7-18　迈克耳逊干涉仪的光学示意图

过 BS 即透射光，另 50% 的光被 BS 反射即反射光。透射光被动镜 M_2 反射沿原路回到半透膜 BS 上，再被 BS 反射到检测器；反射光被固定镜 M_1 反射沿原路透过 BS 而到达检测器。这样在检测器上所得到是两束光的相干光。当动镜 M_2 移动距离是入射光的 $\lambda/4$ 时，则透射光的光程变化是 $\lambda/2$，在检测器上两束光的光程差为 $\lambda/2$，位相差是 180°，发生相消干涉，亮度最小。凡动镜移动距离为 $\lambda/4$ 的奇数倍时，都会发生这种相消干涉，亮度最暗；而当动镜的移动距离是 $\lambda/4$ 的偶数倍时，则发生相长干涉，亮度最亮。若 M_2 位置处于上述两种位移值之间，则发生部分相消干涉，亮度介于两者之间，如果动镜 M_2 以匀速 v 向分束器移动即动镜扫描，动镜每移动 $\lambda/4$ 距离，信号强度就会从明到暗周期性改变，即在检测器上得到一个强度为余弦变化的信号。

图 7-19(a) 和 (b) 分别为入射单色光 ν_1 和 ν_2 产生的干涉图；如果两种频率的光一起进入干涉仪，则产生如图 7-19(c) 所示的两种单色光叠加的干涉图；如图 7-19(d) 所示，当入射光为连续波长的多色光时，就会产生中心极大并向两边迅速衰减的对称干涉图，入射多色光的干涉图等于所含各单色光干涉图的和，在这种复杂的干涉图中，包含着入射光源提供的所有光谱信息。傅里叶变换红外光谱测量时，就是在上述干涉光束中放置能够吸收红外辐射的试样，由于试样吸收了某些频率的红外辐射，就会得到一种复杂的干涉图。该干涉图是一个时间域函数，难以解释，通过计算机对该干涉图进行傅里叶变换，将时间域函数变换为频率域函数，即得到常见的以波长或波数为函数的光谱图。

傅里叶变换红外光谱仪具有以下主要特点。

(1) 测量速度快　在几秒钟时间内就可完成一张红外光谱的测量工作，比色散型仪器快几百倍。由于扫描速度快，一些联用技术也得到了发展。

(2) 能量大，灵敏度高　因为傅里叶变换红外光谱仪没有狭缝和单色器，反射镜面又大，因此到达检测器上的能量大，它可以检出 $10\sim100\mu g$ 的样品，一些细小的样品如直径为 $10\mu m$ 的一根单丝也能直接测定。对于一般红外光谱不能测定的散射很强的样品，傅里叶变换仪器采用漫反射附件可以测得满意的光谱，如进行薄层色谱分离的样品，可不经剥离，直接用傅里叶变换红外光谱仪测定反射光谱。

(3) 分辨率高　分辨率取决于动镜的线性移动距离，距离增加，分辨率提高。傅里叶变换红外光谱仪在整个波长范围内具有恒定的分辨率，通常分辨率可达 0.1cm^{-1}，最高可达 0.005cm^{-1}。棱镜型的红外光谱分辨率很难达到 1cm^{-1}，光栅式的红外光谱也只是 0.2cm^{-1} 以上。

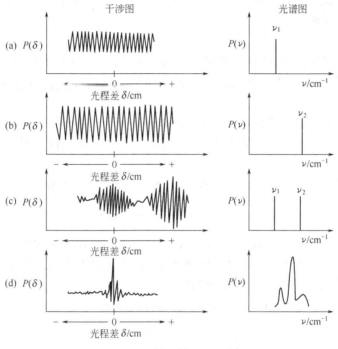

图 7-19 不同入射光的干涉图

（4）波数精确度高 在实际的傅里叶变换红外光谱仪中，除了红外光源的主干涉仪外，还引入激光参比干涉仪，用激光干涉条纹准确测定光程差，可以使波数更为准确。

（5）测定波数范围宽 傅里叶变换红外光谱仪测定的波数范围可达 $10\sim10000 cm^{-1}$。

第四节 红外光谱法的应用

红外光谱法的应用是多方面的，它不仅用于结构的基础研究，如确定分子的空间构型，求出化学键的力常数、键长和键角等，还广泛用于化合物的定性、定量分析和化学反应的机理研究等，其中应用最广的是未知化合物的结构鉴定。

一、定性分析

红外光谱对有机化合物的定性分析具有鲜明的特征性。因为每一个化合物都具有特异的红外吸收光谱，其谱带的数目、位置、形状和强度均随化合物及其聚集态的不同而不同，因此根据化合物的光谱，就可以像辨别人的指纹一样，确定该化合物或其官能团是否存在。

红外光谱定性分析大致可分为官能团定性和结构分析两个方面。官能团定性是根据化合物的红外光谱的特征基团频率来测定物质含有哪些基团，从而确定有关化合物的类别。结构分析或称结构剖析，则需要由化合物的红外光谱结合其他实验资料（如相对分子质量、物理常数、紫外光谱、核磁共振波谱、质谱等）来推断有关化合物的化学结构。

应用红外光谱进行定性分析的主要过程包括试样的分离和精制、了解与试样有关的资料、谱图的解析、和标准谱图进行对照等。

1. 试样的分离和精制

应用红外光谱进行定性分析前，应该尽量采用各种分离手段（如分馏、萃取、重结晶、色谱分离等）提纯试样，以得到单一的纯物质。否则，试样不纯不仅会给谱图的解析带来困难，还可能引起"误诊"。

2. 了解与试样有关的资料

这一过程的工作包括了解试样来源、元素分析值、相对分子质量、熔点、沸点、溶解度、有关的化学性质以及紫外光谱、核磁共振谱、质谱等，这对谱图的解析有很大的帮助。

根据试样的元素分析值及相对分子质量可以得出分子式并计算不饱和度，从而可估计分子结构式中是否有双键、三键及芳香环，并可验证光谱解析结果的合理性，这对谱图解析是很有利的。

所谓不饱和度，是表示有机分子中碳原子的饱和程度。计算不饱和度 U 的经验公式为：

$$U = 1 + n_4 + \frac{1}{2}(n_3 - n_1) \tag{7-5}$$

式中，n_1、n_3 和 n_4 分别为分子式中一价、三价和四价原子的数目。通常规定双键和饱和环状结构的不饱和度为 1，三键的不饱和度为 2，苯环的不饱和度为 4（可理解为一个环加三个双键），链状饱和烃的不饱和度则为零。

例如 $CH_3-(CH_2)_7-COOH$ 的不饱和度可计算如下：

$$U = 1 + n_4 + \frac{1}{2}(n_3 - n_1) = 1 + 9 + \frac{1}{2} \times (0 - 18) = 1$$

说明分子式中存在双键（C=O），这与本章第二节所述内容相符。

3. 谱图的解析

测得试样的红外光谱图后，接着是对谱图进行解析。应该说，关于识谱的程序至今并无一定规则。解释谱图时可先从各个区域的特征频率入手，发现某基团后，再根据指纹区进一步核证该基团及其与其他基团的结合方式。例如，若在试样光谱的 $1740cm^{-1}$ 处出现强吸收，则表示有酯羰基存在，接着从指纹区的 $1300\sim1000cm^{-1}$ 处发现有酯的 C—O 伸缩振动强吸收，从而进一步得到肯定。如果试样为液态，在 $720cm^{-1}$ 附近又找到了由长链亚甲基引起的中等强度吸收峰，则该未知物大致是个长链饱和酯的概念就可形成（当然，脂肪链的存在也可从 $3000cm^{-1}$、$1460cm^{-1}$ 和 $1375cm^{-1}$ 等处的相关峰得到证明）。由此再根据元素分析数据等就可定出它的结构，最后用标准谱图进一步验证之。

4. 和标准谱图进行对照

由上述讨论可见，在红外光谱定性分析中，无论是已知物的验证，还是未知物的检定，常需利用纯物质的谱图来作校验。这些标准谱图，除可用纯物质在相同的制样方法和实验条件下自己测得外，最方便还是查阅标准谱图集。在查对时要注意：

① 被测物和标准谱图上的聚集态、制样方法应一致。

② 对指纹区的谱带要仔细对照，因为指纹区的谱带对结构上的细微变化很敏感，结构上的细微变化都能导致指纹区谱带的不同。

最常用的标准谱图集是萨特勒（Sadtler）红外谱图集。它是由萨特勒实验室自 1947 年开始出版的，到目前为止已出版了两代光谱图，第一代为棱镜光谱，第二代为光栅光谱。棱镜光谱的波长范围为 $2\sim15\mu m$，已出版十万张左右的谱图。光栅光谱自 1969 年开始出版，目前已出版约十万张，其中也包含了许多用傅里叶变换红外光谱仪得到的红外光谱。目前萨特勒红外谱图集收集的谱图较多。另外，它有各种索引，使用非常方便。

【例 7-2】 图 7-20 是一个含有 C、H、O 的有机化合物的光谱图，试问：①该化合物是脂肪族还是芳香族？②是否为醇类？③是否为醛、酮、酸类？④是否含有双键或三键？

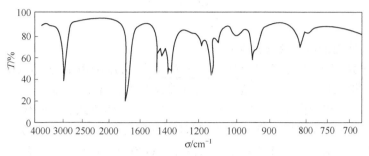

图 7-20　某有机化合物的光谱图

解　① 在 3000cm^{-1} 以上没有任何 ν_{C-H} 峰，在 1430～1650cm^{-1} 之间又没有苯环骨架振动吸收峰，所以不是芳香族化合物。在 2960cm^{-1} 和 2930cm^{-1} 处的峰是脂肪族 ν_{C-H}（CH$_3$）峰引起的。故该化合物为脂肪族化合物。

② 在 3300～3500cm^{-1} 间无任何强吸收峰，故表示该化合物不可能是醇类。

③ 该化合物在 1718cm^{-1} 处有一个强羰基吸收峰，提示可能为醛、酮、酸类。因为在 3000cm^{-1} 以上缺乏羧酸基中 ν_{OH}（缔合）产生的宽而散的强吸收峰，故进一步排除了酸类存在的可能。又因为在 2720cm^{-1} 处没有 ν_{C-H}（$-\overset{\overset{O}{\|}}{C}-H$）峰，故提示不可能是醛类。

④ 因为在 1650cm^{-1} 及 2200cm^{-1} 附近未见其他吸收峰，说明这个化合物除羰基外，不含有双键和三键。如果有的话，其结构一定是对称的。

综上所述，该化合物很可能是一个脂肪酮类。

【**例 7-3**】某未知物分子式为 C$_4$H$_{10}$O，试从其红外吸收光谱图（见图 7-21）推断其分子式。

解　由分子式计算它的不饱和度：
$$U=1+4+\frac{1}{2}\times(0-10)=0$$
表明它是饱和化合物。

在 3350cm^{-1} 处的强吸收峰表明存在 ν_{O-H} 伸缩振动，它移向低波数表明存在分子缔合现象。

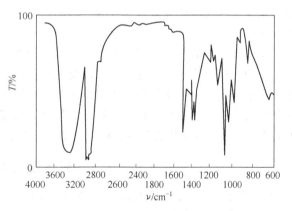

图 7-21　未知物 C$_4$H$_{10}$O 的红外光谱图

在 2960cm^{-1}、2920cm^{-1}、2870cm^{-1} 处的吸收峰表明存在—CH$_3$、—CH$_2$—的伸缩振动 ν_{C-H}。

在 1460cm^{-1} 处的吸收峰表明存在—CH$_3$、—CH$_2$—的不对称剪式振动 δ_{C-H}。

在 1380cm^{-1}、1370cm^{-1} 处的等强度双峰分裂，表明存在 C—H 的面内弯曲振动 δ_{C-H}。这是异丙基分裂现象。

在 1000～1300cm^{-1} 的一系列吸收峰，表明存在 C—O 的伸缩振动 ν_{C-O}，即有一级醇—OH 存在。

由以上解析可确定此化合物为饱和的一级醇，存在异丙基分裂，可确定其为异丁醇，分子式为：

$$\text{H}_3\text{C} \diagdown \text{CH}-\text{CH}_2-\text{OH}$$
$$\text{H}_3\text{C} \diagup$$

5. 计算机红外光谱谱库及其检索系统

为了由红外光谱图迅速鉴定未知物，一些近代仪器配备有谱库及其检索系统。如 Sadtler 的 FTIR 检索谱库有固定专业内容的软件包形式的谱库达 46 种以上，还有各类有机化合物的凝集相和气相光谱库类、实用商品谱库类等。检索方式有谱峰检索、全谱检索、给出主要基团检索等，检索出的光谱并附有相似度值等，然而价格相当昂贵。在日常工作中，可根据自己的工作范围，累积并建立小型的谱库，这种谱库较易建立，使用也方便。

二、定量分析

和其他吸收光谱法（紫外-可见光吸光光度法）一样，红外光谱定量分析是根据物质组分的吸收峰强度来进行的，它的依据是朗伯-比耳定律。各种气体、液体和固态物质，均可用红外光谱法进行定量分析。

用红外光谱作定量分析，其优点是有较多特征峰可供选择。对于物理和化学性质相近，而用气相色谱法进行定量分析又存在困难的试样（如沸点高，或汽化时会分解的试样），常常可采用红外光谱法定量。测量时，由于试样池的窗片对辐射的反射和吸收以及试样的散射会引起辐射损失，故必须对这种损失予以补偿，或者对测量值进行必要的校正。此外，必须设法消除仪器的杂散辐射和试样的不均匀性。由于试样的透过率与试样的处理方法有关，因此必须在严格相同的条件下测定。与紫外吸收光谱相比，红外光谱的灵敏度较低，加上紫外吸收光度法的仪器较为简单、普遍，因此只要有可能，采用紫外吸收光谱法进行定量分析是较方便的。

有关红外光谱定量分析的方法还可参阅相关书籍。

随着计算机技术的发展和应用以及光谱仪器的进展，红外光谱定量分析也得到发展。上述一些困难正在不断克服中。特别是多组分试样的定量分析，已有许多商品化的红外光谱定量分析软件包，如最小二乘法、修正矩阵法、因子分析法、卡尔曼滤波法、神经网络法等，可同 PC 机兼容及与相关的各类红外光谱仪连接。

思考题与习题

1. 产生红外吸收光谱的条件是什么？是否所有的分子振动都会产生红外吸收光谱？为什么？
2. 以亚甲基为例说明分子的基本振动形式。
3. 何谓特征峰？它有什么重要性及用途？
4. 红外光谱定性分析的基本依据是什么？简要叙述红外定性分析的过程。
5. 将波长为 800nm 换算为①波数；②以 μm 为单位的波长。（答案：$\sigma = 1.25 \times 10^4 \text{cm}^{-1}$，$\lambda = 0.8 \mu m$）
6. 根据下述化学键力常数 k 数据，计算各化学键的振动频率（以波数计）。
   (1) 乙烷的 C—H 键，$k = 5.1 \text{N/cm}$。（答案：$\sigma = 3.06 \times 10^3 \text{cm}^{-1}$）
   (2) 乙炔的 C—H 键，$k = 5.9 \text{N/cm}$。（答案：$\sigma = 3.29 \times 10^3 \text{cm}^{-1}$）
   (3) 乙烷的 C—C 键，$k = 4.5 \text{N/cm}$。（答案：$\sigma = 1.13 \times 10^3 \text{cm}^{-1}$）
   (4) 苯的 C—C 键，$k = 7.6 \text{N/cm}$。（答案：$\sigma = 1.47 \times 10^3 \text{cm}^{-1}$）
   (5) CH_3CN 的 C—N 键，$k = 17.5 \text{N/cm}$。（答案：$\sigma = 2.14 \times 10^3 \text{cm}^{-1}$）

第八章 气相色谱法

> **学习指南**
>
> 气相色谱法是仪器分析法中最常用的方法之一。通过本章的学习，掌握气相色谱法的基本概念和基本理论；了解气相色谱仪的结构及各部分的作用；理解气相色谱定性、定量分析方法；熟练掌握气相色谱仪的操作技能及日常维护；掌握气相色谱法的应用。

第一节 概　　述

气相色谱法是近 30 年来迅速发展起来的一门涉及物理和物理化学的现代分离分析技术。它利用混合物中各物质在两相中分离系数的不同，当两相相对移动时，各物质在两相中进行多次分配，从而达到分离效果。气相色谱法不仅能对混合物进行分离，同时还能对混合物中各组分进行定性、定量分析，因此被广泛应用于生物制药、环境监测、食品生产等各个领域。

一、色谱法的由来

1906 年，俄国植物学家茨维特（M. S. Tswett）在研究植物色素的过程中做了一个实验：在一根类似于滴定管的玻璃柱中，装入细颗粒的碳酸钙固体（如图 8-1 所示），然后将其与吸滤瓶连接，用石油醚萃取绿色植物叶子中的色素，然后倒入玻璃柱中，再用石油醚去淋洗，结果管柱中出现了不同颜色的色带，用石油醚继续淋洗，使不同颜色的色带进一步展开，并依次流入吸滤瓶，即得到各成分的纯溶剂。茨维特在他的论文中把上述分离方法叫做色谱法，把填充碳酸钙固体的玻璃柱管叫做色谱柱，把碳酸钙固体颗粒称为固定相，把淋洗液石油醚称为流动相，把柱中出现的有颜色的色带叫色谱图，现在的色谱分析早已失去颜色含义，但"色谱"这个名词却被沿用下来。

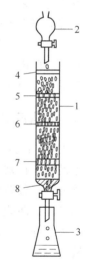

图 8-1 茨维特色谱分离实验示意图

1—装有碳酸钙的色谱柱；2—装有石油醚的分液漏斗；3—接收洗脱液的锥形液；4—色谱柱顶端石油醚层；5—绿色叶绿素；6—黄色叶绿素；7—黄色胡萝卜素；8—色谱柱出口填充的棉花

二、气相色谱法的分类

气相色谱法的种类繁多，可以从不同角度对其进行分类。根据固定相的状态不同，可分为气固色谱和气液色谱；根据色谱柱的粗细，可分为填充柱色谱和毛细管色谱。

三、气相色谱法的主要特点

（1）分析速度快　气相色谱法完成一个分析周期一般只需要几分

钟到几十分钟，样品分离和分析可一次完成，有的仅需要几秒钟时间，很适合于有害气体的检测及化工过程的质量控制。

（2）分离效能高　气相色谱柱具有较高的分离效能，能在短时间内分离分析组成极为复杂而又难以分离的混合物。例如利用毛细管柱，可一次完成食品中100多种风味物质的分离分析。

（3）灵敏度高　气相色谱法的检测限可达10^{-12}g级。例如目前最常使用的电子捕获检测器可以检出$10^{-11} \sim 10^{-12}$g的物质。

（4）自动化程度高　利用一台电脑便能控制整个分析过程和进行数据处理，也可进行遥控分析。

（5）应用范围广　气相色谱法的分析对象可以是有机物或无机物的气态、液态或固态试样，在300多万种有机物中，能用气相色谱法直接分析的约占20%。

第二节　气相色谱法的基本原理

一、基本原理

气相色谱法的分离原理根据固定相的状态不同，可分为气固色谱分离原理和气液色谱分离原理。现以气液色谱为例，说明色谱分离原理。

气液色谱的固定相是涂布在载体表面的固定液，试样气体由载气携带进入色谱柱，与固定液接触时，气相中各组分便溶解到固定液中。随着载气的不断通入，被溶解的组分又从固定液中挥发出来，挥发出的组分随载气向前移动时又再次被固定液溶解。由于各组分在固定液中的溶解能力不同，随着载气的流动，各组分在两相间经过反复多次的溶解-挥发过程，经过一段时间，最终实现彼此分离。

与气液色谱的分离原理相似，气固色谱是利用组分分子在流动相与固定相（吸附剂）之间反复进行吸附-脱附-再吸附-再脱附的分配过程，最后达到组分间的彼此分离。

二、色谱流出曲线及相关术语

1. 色谱图与色谱流出曲线

色谱图是指被测组分从进样开始，经色谱柱分离到组分全部流过检测器后，所产生的响应信号随时间分布的图像。

色谱流出曲线是以组分流出色谱柱的时间（t）或载气流出体积（V）为横坐标，以检测器对各组分的电信号响应值（mV）为纵坐标的一条曲线，如图8-2所示。色谱图上有一组色谱峰，每个峰代表试样中的一个组分。

2. 色谱相关术语

（1）基线　当没有组分进入检测器时，在实验操作条件下，反映仪器噪声随时间变化的曲线，称为基线。稳定的基线是一条直线。

① 基线噪声　指由各种因素引起的基线起伏。
② 基线漂移　指基线随时间定向的缓慢变化。

（2）色谱峰　组分从进入检测器到全部流出检测器时，检测器输出信号随组分的浓度变化而变化的曲线称为色谱峰。理论上色谱峰是对称的图形，符合高斯正态分布，但实际上色谱峰几乎都是非对称的，常见的有以下几种（如图8-3所示）：

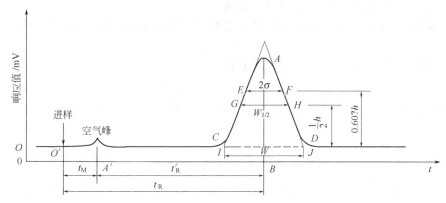

图 8-2　色谱流出曲线图

① 伸舌峰　前沿平缓、后部突起的不对称色谱峰，如图 8-3(c) 所示。
② 拖尾峰　前沿突起、后部平缓的不对称色谱峰，如图 8-3(a)、(b) 所示。
③ 分叉峰　两种组分没有完全分开而重叠在一起的色谱峰，如图 8-3(d) 所示。
④ "馒头"峰　峰形矮而胖的色谱峰，如图 8-3(e) 所示。

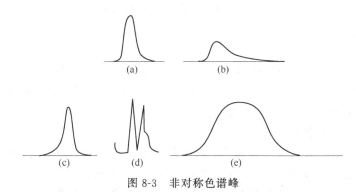

图 8-3　非对称色谱峰

（3）峰高（h）　峰顶到基线的距离，如图 8-2 中 AB 所示。
（4）峰面积（A）　组分的流出曲线与基线所包围的面积，如图 8-2 中曲线 CAD 所包围的面积。
（5）半峰宽（$W_{1/2}$）　峰高一半（即 $h/2$）处的宽度，如图 8-2 中所示。
（6）保留值

① 死时间（t_M）　指完全不进入固定相的组分从进样开始到柱后出现信号最大值所需要的时间。死时间与柱的特性有关，与组分无关，如图 8-2 中所示。

② 保留时间（t_R）　指从进样开始到组分在柱后出现信号最大值所需要的时间，如图 8-2 中所示。

③ 调整保留时间（t'_R）　指扣除死时间后的保留时间，如图 8-2 中所示。

$$t'_R = t_R - t_M \tag{8-1}$$

④ 死体积（V_M）　指色谱柱内除了填充物固定相所占的空隙体积，即不被固定液溶解（如空气）的组分从进样到柱后出现浓度最大值所需要载气的体积。

$$V_M = F_c \cdot t_M \tag{8-2}$$

其中，F_c 是校正到柱温柱压下，载气在柱内的平均流速。

$$F_c = j \cdot F_0 \tag{8-3}$$

式中，j 为压力校正因子；F_0 为柱后流速。

⑤ 保留体积（V_R） 指从进样开始到柱后被测组分出现浓度最大值所通过的载气体积。

$$V_R = t_R \cdot F_0 \tag{8-4}$$

⑥ 调整保留体积（V'_R） 指扣除死体积后的保留体积。

$$V'_R = V_R - V_M = t'_R \cdot F_0 \tag{8-5}$$

⑦ 相对保留值（$r_{i,s}$） 指在一定实验条件下，组分与另一标准组分 s 的调整保留值之比。

$$r_{i,s} = \frac{t'_{i,R}}{t'_{s,R}} = \frac{V'_{i,R}}{V'_{s,R}} \tag{8-6}$$

（7）分配系数（K） 平衡状态时，组分在固定相与流动相中的浓度比。如在给定柱温下组分在流动相与固定相的分配达到平衡时，对于气固色谱，组分的分配系数为：

$$K = \frac{\text{组分在气相中的浓度 } c_L}{\text{组分在固体固定相中的浓度 } c_S} \tag{8-7}$$

对于气液色谱，分配系数为：

$$K = \frac{\text{组分在气相中的浓度 } c_L}{\text{组分在液体固定相中的浓度 } c_S} \tag{8-8}$$

三、塔板理论

塔板理论是 1941 年由马丁和詹姆斯提出的，他们将色谱分离技术比喻为一个蒸馏过程，即将连续的色谱过程看作是许多小段平衡过程的重复，并用塔板理论的概念来描述色谱柱中的分离过程，以塔板数的多少衡量柱效能的高低。

1. 塔板理论的基本假设

① 载气以脉冲式进入柱子，每次进入柱子的最小体积为一个塔板的体积。
② 在每一块塔板高度 H 内，组分在两相中能瞬间达到分配平衡。
③ 所有组分开始都加在零号塔板上，组分的纵向扩散可以忽略。
④ 分配系数在每块塔板上都是一个常数。

2. 理论塔板数（$n_{理论}$）

在塔板理论中，把每一块塔板的高度，即组分在柱内达成一次分配平衡所需要的柱长称为理论塔板高度，简称板高，用 $H_{理论}$ 表示。假设柱长为 L，则理论塔板数 $n_{理论}$ 为：

$$n_{理论} = \frac{L}{H_{理论}} \tag{8-9}$$

从上式可以看出，当色谱柱长 L 固定时，每次分配平衡需要的理论塔板高度 $H_{理论}$ 越小，则柱内理论塔板数 $n_{理论}$ 越多，组分在该柱内被分配于两相的次数就越多，柱效能就越高。

计算理论塔板数 $n_{理论}$ 通常采用下列经验式：

$$n_{理论} = 5.54 \left(\frac{t_R}{W_{1/2}}\right)^2 = 16 \left(\frac{t_R}{W_b}\right)^2 \tag{8-10}$$

式中，$n_{理论}$ 为理论塔板数；t_R 为保留时间；$W_{1/2}$ 为以时间为单位的半峰宽；W_b 为以时间为单位的峰底宽。则理论塔板高度为：

$$H_{理论} = \frac{L}{n_{理论}} \tag{8-11}$$

理论塔板数、理论塔板高度都能反映出色谱柱的分离效能。

3. 有效理论塔板数（$n_{有效}$）

在实际应用中，计算出的 $n_{理论}$ 常常很大，但分离效能却不高，这是由于死时间 t_M 的存在，t_M 不参加柱内的分配，因此理论塔板数 $n_{理论}$、理论塔板高度 $H_{理论}$ 有时并不能反映色谱柱的分离好坏，需要用有效塔板数 $n_{有效}$、有效塔板高度 $H_{有效}$ 作为色谱柱的分离效能指标。

$$n_{有效} = 5.54\left(\frac{t'_R}{W_{1/2}}\right)^2 = 16\left(\frac{t'_R}{W_b}\right)^2 \tag{8-12}$$

$$H_{有效} = \frac{L}{n_{有效}} \tag{8-13}$$

在用塔板数说明柱效能时，还应注意下列两点：

① 不同物质在同一色谱柱上的分配系数不同，所以同一色谱柱对不同物质的柱效能也不相同，在使用 $n_{有效}$ 或 $H_{有效}$ 表示柱效能时，除说明色谱操作条件之外，还应指出是对何种物质而言。

② $n_{有效}$ 越大，表示组分在色谱柱内达到分配平衡的次数越多，柱效能越高，有利于分离，但是当两个组分在柱上具有相同的分配系数时，两组分在柱上将同步移动，即使有很多的有效塔板，也不能分离。

【例 8-1】 已知某组分的色谱峰底宽度为 40s，死时间为 14s，保留时间 6.67min，求 $n_{理论}$、$n_{有效}$ 各为多少？

解

$$6.67\text{min} = 400\text{s}$$

$$n_{理论} = 16\left(\frac{t_R}{W_b}\right)^2 = 16 \times \left(\frac{400}{40}\right)^2 = 1600 \text{（块）}$$

$$n_{有效} = 16\left(\frac{t_R}{W_b}\right)^2 = 16 \times \left(\frac{400-14}{40}\right)^2 = 1490 \text{（块）}$$

4. 分离度（R）

在色谱图中，分离度是指相邻两组分色谱峰的保留时间之差与两组分峰宽之和一半的比值，用 R 来表示，它是评价色谱柱的总分离效能的指标。

$$R = \frac{2(t_{R2} - t_{R1})}{W_{b1} + W_{b2}} \tag{8-14}$$

当分离度 $R=1$ 时，两峰的分离程度为 98%，两组分尚未完全分开。

当分离度 $R<1$ 时，两峰相互重叠，两组分分离不开。

当分离度 $R\geqslant 1.5$ 时，两峰的分离程度为 99.8%，两组分完全分开。

分离度 R 越大，色谱柱的分离效率越高，两峰分离越好。

注意：① 在式(8-10)、式(8-12)和式(8-14)的计算中，保留时间与峰宽或半峰宽应取相同单位。

② 式(8-12)和式(8-13)中所求的塔板数是针对某一组分来讲的，不同组分在同一根色谱柱上塔板数是不同的。

【例 8-2】 已知两峰的测定保留时间为 $t_{R1}=235.0$mm，$t_{R2}=245.0$mm，峰底宽 $W_{b1}=4$mm，$W_{b2}=6$mm，求 R 值。

解 $R = \dfrac{2(t_{R2} - t_{R1})}{W_{b1} + W_{b2}} = \dfrac{2\times(245.0-235.0)}{4+6} = 2.0$

四、速率理论

塔板理论是半经验理论，它以分配平衡为依据，解释了流出曲线的形状、保留值，并且能通过有效塔板数来评价柱效能的高低,但对色谱峰的扩张原因并未作解释。速率理论是在动力学基础上由范·第姆特提出的,他把色谱分配过程与分子扩散和在气-液两相中的传质过程联系起来,解释了影响塔板高度 H 的各种因素和色谱扩张的原因。

1. 范·第姆特方程

1956 年,荷兰学者范·第姆特等人认为引起色谱峰扩张的原因是涡流扩散、分子扩散、气液两相的传质阻力,并由此推导出速率理论方程(范·第姆特方程):

$$H = A + B/u + Cu \tag{8-15}$$

式中,H 为塔板高度;u 为载气的线速度,cm/s;A 为涡流扩散项;B 为分子扩散项;C 为传质阻力项。

2. 范·第姆特方程的讨论

(1) 涡流扩散项 A　涡流扩散项,也称为多路效应项。随着载气携带组分进入色谱柱,试样组分分子碰到填充颗粒时不得不改变流动方向,因而它们在气相中形成紊乱的类似"涡流"的流动,如图 8-4 所示。图中同一组分的四个起点相同的质点,由于在柱中通过的路径长短不一,结果在不同时间内流出色谱柱,造成色谱峰的扩张。

$$A = 2\lambda d_p \tag{8-16}$$

从式(8-16)中可以看出,涡流扩散项与填充物的平均粒径 d_p 有关,与固定相中填充不均匀因子 λ 有关。显然,当固定相填充均匀时,颗粒越小,则塔板高度越小,柱效能越高。

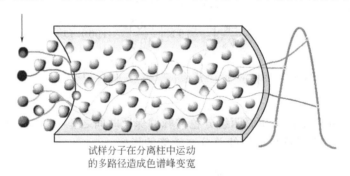

试样分子在分离柱中运动
的多路径造成色谱峰变宽

图 8-4　涡流扩散示意图

(2) 分子扩散项 (B/u)　分子扩散项也称纵向扩散。组分进入色谱柱后,随载气向前移动,在柱中形成浓度梯度,因此产生由高浓度向低浓度的扩散,由于是沿轴向扩散,故称纵向扩散。

分子扩散与组分在气相中停留的时间成正比,滞留时间越长,分子扩散越大,所以提高载气流速 u 可以减少由于分子扩散而产生的色谱峰扩张。在式(8-17)中,B 为分子扩散系数,它与组分在气相中的扩散系数 D_g、填充柱的弯曲因子 r 有关。

$$B = 2rD_g \tag{8-17}$$

(3) 传质阻力项 (Cu)

$$Cu = (C_G + C_L)u \tag{8-18}$$

式中,C_G 和 C_L 分别为气相传质阻力系数和液相传质阻力系数。

气相传质阻力就是组分分子从气相到两界面进行交换时的传质阻力,这个阻力会使组分在柱子的横断面上的浓度分配不均匀。这个阻力越大,所需时间越长,浓度分配就越不均匀,峰扩展就越严重。

液相传质阻力是指组分从固定相的气液表面移动到液相内部进行扩散,达到平衡后,又返回到气液表面的传质过程中所受到的阻力。

从速率理论看出，许多因素都在影响着柱效能，若想提高柱效能，必须对色谱柱分离条件进行选择。

第二节 气相色谱分离条件的选择

在气相色谱分析中，既要考虑使难分离的物质达到定量分离的要求，又要尽量缩短分析所需的时间，因此必须选择最佳的分离条件。

一、载气流速的选择

根据式(8-15)，可以绘制塔板高度与载气线速度的 H-u 关系曲线，如图 8-5 所示。在 H-u 曲线中的最低点对应的流速为最佳流速，此时塔板高度 H 最小，塔板数最大，柱效能最高。实际应用时，为了缩短分析时间，选择的流速略高于最佳流速。

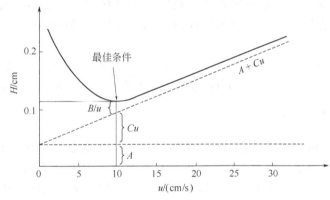

图 8-5 塔板高度与载气线速度的关系

二、柱温的选择

色谱分离的分配系数、传质速率等都与温度有直接关系，因此柱温是色谱分离中的重要操作参数。柱温过高，组分的分配系数 K 值变小，且各组分之间的 K 差值也变小，使分离度下降，所以宜选择较低的柱温。但柱温过低，被测组分可能在柱中冷凝，或者降低传质速率，使色谱峰扩张，甚至拖尾，降低柱效能。一般实验室选择最佳柱温的原则是：使物质既分离完全，又不使峰形扩张、拖尾，柱温一般选各组分沸点平均温度或稍低些。

需要注意的是，柱温不可超过固定液的最高使用温度，否则固定液将流失，缩短色谱柱的使用寿命，而且如固定液流入检测器，还会造成检测系统污染。

当试样中组分较多、沸程较宽时，选择恒定柱温很难将各组分全都分开，因此需采用程序升温法。程序升温是柱温在一个分析周期内按设定的加热速度（单位时间内柱温上升的速度是恒定的），使时间呈线性变化地增加，使不同沸点的组分都能在最佳柱温下进行分离。程序升温的载气系统应是双柱双气路，否则基线会倾斜。

三、柱长的选择

色谱柱长可直接影响柱效能。增加柱长可以增加塔板数，增加平衡分配次数，提高柱效能，对分离有利。但增加柱长使组分的保留时间增加，延长了分析时间，且柱的阻力增加，操作不方便。因而只要分离度达到要求,应尽可能采用较短的柱子,通常柱长为1~3m。

通常可以采用经验公式计算所需最佳柱长,要求既所需最短柱长使相邻组分完全分离,又使色谱峰完美。

$$L_{所需} = \frac{R_{所需}^2}{R_{原来}^2} L_{原来} \tag{8-19}$$

式中　$L_{所需}$——色谱柱所需柱长;

　　　$L_{原来}$——测试分离度$R_{原来}$所使用的柱长;

　　　$R_{所需}$——1.5;

　　　$R_{原来}$——在柱长为$L_{原来}$的色谱柱上测得的分离度。

四、进样量和进样时间的选择

进样量的多少应根据试样的性质、种类、含量和检测器灵敏度等因素而定,进样量过大,会造成峰形不对称,峰高、峰面积与进样量不成线性关系,无法定量。进样量太小,若检测器灵敏度不够,则不能检出。最大允许进样量可通过实验确定:在实验条件一定时,逐渐加大进样量,直至所出的峰的半峰宽或保留值改变时,此时进样量为最大进样量。

一般液体试样进样为0.1~5μL,气体试样为0.1~10mL。进样速度要快,进样操作应在1s内完成,否则峰形容易变宽,影响分离效果。常用的进样器有微量注射器和气体减压阀。

五、汽化室温度的选择

在色谱分析中,液体试样进样后要求瞬间汽化。汽化室温度要求既能保证试样完全汽化,又不会造成试样分解。一般汽化室温度比柱温高30~70℃或比试样组分中最高沸点高30~50℃。温度过低,汽化速度慢,使试样峰扩展,出现拖尾;温度过高,会产生前延峰,甚至使试样分解。最佳的汽化室温度要通过实验来确定。

第四节　气相色谱固定相

在气相色谱分析中,固定相的选择直接影响混合物的分离效果,气相色谱固定相分为气固色谱固定相、气液色谱固定相、合成固定相三类。

一、气固色谱固定相

气固色谱中的固定相是一种固体吸附剂,表面多孔,而且具有一定的吸附活性。常用的吸附剂有非极性的活性炭、中等极性的氧化铝、强极性的硅胶和分子筛,它们主要用于惰性气体和H_2、O_2、CO、CO_2、CH_4等一般气体及低沸点有机化合物的分析。近年来,通过对吸附剂表面进行处理,研制出新型改良后的吸附剂(如石墨化炭黑),可使极性化合物的色谱峰不拖尾,有效地分离顺、反式立体异构体。常用的几种固体吸附剂的性质见表8-1。

二、气液色谱固定相

气液色谱中的固定相是以载体为支撑骨架,在其表面均匀涂布一层固定液,固定液为一类高沸点有机物,可以使混合物得到分离。在毛细管柱中的固定相就是固定液,在填充柱中的固定相由载体和固定液组成。

表 8-1 常用的几种固体吸附剂的性质

吸附剂名称	主要化学组成	最高允许使用温度/℃	极性	分析对象	活化方法	备注
活性炭	C	<200	非极性	永久性气体、低沸点烃	粉碎过筛，用苯浸泡，并在370℃通入水蒸气洗至无乳白色物质，目的是除去硫黄、焦油等杂质，使用前在180℃烘干 2h	
石墨化炭黑	C	>500	非极性	分离气体及烃类，对高沸点有机化合物峰形对称	同活性炭	
硅胶	$SiO_2 \cdot nH_2O$	<400	氢键型	分离永久性气体及低级烃类	用(1+1)HCl 浸泡 2h，水洗至无 Cl^-，180℃烘干备用，或在装柱后于 200℃通载气活化 2h	在 200～300℃活化，可脱去 95%以上水分

1. 载体

载体是一种多孔性的惰性固体，对载体的要求是比表面积大、热稳定性好、化学惰性好、机械强度好。载体分为硅藻土型和非硅藻土型。其中硅藻土型由于加工处理方法不同，又分为白色载体和红色载体两种，这两种载体不论在机械强度上还是在表面惰性、表面孔径和比表面积等方面均有所不同，白色载体适于分离极性物质，而红色载体适于分离非极性或弱极性物质。

2. 固定液

在气液色谱中，固定液的选择对混合物的分离具有非常重要的意义。

(1) 对固定液的要求　理想的固定液应具备以下几个条件：

① 选择性好，对被分离组分的分配系数要有适当差异。

② 沸点高，热稳定性好，在一定柱温下不分解。

③ 对被分离的各组分均有较大的溶解能力。

④ 化学稳定性好，不与载体和待测组分发生不可逆的化学反应。

(2) 固定液的分类　目前应用于气液色谱中的固定液多达 1000 种，一般可按固定液的极性来分类。固定液的极性表示含有不同官能团的固定液与待测组分中官能团之间的相互作用力。固定液的极性采用相对极性表示，规定 β,β-氧二丙腈的相对极性为 100，角鲨烷的相对极性为 0，其他固定液以此为标准，测出它们的相对极性均在 0～100 之间。通常将相对极性分为五级，每 20 为一级，用"+"表示，相对极性在 0～+1 之间的为弱极性固定液，+2、+3 为中等极性固定液，+4、+5 为强极性固定液。几种常用的固定液见表 8-2。

(3) 固定液的选择　选择固定液通常根据不同的分析对象及分析要求来进行，一般按照"相似相溶"原则选择。所谓相似相溶，是指待测组分的官能团、化学键、极性或化学性质与固定液相似，性质相近的，分子间作用力强，待测组分在固定液中的溶解度大，保留值大，容易分离。

① 分离非极性物质选择非极性固定液。试液中各组分按沸点依次由低到高先后流出色谱柱。例如分离含有甲烷（沸点－161.5℃）、乙烷（沸点－88.6℃）、丙烷（沸点－47℃）的混合物时，采用非极性固定液角鲨烷分离，出峰顺序依次为甲烷、乙烷、丙烷。

② 分离极性组分选择极性固定液。各组分流出色谱柱的顺序由弱极性到强极性。例如分离甲醇、乙醇、正丁醇时，选用聚乙二醇为固定液，出峰顺序依次为甲醇、乙醇、正丁醇。

表 8-2　几种常用的固定液

固定液名称	型号	相对极性	常用溶剂	最高使用温度/℃	分析对象
角鲨烷	SQ	0	乙醚	140	属非极性固定液,用于分离 $C_1 \sim C_8$ 烃类
阿匹松	LMN	+1	苯、氯仿	300	高沸点有机物
甲基硅橡胶	OV-101	+1	甲苯、氯仿	300	高沸点极性有机物
苯基(10%)甲基聚硅氧烷	OV-3	+1	丙酮、苯	350	高沸点化合物
苯基(20%)甲基聚硅氧烷	OV-7	+2	丙酮、苯	300	高沸点化合物
苯基(50%)甲基聚硅氧烷	OV-17	+2	丙酮、苯	300	高沸点化合物
三氟丙基(50%)甲基聚硅氧烷	QF-1 OV-210	+3	氯仿、二氯甲烷	250	含卤化物,金属螯合物,从烷烃、环烃中分离芳烃
聚乙二醇	PEG-20M	+4	丙酮、氯仿	225	分离醇、酮、醛、脂肪酸、酯等极性化合物
聚丁二酸	DEGA	+4	丙酮、氯仿	220	

③ 分离非极性和极性混合物时,通常选择极性固定液。非极性组分先出峰,极性组分后出峰。

④ 能形成氢键的组分,例如醇、酚、胺和水的分离,一般选择氢键型固定液。不易形成氢键的组分先出峰,易形成氢键的组分后出峰。

⑤ 对于复杂组分,如含芳香型异构体的分离,一般选择特殊固定液或两种以上混合的固定液。

在实际应用中,由于色谱柱的作用比较复杂,因此要通过实验来选择最合适的固定液。

三、新型合成固定相

合成固定相又称为高分子聚合固定相,如新型高分子微球合成固定相可分为极性和非极性两种,这类新型高分子微球合成固定相既是载体又起固定液作用,可以在活化后直接用于分离混合物,也可以作为载体在其表面上涂渍固定液后再用于分离。由于这类高分子微球是人工合成的,能控制其孔径大小及表面性质,因此被广泛用于有机物中痕量水的分析,也适用于多元醇、脂肪酸、胺类等物质的分析。

四、色谱柱的制备

若固定相为吸附剂或高分子微球,只需在一定条件下活化,装入洗净的柱中即可使用。若固定相采用液体固定相,柱的制备就比较复杂,一般按以下步骤进行。

(1) 柱子的清洗及试漏　清洗的方法与柱材料有关,玻璃柱常采用 $K_2Cr_2O_7$-H_2SO_4 洗液浸泡,然后用自来水冲洗至中性,烘干备用;不锈钢柱可用5%~10%的热 NaOH 溶液抽洗 3~4 次,以除去管内壁的油腻和污物,然后用自来水冲洗至中性,烘干备用。

(2) 固定液的涂渍　首先将市售载体过筛,去除粉末,选择好固定液和溶剂,确定液载比[一般为(5:100)~(30:100)],准确称取一定量的固定液和载体分别置于干燥烧杯中,然后在固定液中加入适当的低沸点有机溶剂。溶剂用量应刚好能浸没所称取的载体,待固定液完全溶解后,倒入一定量经预处理和分筛过的载体,在通风橱中或红外灯下除去溶剂，待溶剂挥发完全后，过筛。除去细粉，即可准备装柱。

对于一些溶解性差的固定液，如硬脂酸盐类、山梨醇等，则需要采用回流法涂渍。

(3) 色谱柱的装填　将已洗净烘干的色谱柱的一端塞上玻璃棉，包上纱布，接入真空泵；在柱的另一端放置一专用小漏斗，在不断抽气下，通过小漏斗加入涂渍好的固定相。在装填时，应不断轻敲柱管，使固定相填得均匀紧密，直至填满，取下柱管，将柱入口端塞上玻璃棉，并标上记号。

为了制备性能良好的填充柱，在操作中应遵循以下几条原则：①尽可能筛选粒度分布均匀的载体和固定液；②保证固定液在载体表面上涂渍均匀；③保证固定相在色谱柱内填充均匀；④避免载体颗粒破碎和固定液的氧化作用等。

(4) 色谱柱的老化　新装填好的柱不能马上用于测定，需要先进行老化处理。色谱柱老化的目的有两个：一是彻底除去固定相中残存的溶剂和某些易挥发性杂质；二是促使固定液更均匀，更牢固地涂布在载体表面上。

老化方法是：将色谱柱接入色谱仪气路中，将色谱柱的出口直接通大气，不要接检测器，以免柱中逸出的挥发物污染检测器。开启载气，在稍高于操作柱温下，以较低流速连续通入载气一段时间后，将色谱柱出口端接至检测器上，开启记录仪，继续老化。待基线平直、稳定、无干扰峰时，说明柱老化工作已完成，可以进样分析。

第五节　气相色谱仪的基本组成

气相色谱仪型号很多，性能各有差异，但它们的基本结构是一致的，都是由气路系统、进样系统、柱分离系统、检测系统、数据处理系统组成。图 8-6 所示为气相色谱流程图，图 8-7 所示为气相色谱流程框图。

一、气路系统

气路系统的功能是控制载气携带试样通过色谱柱，提供试样在柱内运行的能力。

气路系统包括气源、气体净化器、气体流速控制和测量器。整个气路系统要求载气纯净、密闭性好、流速稳定。

气相色谱法中的流动相是气体，通常

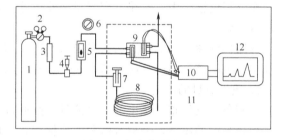

图 8-6　气相色谱流程图
1—载气；2—减压阀；3—干燥管；4—针形阀；5—转子流量计；6—压力表；7—注射器；8—色谱柱；9—检测器；10—放大器；11—色谱柱箱；12—记录仪

称为载气。常用的载气有氮气、氢气、氦气等。载气的选择和纯化主要取决于选用的检测器、色谱柱以及分析要求。

图 8-7　气相色谱流程框图

1. 高压钢瓶和减压阀

载气一般是由高压钢瓶或气体发生器来提供，由于分析过程需要的气体压力通常为 0.2~0.4MPa，因此需要通过减压阀（如图 8-8 所示）控制钢瓶的输出压力。

高压钢瓶根据所装气体的不同有不同的颜色，氢气为绿色，氮气为黑色，空气为黑色，乙炔气体为白色。氮气、空气钢瓶选用氧气减压阀；乙炔钢瓶选用乙炔减压阀；氢气钢瓶选

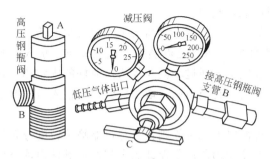

图 8-8 高压钢瓶阀和减压阀

用氢气减压阀,绝不能混用。导管、压力计也要专用,千万不可忽视。

2. 净化器

气体钢瓶供给的气体经减压阀后,必须经净化器处理,以除去水分和杂质。净化器通常是由金属管做成的。

3. 稳压阀

稳压阀的作用是稳定载气(燃气)的压力。使用稳压阀时,气源压力应高于输出压力 0.05MPa,进气口压力不得超过 0.6MPa,出气口压力一般在 0.1~0.3MPa 时稳压效果最好。稳压阀不工作时,应顺时针转动放松调节手柄,使阀关闭,以防止稳压阀长期疲劳而失效。

4. 针形阀

针形阀可以用来调节载气流量,也可以用来控制燃气和空气的流量。当针形阀不工作时,应使针形阀全开,以防止阀针密封圈粘在阀口处或压簧长期受压而失效。

5. 稳流阀

稳流阀可以用来自动控制载气的稳定流速。稳流阀的输入压力为 0.03MPa,输出压力为 0.01~0.25MPa,输出流量为 5~400mL/min。使用稳流阀时,应使其针形阀处于"开"的状态,从大流量调至小流量。

6. 气路试漏

在气相色谱仪中,气路不密封将会使仪器出现异常,造成数据不准确,因此在使用前必须进行试漏。

气路试漏通常采用的方法为皂膜试漏法,用毛刷蘸肥皂水涂在各接头上,若接口处有气泡溢出,表明该处漏气,应重新拧紧,直到不漏为止。

7. 载气流量的测定

气相色谱仪气路系统中的载气流量一般通过转子流量计来检测。转子流量计(见图8-9)是一根带刻度的小管,上刻有体积流速标记,玻璃管内有一个塑料转子。当有气体通过转子流量计时,转子便上浮转动,当流量恒定时,转子则在固定的位置上转动,转子上端所对应的刻度即为气体流量(mL/min)。

转子流量计一般用皂膜流量计(如图 8-10 所示)校准。皂膜流量计是一个有体积刻度

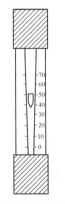

图 8-9 转子流量计

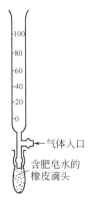

图 8-10 皂膜流量计

的玻璃管，下端为橡皮帽，内装肥皂水。当气体从侧管流入时，挤压橡皮帽，便有皂膜上升，用秒表测定皂膜移动的速度。例如，当测定气体在 30s 内流过的体积为 20mL 的，载气流速为：

$$20 \times \frac{60}{30} = 40 \text{（mL/min）}$$

8. 气路系统的日常维护

（1）气体管路的清洗　主要是清洗气路连接金属管，首先将其拆下，用无水乙醇清洗，然后用干燥气体对其进行吹扫，最后将管线装回原气路待用。

（2）阀的维护　稳压阀不工作时，必须放松手柄；针形阀不工作时，应将阀门处于"开"的状态；稳压阀、稳流阀、针形阀均不可作开关使用。

（3）皂膜流量计的维护　使用时注意保持其清洁、湿润，使用完毕应清洗干净、晾干放置。

二、进样系统

进样系统的功能是引入试样，并使试样瞬间汽化。进样系统包括汽化室和进样器。

1. 汽化室

汽化室的作用是将液体试样瞬间汽化，然后由载气载带进入色谱柱。汽化室通常是一个金属加热器，里面装有石英或玻璃衬管，以便及时清洗更换。汽化室一般要求死体积小、热容量大、无催化效应即不使样品分解。

汽化温度是一项重要参数，在保证试样不分解的情况下，适当提高汽化室温度对分离是有效的。一般汽化室温度比柱温高 30～70℃ 或比试样组分中最高沸点高 30～50℃。温度过低，汽化速度慢，使试样峰扩展，出现拖尾；温度过高，会产生前延峰，甚至使试样分解。最佳的汽化室温度要通过实验来确定。

2. 进样器

进样就是把被测的气体、液体样品通过进样器快速而定量地加到色谱柱上。对于气体样品，可用六通阀（见图 8-11）或医用注射器通过进样口进样，并由载气带入色谱柱；对于液体样品，则用微量注射器（见图 8-12）注入，常用的微量注射器有 1μL、5μL、10μL、50μL、100μL 等规格。进样量大小、进样时间的长短，直接影响色谱柱的分离和测定结果。

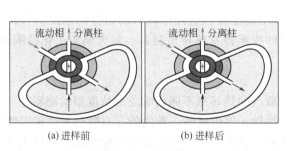

图 8-11　六通阀

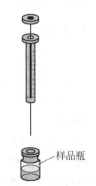

图 8-12　微量注射器

3. 汽化室进样口的维护

由于仪器的长期使用，硅橡胶颗粒可能会积聚造成进样口管道阻塞，因此需要及时清洗。

三、柱分离系统

柱分离系统是色谱柱的核心，它由柱箱和色谱柱组成，主要作用是将多组分样品分离为单个组分。

1. 柱箱

在柱分离系统中，柱箱实际上是个恒温箱，可以安装多根色谱柱，并通过控温系统控制温度。柱箱的温度可控制在450℃以内，大多带有程序升温控制，能满足色谱优化分离的需要。

2. 色谱柱

色谱柱主要分为填充柱和毛细管柱两种。填充柱的内径一般为3～6mm，长1～10m，由不锈钢和玻璃材料做成，形状有U形和螺旋形两种。毛细管柱又名空心柱，内径为0.2～0.5mm，长30～50m，由石英玻璃材料做成，毛细管柱内壁涂有一层固定液，混合物的分离主要依靠固定液来完成。玻璃毛细管柱使用性能好，分离效能高，但易折断，使用时要特别小心。

3. 色谱柱的维护

使用色谱柱时应注意以下几点：

① 新的色谱柱在使用前必须进行老化。

② 色谱柱暂时不用时，应将其从仪器上卸下来，在柱两端套上不锈钢螺帽，并放在包装盒中，以免柱头被污染。

③ 柱温是气相色谱的重要操作条件，直接影响着相对保留值、分离度、柱效率和柱子的稳定性。降低柱温有利于组分分离，但柱温过低，待测组分可能在柱中冷凝，或增加传质阻力，使色谱峰扩张，甚至拖尾；提高柱温有利于传质，但柱温过高，则出峰太快，低沸点组分不能完全分开。一般通过实验选择最佳柱温，通常柱温选择各组分沸点平均温度或更低。

④ 色谱仪的柱箱温度不要超过色谱柱的使用温度，否则会对色谱柱造成损伤。关机时要确保柱箱温度降至50℃以下，然后再关电源和载气，这主要是为了防止温度过高，热空气在柱管内造成固定液氧化和分解，降低色谱柱的使用寿命。

⑤ 对于毛细管柱，使用一段时间后柱性能会降低，此时可在高温下将色谱柱老化一下，再用载气把污染物吹出。若柱性能仍不能恢复，就将柱子从仪器上卸下，将柱头截去10cm左右，去掉被污染的柱头，重新安装测试，有时便会恢复柱性能。

四、检测系统

检测系统是色谱仪的"眼睛"，它的主要功能是将色谱柱分离后的组分的浓度信号转变为电信号。目前检测器的种类很多，最常用的检测器有热导检测器、氢火焰离子化检测器，其次是电子捕获检测器、火焰光度检测器。

1. 热导检测器

热导检测器（TCD）是利用被测组分和载气的热导率不同而响应的浓度型检测器。

（1）热导池的结构　热导池是由池体和热敏元件组成的，常用的有双臂热导池和四臂热导池。热导池体用不锈钢或铜制成。双臂热导池具有大小、形状完全对称的孔道，每孔装有一根热敏钨丝，其形状、电阻值基本相同。四臂热导池具有四根相同的热敏钨丝，灵敏度比双臂热导池约高一倍，所以目前大多采用四臂热导池。

在热导池中，只通纯载气的孔道称为参比池，通载气与样品的孔道称为测量池。双臂热导池有一个参比池和一个测量池,四臂热导池有两个参比池和两个测量池。

(2) 热导池的工作原理

① 测量电桥　在热导池中,热敏元件电阻值的变化可以通过惠斯通电桥来测量。以四臂热导池为例,其工作原理如图 8-13 所示。图中 R_1、R_2、R_3、R_4 分别为热导池中的四根热阻丝,且 $R_1=R_2=R_3=R_4$,其中 R_1、R_4 为参比池中的热阻丝,R_2、R_3 为测量池中的热阻丝;两个电位器则用于调节电桥平衡和电桥工作电流大小。

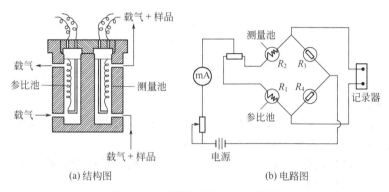

图 8-13　四臂热导池的工作原理

② 工作原理　热导池中,热阻丝的电阻是随温度变化而变化的,通电时,热阻丝被加热。当载气流经检测器的参比池和测量池时,由于载气的导热作用使热阻丝的一部分热量被载气带走,另一部分传给池体。当热阻丝产生的热量与散失的热量达到平衡时,热阻丝的温度就稳定下来,此时,热阻丝电阻值也恒定下来,由于同一种载气有相同的热导率,因此两臂的电阻值相同,电桥平衡,无信号输出,记录仪记录的是一条直线。当有样品进入检测器时,纯载气流过参比池,携带组分的载气流过测量池,由于纯载气与载气和组分的混合气体的热导率不同,参比池和测量池中的散热情况发生变化,导致两池中的电阻值发生改变,电桥失去平衡,检测器输出信号,记录仪绘出组分色谱图。载气中待测组分的浓度越大,测量池中电阻值的变化越大,电压信号就越强,因此输出的电信号与组分浓度成正比。

(3) 检测条件的选择　影响检测器灵敏度的条件很多,最主要的有桥电流、载气和检测器的温度。

① 桥电流　热导池的灵敏度和桥电流的三次方成正比,所以增加桥电流,能使灵敏度增加;但桥电流太大,稳定性下降,噪声增加,同时还能烧坏钨丝。因此通常在满足分析灵敏度要求的前提下,应尽量选择低的桥电流,这样不仅噪声低,而且可以延长钨丝的使用寿命。当用 H_2 或 He 作载气时,桥电流一般控制在 $100\sim200$mA,当用 N_2 或 Ar 作载气时,桥电流控制在 $100\sim150$mA。

② 载气　载气与被测组分的热导率相差越大,检测器的灵敏度越高。由于一般试样的热导率比 H_2、He 小,所以采用 H_2、He 作载气能提高检测器的灵敏度。常见物质的相对热导率见表 8-3。

③ 检测器温度　检测器灵敏度与热阻丝和池体温度有关,提高热阻丝温度,即增加桥电流,降低池体温度。热阻丝与池体温度相差越大,热传导就越容易,则待测组分可以得到更高的色谱峰。但池体温度不能低于样品沸点,以免样品在检测器池体内冷凝而造成污染。

(4) 热导检测器的使用注意事项

表 8-3　常见物质的相对热导率

物　　质	相对热导率(He 为 100)	物　　质	相对热导率(He 为 100)
氦(He)	100.0	甲烷(CH_4)	26.2
氮(N_2)	18.0	乙烷(C_2H_6)	17.5
空气	18.0	丙烷(C_3H_8)	15.1
氢(H_2)	123.0	正丁烷(C_4H_{10})	13.5
氧(O_2)	18.3	异丁烷	13.9
氩(Ar)	12.5	环己烷(C_6H_{12})	10.3
一氧化碳(CO)	17.3	苯(C_6H_6)	10.6
二氧化碳(CO_2)	12.7	乙酸乙酯($C_4H_8O_2$)	9.8
甲醇(CH_4O)	13.2	氨(NH_3)	18.8
乙醇(C_2H_6O)	12.7		

① 采用高纯气源。

② 分析时应先通载气，后接通电源；关机时应先关闭电源，待检测器温度降至 100℃ 以下，再关闭气源，这样可以延长热阻丝的使用寿命。

③ 桥电流不允许超过额定值，例如使用 N_2 作载气时，桥电流应低于 150mA。

2. 氢火焰离子化检测器

氢火焰离子化检测器（FID）是利用有机物在氢火焰作用下化学电离形成离子流，再根据离子流的强度确定待测组分浓度的破坏型质量检测器。

(1) FID 的结构　如图 8-14 所示，包括燃气（H_2）、助燃气（空气）及样品气体进口、离子室及信号放大器。

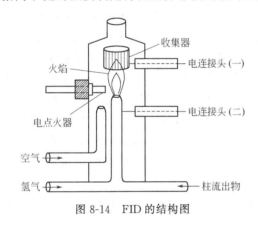

图 8-14　FID 的结构图

(2) FID 的工作原理　被测组分由载气携带从色谱柱流出，与氢气混合进入离子室，再由毛细管喷嘴喷出。氢气在空气的助燃下进行燃烧，温度可达 2000℃ 左右，在火焰的激发下，被测组分电离为正离子和电子，在发射极和收集极间的静电场的作用下，正离子向收集极（负极）运动，电子向发射极（正极）运动，产生离子流。这种离子流产生的信号强度与组分浓度或质量成正比，经检测放大，由记录仪记录下组分的色谱图。

(3) 检测条件的选择　影响氢火焰离子化检测器灵敏度的因素有载气的流速、氢气和空气的流速、检测器的温度等。

① 载气的流速　对于氢火焰离子化检测器，增加载气流速可以降低检测限，所以在保证最佳分离效果的前提下，应尽量降低载气流速。

② 氢气和空气的流速　在一定范围内增大氢气和空气的流速可提高检测器的灵敏度。但 H_2 流速太大反而会降低灵敏度，空气流速过大会增加噪声，因此最佳流速比应为氮气：氢气：空气=1：1：10。

③ 检测器的温度　由于 FID 是质量型检测器，对温度变化不敏感，但在使用填充柱或毛细管柱作程序升温时要注意基线漂移，可采用双柱进行补偿，或用仪器配置的自动补偿装置进行"校准"和"补偿"。

(4) FID 的使用注意事项

① 尽量采用高纯度气源，各路气体都要经过净化装置处理。
② 氮气、空气、氢气要选择在最佳流速比条件下使用。
③ 检测器喷嘴要经常清洗，否则易出现堵塞而造成火焰不稳、基线不稳等现象。

3. 电子捕获检测器

电子捕获检测器（ECD）是一种仅对具有电负性的物质，如含有卤素、硫、磷、氧、氮等的物质有响应的离子型检测器。物质的电负性越强，检测器的灵敏度越高。电子捕获检测器适用于分析卤化物、芳香烃化合物和金属离子的有机

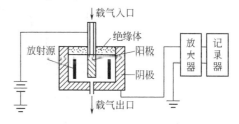

图 8-15　ECD 结构示意图

螯合物，因此被广泛应用于农残、生态污染、大气和水质污染的检测。

（1）ECD 的结构　如图 8-15 所示，电子捕获检测器的组成部分主要有绝缘体（离子室）、由铜或不锈钢制成的阳极、阴极，离子室内壁装有 β 射线放射源。

（2）ECD 的工作原理　在检测器离子室内放置有放射源，当纯载气通过时会被 β 射线所电离，产生电子和正离子。在两极间的电场作用下，电子向阳极作定向移动，形成恒定电流。当携有电负性样品组分的柱流出物进入 ECD 时，捕获低能量的自由电子，形成稳定的负离子，负离子再与载气正离子结合成中性化化合物，使电流降低而产生负信号——倒峰。倒峰的大小与被测组分的浓度成正比。

（3）检测条件的选择

① 载气的纯度　ECD 通常采用氮气或氩气作载气，采用氮气时要求纯度达到 99.999%。载气中如果有少量的氧气和水等电负性物质，对检测器的基流和响应值会有很大的影响。如果载气不纯，可采用脱氧管等净化装置除去杂质。

② 载气的流速　载气的流速对基流和响应值有影响，可根据实验条件选择最佳载气流速，通常为 40～100mL/min。

③ 检测器的温度　选用不同物质作放射源，检测器控制温度是不一样的，如采用 ^3H 作放射源，检测器温度不能超过 220℃。

4. 火焰光度检测器

火焰光度检测器（FPD）是对含硫、磷有机物有高选择性和高灵敏度的质量型检测器，适用于农残和环境污染物中含硫、磷有机物的检测。

（1）FPD 的结构　FPD 由火焰燃烧部分和光学测定部分构成。火焰燃烧部分包括火焰喷嘴、遮风槽、点火器及用作氢焰检测器的收集电极等，光学测定部分包括石英窗、滤光片和光电倍增管，如图 8-16 所示。

（2）FPD 的工作原理　含有 S、P 的化合物由载气携带进入检测器，在氢火焰中燃烧生成化学发光物质并发射出特征波长（S 为 394nm，P 为 526nm），然后经光电倍增管转换为电信号，再由记录仪记录色谱峰。

（3）检测条件的选择

① 气体流速　一般常用的气体有空气、氢气、氮气，其中氧氢比是十分重要的，它决定了火焰的性质和温度，影响着检测器的灵敏度。在实际工作中，气体流速通过实验摸索来确定，选择方法为：确定柱温后，选一个最低载气流速，注入被测组分纯物质，根据色谱图所得参数，计算塔板数和塔板高度，改变载气流速，重复上面操作，可以计算出多个塔板高度 H，以载气流速为横坐标，以塔板高度为纵坐标，绘出图 8-5。图 8-5 中曲线上最小 H 值

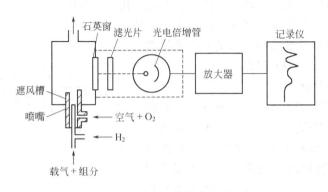

图 8-16　FPD 结构示意图

所对应的载气流速 u，即为柱效率最高的载气流速。

需要注意的是，载气流速过快，会造成两组分峰分不开，但太慢又会使峰形扩展。

② 检测器温度　检测器温度对 S、P 的响应值是不一样的，S 的响应值随检测器温度升高而减少，而 P 的响应值几乎不随检测器温度而变化。在实际操作中，为防止 H_2 燃烧生成的水蒸气污染检测器，检测器温度通常应大于 100℃。

例如，图 8-17 为混合醇分离的恒温和程序升温色谱图的比较。从图中可以看出，采用程序升温不仅可以改善分离，还可以节省时间，并得到较好的色谱峰形。通过程序升温可将宽沸程的混合物一次分离，并使峰的检测限和精度在整个色谱图中保持相同。

五、数据处理系统

数据处理系统的作用是将检测器输出的信号经放大后描绘出反映分离结果的色谱图，并给出对试样组分的定性、定量分析结果。

1. 积分仪

积分仪是目前普遍使用的数据处理装置，它可以将一个峰信号转变成一个积分信号，从积分信号中直接测量出峰面积，通过打印机给出保留时间、峰高、峰面积等数据。这种积分仪功能简单，价格低廉。

2. 色谱数据处理机

它是将积分仪得到的数据进行存储、统计、处理，并采用多种分析方法进行定量分析，打印出所需的分析报告。这种数据处理机不仅功能多，而且具有较大的存储空间，可以将每次分析结果一一保留下来。色谱数据处理机的出现，大大减轻了色谱工作者的劳动，同时使色谱定性、定量分析的结果更加准确、可靠。

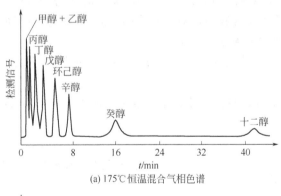

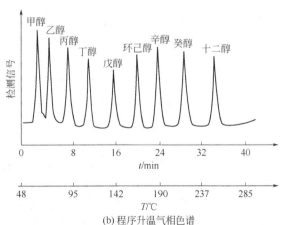

图 8-17　醇混合物的分离

3. 色谱工作站

色谱工作站是由一台微机来实时控制色谱仪，它利用专门的气相色谱软件，可方便地通过键盘输入各种参数、指令，自动控制载气流量、汽化室及柱箱温度、检测器参数等，可连续实时地在线监测各种参数的变化和仪器运行情况，并能进行故障报警，还可自动生成各种色谱图的参数，计算结果，可预设、编辑测定结果的报告格式，还可以打印或永久保存色谱分析的原始数据供今后研究使用。

第六节　气相色谱法的应用

气相色谱分析法由于具有分离能力强、灵敏度高和分析速度快等特点，解决了很多复杂样品的分析问题，因此被广泛应用于石油、轻工、医药、食品、环保等领域。本节简单介绍气相色谱法的应用。

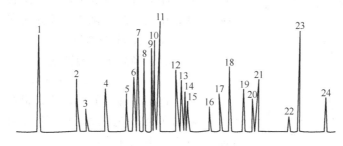

图 8-18　镇静药物的色谱分析图

1—巴比妥；2—二丙烯巴比妥；3—阿普巴比妥；4—异戊巴比妥；5—戊巴比妥；6—司可戊巴比妥；
7—眠尔通；8—导眠能；9—苯巴比妥；10—环巴比妥；11—美道明；12—安眠酮；
13—丙咪嗪；14—异丙嗪；15—丙基解痉素（内标物）；16—舒宁；17—安定；
18—氯丙嗪；19—3-羟基安定；20—三氟拉唑；21—氟安定；
22—硝基安定；23—利眠宁；24—三唑安定

一、药物分析

许多中西成药在提纯浓缩后，能直接或衍生后进行气相色谱分析，主要用于检测药的有效成分，如镇痛剂、兴奋剂、抗生素等。例如镇静药物的色谱分析图如图 8-18 所示。

二、食品分析

食品分析主要指对食品营养成分（蛋白质、脂肪、糖、维生素等）、食品添加剂（防腐剂、乳化剂、稳定剂等）、食品污染物〔如农药残留（黄曲霉素、有机氯等）〕等进行检测，其中饮料、油脂、瓜果、蔬菜为检测重点。图 8-19 为牛奶中有机氯农药的色谱分析图。

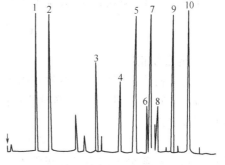

图 8-19　牛奶中有机氯农药的色谱分析图

1—六氯苯；2—林丹；3—艾氏剂；
4—环氧七氯；5—p,p'-滴滴伊；6—狄氏剂；7—p,p'-滴滴伊；8—异艾氏剂；
9—o,p-滴滴涕；10—p,p'-滴滴涕

三、环境监测

目前气相色谱法在环境监测中的应用主要是对水质、大气、土壤等的污染情况进行分析。

第七节 气相色谱定性定量分析方法

一、气相色谱定性分析

气相色谱定性分析的任务是确定色谱图上的每个峰各自代表什么物质,通常利用组分已知的标准物质在相同色谱分析条件下的色谱峰的保留时间来确定。一定色谱条件下,每一种物质都有一个确定的保留值,即保留值是特征的,图8-20为标准物质定性分析对照举例。

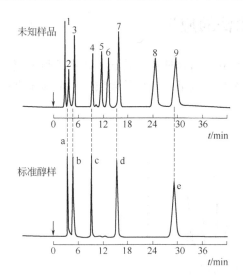

图8-20 标准物质定性分析对照举例
1~9—未知物;a—甲醇;b—乙醇;
c—正丙醇;d—正丁醇;e—正戊醇

二、气相色谱定量分析

气相色谱定量分析主要是确定样品中各种组分的相对或绝对含量,其方法有峰面积(或峰高)百分比法、归一化法、外标法和内标法等。

1. 峰面积的测量

(1) 峰高乘半峰宽法

$$A = h \cdot W_{1/2} \tag{8-20}$$

这是一种近似测量法,根据式(8-20)所得的峰面积 A 只有实际面积的 0.94 倍,如作绝对测量应按下式计算:

$$A = 1.065 h \cdot W_{1/2} \tag{8-21}$$

此法应用比较广泛,但只适宜测对称峰。

(2) 三角形测量法

近似峰面积

$$A = \frac{1}{2} h \cdot W_b \tag{8-22}$$

绝对峰面积

$$A = 1.032 h \cdot (W_b/2) \tag{8-23}$$

此法的缺点是拐点位置有时不易确定。

(3) 峰高乘平均峰宽法

在峰高 0.15 和 0.85 处分别测出峰宽,然后取平均值,再乘峰高。

$$A = \frac{1}{2}(W_{0.15} + W_{0.85}) \cdot h \tag{8-24}$$

2. 定量校正因子

定量分析中需要应用绝对校正因子和相对校正因子。

(1) 绝对校正因子 f_i 绝对校正因子指某组分 i 通过检测器的量与检测器对该组分的响应信号之比。

$$f_i = m_i / A_i \quad \text{或} \quad f_i = c_i / h_i \tag{8-25}$$

式中 f_i——组分 i 的绝对校正因子;

A_i,h_i——分别代表组分 i 的峰面积和峰高;

m_i——组分通过检测器的量,以百分含量计;

c_i——组分通过检测器的量,以 mol 计。

测定方法:将已知量的被测标准物质注入色谱仪,根据进样量及色谱图上的峰面积或峰高计算出绝对校正因子。

(2) 相对校正因子 $f'_{i/s}$ 相对校正因子是指组分 i 与基准物（标准物）s 的绝对校正因子之比，用 $f'_{i/s}$ 来表示：

$$f'_{i/s} = \frac{f_i}{f_s} = \frac{m_i}{m_s} \times \frac{A_s}{A_i} \tag{8-26}$$

或

$$f'_{i/s} = \frac{f_i}{f_s} = \frac{c_i}{c_s} \times \frac{h_s}{h_i} \tag{8-27}$$

式中 $f'_{i/s}$——相对校正因子；

f_i，f_s——分别为组分 i 和基准物 s 的绝对校正因子；

m_i，m_s——分别为组分 i 和基准物 s 的质量；

c_i，c_s——分别为组分 i 和基准物 s 的浓度；

A_i，A_s——分别为组分 i 和基准物 s 的峰面积；

h_i，h_s——分别为组分 i 和基准物 s 的峰高。

检测器不同，所选用的基准物不同，如热导检测器常用苯作基准物，氢火焰离子化检测器常用正庚烷作基准物。

相对校正因子因物质质量的表示方法而不同，最常用的是相对质量校正因子。相对质量校正因子是组分的量以质量 m 表示时的相对校正因子。

$$f'_{i/s} = \frac{f_i}{f_s} = \frac{m_i/A_i}{m_s/A_s} = \frac{m_i}{m_s} \times \frac{A_s}{A_i} \tag{8-28}$$

式中，下标 i、s 分别代表被测物和标准物。

3. 校正因子的测定方法

准确称取被测组分的纯物质和基准物，按一定比例配制成已知准确浓度的标准样品，在某一色谱条件下准确进样，得到组分和基准物的相关色谱信息，根据公式计算出各种相对校正因子。

4. 定量方法

色谱中常用的定量方法有归一化法、外标法（标准曲线法）、内标法和标准加入法。这些定量方法具有各自的优缺点和使用范围，因此在实际分析中，需根据具体情况选择合适的定量方法。

(1) 归一化法 当试样中所有组分均能在检测器上产生信号时，可采用此种方法。所谓归一化法就是以试样中被测组分经校正的峰面积（或峰高）占试样中各组分经校正的峰面积（或峰高）的总和的比例来表示试样中各组分含量的定量方法。

如试样中有 n 个组分，各组分的质量为 m_1、m_2、m_3、…、m_n，在一定条件下测得各组分峰面积分别为 A_1、A_2、A_3、…、A_n，各组分峰高分别为 h_1、h_2、h_3、…、h_n，则组分 i 的质量分数为：

$$w_i = \frac{m_i}{m} = \frac{m_i}{m_1 + m_2 + \cdots + m_n} = \frac{f'_i A_i}{f'_1 A_1 + f'_2 A_2 + \cdots + f'_n A_n} = \frac{f'_i A_i}{\sum f'_i A_i} \tag{8-29}$$

或

$$w_i = \frac{m_i}{m} = \frac{m_i}{m_1 + m_2 + \cdots + m_n} = \frac{f'_i h_i}{f'_1 h_1 + f'_2 h_2 + \cdots + f'_n h_n} = \frac{f'_i h_i}{\sum f'_i h_i} \tag{8-30}$$

式中，f'_i 为组分 i 的相对质量校正因子；A_i 为组分 i 的峰面积；h_i 为组分 i 的峰高。

如果试样中各组分的相对校正因子很接近（如同分异构体或同系物），则可直接用峰面积归一化法进行定量，上两式可简化为：

$$w_i = \frac{A_i}{\sum A_i} \tag{8-31}$$

归一化法的优点是简便、准确，进样量不影响定量结果，操作条件（如流速、柱温）的变化对定量结果影响较小。但应注意试样中各组分都必须全部出峰。

(2) 外标法（标准曲线法） 外标法与分光光度法中的标准曲线法很类似，首先将被测组分的纯物质配制成不同浓度的标准溶液，在一定色谱条件下获得色谱图，作峰面积或峰高与浓度的关系曲线，即为标准曲线。测定试样时，应在与绘制标准曲线相同的色谱条件下进行。测得该组分的峰面积或峰高，在标准曲线上查出其浓度，计算被测组分的含量。此法应用简便，不必使用校正因子，特别适合大量试样的分析。

(3) 内标法 若试样中所有组分不能全部出峰，或仅需测定试样中某个或某几个组分的含量时，可以采用内标法。

内标法是将一定的标准物（内标物 s）加入到一定量的试样中，混合均匀后进样，从色谱图上分别测出组分 i 和内标物 s 的峰面积（或峰高），按式(8-32)计算组分 i 的含量。

由 $\dfrac{m_i}{m_s}=\dfrac{f_i A_i}{f_s A_s}$ 得

$$w_i = \dfrac{m_i}{m_{\text{试}}} \times 100\% = \dfrac{m_s f_i A_i}{m_{\text{试}} f_s A_s} \times 100\% \tag{8-32}$$

式中，f_i、f_s 分别为组分 i 和内标物 s 的质量校正因子；A_i、A_s 分别为组分 i 和内标物 s 的峰面积。若用峰高代替峰面积，则

$$w_i = \dfrac{m_s f_i h_i}{m_{\text{试}} f_s h_s} \times 100\% \tag{8-33}$$

内标法中常以内标物为基准，即 $f_s=1.0$，则

$$w_i = \dfrac{m_s f_i A_i}{m_{\text{试}} A_s} \times 100\% \tag{8-34}$$

在内标法中，最关键的是选择合适的内标物。对内标物的要求如下：
① 内标物应是试样中不存在的纯物质。
② 内标物的性质应与待测组分性质接近，内标物的色谱峰应在待测组分色谱峰附近并完全分离。
③ 加入内标物的量应接近待测组分的量。
④ 内标物应与试样完全互溶，不可发生化学反应。

内标法定量准确，进样量和操作条件的微小变化对测定结果影响不大，但每次分析要准确称取试样和内标物，比较费时，操作复杂。

【例 8-1】 试样混合物中仅含有甲醇、乙醇和正丁醇，测得峰高分别为 8.50cm、6.30cm 和 7.50cm，已知 f_i 分别为 0.50、1.00 和 1.64，求各组分的质量分数。

解

峰高 h/cm	校正因子 f_i	$A_i f_i$
8.50	0.50	4.25
6.30	1.00	6.30
7.50	1.64	12.30

则 $\sum A_i f_i = 4.25 + 6.30 + 12.30 = 22.85$

$$w_{\text{甲醇}} = \dfrac{4.25}{22.85} \times 100\% = 18.60\%$$

$$w_{\text{乙醇}} = \dfrac{6.30}{22.85} \times 100\% = 27.57\%$$

$$w_{\text{正丁醇}} = \dfrac{12.30}{22.85} \times 100\% = 53.83\%$$

（4）标准加入法　标准加入法是一种特殊的内标法。该法是当没有合适的内标物时，常以待测组分纯物质为内标物，加入到待测试样中，然后在相同条件下，分别测定原试样中待测组分和加入内标物后试样中的待测组分的峰面积（或峰高），从而计算出待测组分的含量的方法。计算如下：

$$w_i = \frac{\Delta w_i}{\dfrac{A'_i}{A_i} - 1} \tag{8-35}$$

或

$$w_i = \frac{\Delta w_i}{\dfrac{h'_i}{h_i} - 1} \tag{8-36}$$

标准加入法不需要另外选择标准物作内标物，只需获得待测组分的纯物质，对进样量要求不高，但两次测定时，操作条件要求完全相同。

思考题与习题

1. 简述气固色谱、气液色谱的分离原理。
2. 气相色谱仪由哪几个系统组成？各系统的作用是什么？
3. 画出气相色谱仪流程框图，并说明各部分的作用。
4. 简述热导检测器的工作原理。
5. 简述氢火焰检测器的工作原理。
6. 简述电子捕获检测器的工作原理。
7. 衡量色谱柱分离效能的指标有哪些？
8. 影响色谱峰分离效果的因素有哪些？
9. 柱温是色谱操作的重要条件之一，它对混合物的分离有何影响？在实际应用中应如何选择柱温？
10. 改变载气流速对混合物分离有何影响？实际操作中应如何控制载气流速？
11. 固定液选择的原则是什么？
12. 简述气相色谱的定性分析方法。
13. 气相色谱定量分析法有几种？各有何特点？
14. 应用归一化法定量应该满足什么条件？
15. 选择内标物的条件是什么？
16. 用气相色谱法分析试样中的正戊烷和丙酮，测得空气峰的出峰时间为 45s，正戊烷（1）为 2.25min，丙酮（2）为 2.45min，求相对保留值 $r_{2,1}$。
17. 利用气相色谱法分离醇的同系物，所得各组分半峰宽和峰高如下：

组　　分	C_1	C_2	C_3	C_4
$W_{1/2}/mm$	3.0	4.5	2.1	2.0
h/mm	18.0	12.0	14.5	15.2

求各组分的相对含量。

18. 内标法测定乙醇中的微量水分，称取乙醇样品 2.3123g，加入内标甲醇 0.0103g，得 $h_水$ = 150mm，$h_{甲醇}$ = 165mm，已知峰高相对质量校正因子 f' = 0.55，求水的百分含量。

19. 分析试样中某组分，已知峰底宽 W_b = 42mm，保留距离 t_R = 380mm，计算色谱柱的理论塔板数 n。如柱长 2m，求塔板高度 H 是多少？

20. 苯和甲苯两峰的保留时间分别为 3.65min 和 5.10min，相应峰宽分别为 0.22min 和 0.26min，计算苯和甲苯两组分的分离度 R。

21. 用外标法对某试样进行分析，进样量为 1μL，测得标准溶液和试样溶液的色谱峰面积见下表，计算试样组分的浓度。

溶液浓度/(mg/mL)	峰面积/cm²	溶液浓度/(mg/mL)	峰面积/cm²
0.200	1.45	0.800	5.73
0.400	2.80	1.000	7.15
0.600	4.21	试样	4.05

22. 已知试样中含有甲酸、乙酸等物质，称取试样 1.150g，以环己酮作内标物，称取 0.1852g 环己酮加入试样中，混合后，吸取此试液 3μL 进样，从色谱图上得到各组分的峰面积见下表：

组　　分	甲酸	乙酸	环己酮
峰面积 A_i	14.5	70.2	121
f_i	0.291	0.563	1.00

计算试样中甲酸、乙酸的质量分数。

第九章 高效液相色谱法

> **学习指南**
>
> 通过本章的学习,掌握液相色谱法的基本原理及基本分析方法;了解液相色谱仪的结构及各部分的作用;掌握液相色谱仪及色谱工作站的使用方法;了解液相色谱仪的日常维护。

第一节 概 述

一、高效液相色谱法的发展

在所有色谱技术中,液相色谱法(LC)是最早(1903年)发明的。液相色谱法最初是用大直径的玻璃管柱在室温和常压下用液位差输送流动相,称为经典液相色谱法。此方法由于使用粗颗粒的固定相,填充不均匀,依靠重力使流动相流动,因此分析速度慢、时间长(常需几个小时)、分离效率低、柱效低。正因为如此,液相色谱法初期发展比较慢,在液相色谱法普及之前,纸色谱法、气相色谱法和薄层色谱法是色谱分析法的主流。

到了20世纪60年代后期,将已经发展得比较成熟的气相色谱的理论与技术应用到液相色谱上来而开发出一种新型分离、分析技术,使液相色谱得到了迅速的发展。特别是填料制备技术、检测技术和高压输液泵性能的不断改进,使液相色谱分析实现了高效化和高速化。具有这些优良性能的液相色谱仪于1969年商品化。从此,这种分离效率高、分析速度快的液相色谱就被称为高效液相色谱法(HPLC),它与经典液相色谱法的区别是填料颗粒小而均匀,小颗粒具有高柱效,但会引起高阻力,需用高压输送流动相,故又称高压液相色谱法;又因分析速度快而称为高速液相色谱法(HSLP),也称现代液相色谱法。

二、高效液相色谱法的特点

气相色谱只适合分析较易挥发且化学性质稳定的有机化合物,而HPLC则适合于分析那些用气相色谱难以分析的物质,如挥发性差、极性强、具有生物活性、热稳定性差的物质。随着新型高效的固定相、高压输液泵、梯度洗脱技术以及各种高灵敏度的检测器相继发明,高效液相色谱法迅速发展起来,成为仪器分析中最重要的分析方法之一,在各领域得到广泛应用。现在,HPLC的应用范围已经远远超过气相色谱,位居色谱法之首。

HPLC在技术上采用高压泵输送流动相,使用高效固定相和高灵敏度检测器,进行梯度洗脱,可在柱后直接检测流出液成分,实现了分析速度快、分离效率高和操作自动化。通过改变溶剂极性或强度进而改变色谱柱效能,达到改善色谱系统分离度的目的。HPLC具有以下特点:

(1) 高压　输送流动相压力可达 150～300kgf/cm² [1]。色谱柱每米降压为 75kgf/cm² 以上。

(2) 高速　流动相流速为 1～10mL/min。

(3) 高效　分离效率可达 5000 塔板/m 以上，在一根柱中同时分离的成分可达 100 种。

(4) 高灵敏度　紫外检测器灵敏度可达 0.01ng，荧光和电化学检测器最小检测量可达 0.1pg。同时消耗样品少，微升数量级的试样就足以进行全分析。

(5) 应用范围广　只要试样能制成溶液，都可以应用 HPLC。气相色谱法适用于分离挥发性化合物，而液相色谱法适用于分离低挥发性或非挥发性、热稳定性差的物质。HPLC 可用于高沸点、相对分子质量大（大于 400 以上）、热稳定性差的有机化合物及各种离子的分离分析，如氨基酸、蛋白质、生物碱、核酸、甾体、维生素、抗生素等的分离分析。

三、液相色谱法的分类

根据固定相的不同，液相色谱法可分为液固色谱法（LSC）和液液色谱法（LLC）。

通常将高效液相色谱法按分离机制的不同分为液固吸附色谱法、液液分配色谱法（正相与反相）、离子交换色谱法、离子对色谱法及分子排阻色谱法（EC，又称分子筛法）、凝胶过滤法（GFC）或凝胶渗透色谱法（GPC）。

但有些液相色谱法并不能简单地归于吸附、分配、离子和凝胶色谱法这四类。表 9-1 列举了一些液相色谱方法。按分离机理，有的相同或部分重叠，但这些方法或是在应用对象上有独特之处，或是在分离过程上有所不同，故通常被赋予了比较固定的名称。

表 9-1　HPLC 按分离机理的分类

类　型	主要分离机理	主要分析对象或应用领域
吸附色谱	吸附能、氢键	异构体分离、族分离、制备
分配色谱	疏水分配作用	各种有机化合物的分离、分析与制备
凝胶色谱	溶质分子大小	高分子分离、分子量及其分布的测定
离子交换色谱	库仑力	无机离子、有机离子的分析
离子排斥色谱	Donnan 膜平衡	有机酸、氨基酸、醇、醛的分析
离子对色谱	疏水分配作用	离子性物质的分析
疏水作用色谱	疏水分配作用	蛋白质的分离与纯化
手性色谱	立体效应	手性异构体分离、药物纯化
亲和色谱	生化特异亲和力	蛋白质、酶、抗体的分离以及其他生物和医药分析

第二节　高效液相色谱法的基本原理

一、液相色谱分离原理

1. 液固色谱法（LSC）

液固色谱法又称液固吸附色谱法。该法的流动相为液体，固定相为固体吸附剂，分离原理是根据固定相对组分吸附力大小的不同，使被分离组分在色谱柱上分离。分离过程是一个吸附-解吸附的平衡过程，其作用机理为溶质分子 X 和溶剂分子 S 对吸附剂活性表面的竞争吸附，可用下式表示：

---

[1] $1kgf/cm^2 = 98.0665kPa$；后同。

$$X_m + nS_a = X_a + nS_m$$

其中，X_m、X_a 分别表示在流动相中的溶质分子和被吸附的溶质分子；S_a 表示被吸附在固定相表面上的溶剂分子；S_m 表示在流动相中的溶剂分子；n 为被吸附的溶剂分子数。溶质分子 X_m 被吸附，取代出固定相表面的溶剂分子 S_a，这种竞争吸附达到平衡时，其吸附平衡常数表示为：

$$K = \frac{[X_a][S_m]^n}{[X_m][S_a]^n} \tag{9-1}$$

式中，K 又称为分配系数，它的大小由溶质和吸附剂分子间相互作用的强弱决定。分配系数大的组分，吸附剂对它的吸附力强，保留值就大，洗脱困难；反之，则吸附力弱，保留值小，易于洗脱。样品中各组分据此得以分离。

液固色谱法的固定相吸附剂可分为极性和非极性两大类。极性吸附剂为各种无机氧化物，如硅胶、氧化铝、氧化镁、硅酸镁及分子筛等；非极性吸附剂最常见的是活性炭。常用的吸附剂为硅胶或氧化铝，粒度为 $5\sim10\mu m$，适用于分离相对分子质量为 $200\sim1000$ 的组分，大多数用于非离子型化合物（离子型化合物易产生拖尾）的分离。溶质分子的极性增大或官能团数目增加，会使溶质在固定相上的保留值增大。不同类型的有机物在极性吸附剂上的保留顺序如下：

氟碳化合物＜饱和烃＜烯烃＜芳烃＜有机卤化物＜醚＜硝基化合物＜腈＜酯、醛、酮＜醇＜羧酸

液固色谱法适用于分离油溶性试样，对具有不同官能团的化合物和异构体有较高的选择性，因此该法常用于分离同分异构体。凡能用薄层色谱法成功地进行分离的化合物，也可用液固色谱法进行分离。色谱峰的拖尾现象是该法的主要缺点。

2. 液液色谱法（LLC）

液液色谱法又称液液分配色谱法。该法的流动相和固定相都是液体，且理论上两相液体互不相溶，两相之间有一明显的分界面。将特定的液态物质涂于载体表面或化学键合于载体表面而形成固定相，根据被分离的组分在流动相和固定相中溶解度的不同而进行分离。此分离过程是一个分配平衡过程。其分离机理是试样组分在固定相和流动相之间的相对溶解度存在差异，因而溶质在两相间进行分配。当达到平衡时，物质的分配规律可用下式表示：

$$K = \frac{c_s}{c_m} = k\frac{V_m}{V_s} \tag{9-2}$$

式中，K 为分配系数；k 为容量因子；c_s 和 c_m 分别为溶质在固定相和流动相中的浓度；V_s 和 V_m 分别为固定相和流动相的体积。

液液分配色谱法与气液分配色谱法之间有相似之处，即分离的顺序决定于分配系数的大小，分配系数大的组分保留值大，分配系数小的组分保留值也小。不同的是，气相色谱法中流动相的性质对分配系数影响不大，而液相色谱法中流动相的性质对分配系数却有较大的影响。

液液色谱法对固定相和流动相均有一定的要求：流动相必须预先用固定相饱和，以减少固定相从载体表面流失；温度的变化和不同批号流动相的区别常引起柱子的变化；另外在流动相中存在的固定相也使样品的分离和收集复杂化。现在多采用的是化学键合固定相，如 C_{18}、C_8、氨基柱、氰基柱和苯基柱。

液液色谱法按固定相和流动相的极性不同可分为正相色谱法和反相色谱法。

（1）正相色谱法（NPC）　此法采用极性固定相（如聚乙二醇、氨基与氰基键合相），

流动相为相对非极性的疏水性溶剂（烷烃类和环烷烃类，如正己烷、环己烷），即流动相的极性小于固定相的极性，这样可以避免固定液的流失。常加入乙醇、异丙醇、四氢呋喃、三氯甲烷等以调节组分的保留时间。NPC常用于分离中等极性和极性较强的化合物（如酚类、胺类、羰基类及氨基酸类等）。

(2) 反相色谱法（RPC） 此法因流动相的极性大于固定相的极性而称为反相液液色谱法，它的出峰顺序正好与正相色谱法相反。反相色谱法一般用非极性固定相（如 C_{18}、C_8），流动相为水或缓冲液，常加入甲醇、乙腈、异丙醇、丙酮、四氢呋喃等与水互溶的有机溶剂以调节保留时间。该法适用于分离非极性和极性较弱的化合物。RPC在现代液相色谱中应用最为广泛，据统计，它占整个HPLC应用的80%左右。

随着柱填料的快速发展，反相色谱法的应用范围逐渐扩大，现已应用于某些无机样品或易解离样品的分析。为控制样品在分析过程中的解离，常用缓冲液控制流动相的pH值。但需要注意的是，C_{18}和C_8使用的pH值通常为2.5～7.5（或2～8），太高的pH值会使硅胶溶解，太低的pH值会使键合的烷基脱落。最新的商品柱可在pH为1.5～10范围操作。

正相色谱法与反相色谱法在固定相与流动相极性、组分洗脱次序等方面的差异见表9-2。

表 9-2 正相色谱法与反相色谱法的比较

项　　目	正 相 色 谱 法	反 相 色 谱 法
固定相极性	高～中	中～低
流动相极性	低～中	中～高
组分洗脱次序	极性小的组分先洗出	极性大的组分先洗出

从表9-2可看出，当极性为中等时正相色谱法与反相色谱法没有明显的界线（如氨基键合固定相）。

3. 离子交换色谱法

离子交换色谱法的固定相是离子交换树脂，常用苯乙烯与二乙烯交联形成的聚合物骨架，在表面末端芳环上接上羧基、磺酸基（阳离子交换树脂）或季铵基（阴离子交换树脂）；缓冲液常用作离子交换色谱的流动相。被分离组分在色谱柱上的分离原理，是树脂上可电离离子与流动相中具有相同电荷的离子及被测组分的离子进行可逆交换，根据各离子与离子交换基团具有不同的电荷吸引力而分离。

凡是在溶剂中能够电离的物质通常都可以用离子交换色谱法来进行分离。被分离物质电离产生的离子与树脂上带相同电荷的离子进行交换，其过程如下。

阳离子交换：

$$M^+ + 树脂\text{-}SO_3^- Na^+ \longrightarrow 树脂\text{-}SO_3^- M^+ + Na^+$$

阴离子交换：

$$X^- + 树脂\text{-}NR_4^+ Cl^- \longrightarrow 树脂\text{-}NR_4^+ X^- + Cl^-$$

从上式可知，溶剂中的阳离子M^+或阴离子X^-与相应树脂上的Na^+或Cl^-进行交换后，M^+、X^-留在了树脂上，而Na^+或Cl^-则进入溶剂中，最终达到交换平衡，平衡常数K及分配系数D分别是：

阳离子交换

$$K_M = \frac{[树脂\text{-}SO_3^- M^+][Na^+]}{[树脂\text{-}SO_3^- Na^+][M^+]} \tag{9-3a}$$

$$D_M = \frac{[树脂\text{-}SO_3^- M^+]}{[M^+]} = K_M \times \frac{[树脂\text{-}SO_3^- Na^+]}{[Na^+]} \tag{9-3b}$$

阴离子交换

$$K_X = \frac{[树脂\text{-}NR_4^+ X^-][Cl^-]}{[树脂\text{-}NR_4^+ Cl^-][X^-]} \tag{9-4a}$$

$$D_X = \frac{[树脂\text{-}NR_4^+ X^-]}{[X^-]} = K_X \times \frac{[树脂\text{-}NR_4^+ Cl^-]}{[Cl^-]} \tag{9-4b}$$

分配系数 D 值越大，表示溶质的离子与离子交换树脂的相互作用越强。不同的物质在溶剂中解离后，对离子交换基团具有不同的亲和力，因此也就具有不同的分配系数。亲和力强的，在柱中的保留值就大。

被分离组分在离子交换柱中的保留时间除跟组分离子与树脂上的离子交换基团的作用强弱有关外，还受流动相的 pH 值和离子强度的影响。pH 值可改变化合物的解离程度，进而影响其与固定相的作用。流动相的盐浓度大，则离子强度高，不利于样品的解离，导致样品较快流出。

离子交换色谱法主要用于分离分析无机离子或可解离的有机化合物，如有机酸、氨基酸、多肽、蛋白质及核酸等。

4. 离子对色谱法

无机离子以及离解性很强的有机离子通常可以采用离子交换色谱或离子排斥色谱进行分离。有很多大分子或离解性较弱的有机离子需采用中性有机化合物的反相（或正相）色谱。然而，直接采用正相或反相色谱又存在困难，因为大多数可离解的有机化合物在正相色谱的硅胶固定相上吸附太强，致使被测物质保留值太大、出现拖尾峰，有时甚至不能被洗脱；在反相色谱的非极性（或弱极性）固定相中的保留又太小。在这种情况下，就可采用离子对色谱。

离子对色谱法又称偶离子色谱法，是液液色谱法的分支。该法对各种强极性有机酸、有机碱的分离效能高、分析速度快、操作简便，因而近年来得以迅速发展。

离子对色谱法是将被测组分离子与离子对试剂离子形成中性的离子对化合物，增大其在非极性固定相中的溶解度，从而控制被测组分离子的保留行为，使其分离效果改善。该法主要用于分析离子强度大的酸碱物质。

分析碱性物质常用的离子对试剂为烷基磺酸盐，如戊烷磺酸钠、己烷磺酸钠、辛烷磺酸钠等。另外，高氯酸、三氟乙酸也可与多种碱性样品形成很强的离子对。

分析酸性物质常用四丁基季铵盐和季铵碱，如四丁基溴化铵、四丁基铵磷酸盐、氢氧化四丁基铵等。

离子对色谱法根据流动相和固定相的性质，可分为正相离子对色谱法和反相离子对色谱法，而后者更为常用。反相离子对色谱法中常常使用非极性的疏水固定相 ODS 柱（即 C_{18} 柱），流动相为极性的甲醇-水或乙腈-水，水中加入 3~10mmol/L 的离子对试剂，在一定的 pH 值范围内进行分离。被测组分的保留时间与离子对的性质和浓度、流动相的组成及其 pH 值、离子强度有关。

反相离子对色谱法可以解决以往难分离的混合物，如酸和碱、离子和非离子的混合物，生化试样如核酸、核苷、生物碱及药物等的分离问题。另外，还可借助离子对的生成，给试样引入紫外吸收或发荧光的基团，提高检测的灵敏度。

5. 排阻色谱法

排阻色谱法的固定相是凝胶（一种有一定孔径的多孔性填料，类似于分子筛），流动相是可以溶解样品的溶剂。该法的分离机理与其他色谱法完全不同，溶质在两相之间不是靠相互作用力的不同来进行分离，而是按分子大小，即利用凝胶对分子量大小不同的各组分的排阻能力的差异而完成分离。分离只与凝胶的孔径分布和溶质的流体力学体积或分子大小有关。试样中大分子量的化合物不能进入凝胶孔而受到排阻，因此直接通过柱子随流动相流出，在色谱图上首先出现；中等大小的分子可渗透到某些凝胶孔穴而不能进入另一些孔穴，所以它们通过柱子的速度居中，在色谱图上的位置居于大分子和小分子之间；小分子量的化合物可以进入所有孔中并渗透到颗粒中，滞留时间长，在柱上的保留值大，在色谱图上靠后出现。

简言之，排阻色谱法是建立在分子大小的基础上的分离分析方法。试样组分在色谱柱上的洗脱次序决定于相对分子质量的大小，相对分子质量大的首先洗脱。

排阻色谱法具有以下特点：

① 试样峰全部在溶剂的保留时间前出峰。试样在柱内停留时间短，故柱内峰扩展比其他分离方法小得多，所得峰通常较窄，有利于进行检测。

② 固定相和流动相的选择简便。

③ 适用于分离相对分子质量大（约 2000 以上）的化合物。但在合适条件下，相对分子质量在 $100 \sim 8 \times 10^5$ 的任何类型的化合物，只要在流动相中是可溶的，都可以用排阻色谱法进行分离。

④ 该方法的局限性是它只能分离相对分子质量差别在 10% 以上的分子，不能分离大小相似、相对分子质量接近的分子，如异构体等。

排阻色谱法常用于分离高分子化合物，如组织提取物、多肽、蛋白质、核酸等。

在以上五种分离方式中，反相键合相色谱应用最广，因为它采用醇-水或腈-水体系作流动相。纯水易得廉价，它的紫外吸收极小，在纯水中添加各种物质可改变流动相的选择性。使用最广的反相键合相是十八烷基键合相，即把十八烷基（$C_{18}H_{37}—$）键合到硅胶表面，这种键合相又称 ODS 键合相，如国外的 Partisil5-ODS、Zorbax-ODS、Shim-pack CLC-ODS，国产的 YWG-C_{18} 等。

二、高效液相色谱分离方法的选择

高效液相色谱分离方法的选择可从相对分子质量、溶解度及化学结构等三方面来综合考虑，参见表 9-3。

表 9-3　高效液相色谱分离方法的选择

选择依据	试样性质特征	分离分析方法
相对分子质量	相对分子质量＞2000	凝胶色谱法
	相对分子质量＜2000，但同时相对分子质量相差＞10%	凝胶色谱法
	相对分子质量＜2000 的水溶性电解质	离子交换色谱法，酸性物质用阴离子交换树脂，碱性物质用阳离子交换树脂
	相对分子质量＜2000 的水溶性非电解质	反相色谱法
	相对分子质量＜2000 的非水溶性物质	弱极性物质选用反相色谱法，极性物质选用正相色谱法

续表

选择依据	试样性质特征	分离分析方法
溶解性	水溶性样品	离子交换色谱法或液液分配色谱法
	微溶于水,但在酸或碱存在下能很好离心的化合物	离子交换色谱法
	油性样品	液固色谱法
	非极性化合物	液固色谱法
化学结构特点	离子型化合物	离子交换色谱法、空间排阻色谱法和液液分配色谱法
	异构体	液固色谱法
	同系物	液液分配色谱法
	高分子聚合物	空间排阻色谱法

在色谱分析中,如何选择最佳的色谱条件以实现最理想分离,是色谱工作者的重要工作,也是用计算机实现高效液相色谱分析方法建立和优化的任务之一。下面着重讨论填料基质、化学键合固定相和流动相的性质及其选择。

三、固定相

1. 填料基质（载体）

HPLC 填料可以是陶瓷性质的无机物基质,也可以是有机聚合物基质。无机物基质主要是硅胶和氧化铝。无机物基质刚性大,在溶剂中不容易膨胀。有机聚合物基质主要有交联苯乙烯-二乙烯苯、聚甲基丙烯酸酯。有机聚合物基质刚性小、易压缩,溶剂或溶质容易渗入有机基质中,导致填料颗粒膨胀,结果减少传质,最终使柱效降低。

(1) 基质的种类

① 硅胶　硅胶是 HPLC 填料中最普遍使用的基质。除具有高强度外,还提供一个表面,可以通过成熟的硅烷化技术键合上各种配基,制成反相、离子交换、疏水作用、亲水作用或分子排阻色谱用填料。硅胶基质填料适用于广泛的极性和非极性溶剂。其缺点是在碱性水溶性流动相中不稳定,通常硅胶基质的填料推荐的常规分析 pH 范围为 2~8。

硅胶的主要性能参数有：

a. 平均粒度及其分布。

b. 平均孔径及其分布。与比表面积成反比。

c. 比表面积。在液固吸附色谱法中,硅胶的比表面积越大,溶质的 k 值越大。

d. 含碳量及表面覆盖度（率）。在反相色谱法中,含碳量越大,溶质的 k 值越大。

e. 含水量及表面活性。在液固吸附色谱法中,硅胶的含水量越小,其表面硅醇基的活性越强,对溶质的吸附作用越大。

f. 端基封尾。在反相色谱法中,主要影响碱性化合物的峰形。

g. 几何形状。硅胶可分为无定形全多孔硅胶和球形全多孔硅胶,前者价格较便宜,缺点是涡流扩散项及柱渗透性差；后者无此缺点。

h. 硅胶纯度。色谱柱填料使用高纯度硅胶,柱效高,寿命长,碱性成分不拖尾。

② 氧化铝　氧化铝具有与硅胶相同的良好物理性质,也适用于较大的 pH 范围。它也是刚性的,不会在溶剂中收缩或膨胀。但与硅胶不同的是,氧化铝键合相在水性流动相中不稳定。不过现在已经出现了在水相中稳定的氧化铝键合相,并显示出优秀的 pH 稳定性。

③ 聚合物　以高交联度的苯乙烯-二乙烯苯或聚甲基丙烯酸酯为基质的填料适用于普通压力下的 HPLC，它们的压力限度比无机填料低。苯乙烯-二乙烯苯基质疏水性强，使用任何流动相，在整个 pH 范围内稳定，可以用 NaOH 或强碱来清洗色谱柱。甲基丙烯酸酯基质本质上比苯乙烯-二乙烯苯疏水性更强，但它可以通过适当的功能基修饰变成亲水性的，这种基质不如苯乙烯-二乙烯苯那样耐酸碱，但也可以承受在 pH=13 下反复冲洗。

所有聚合物基质在流动相发生变化时都会出现膨胀或收缩。用于 HPLC 的高交联度聚合物填料，其膨胀和收缩要有限。溶剂或小分子容易渗入聚合物基质中，因为小分子在聚合物基质中的传质比在陶瓷性基质中慢，所以造成小分子在这种基质中的柱效低。对于大分子像蛋白质或合成的高聚物，聚合物基质的效能比得上陶瓷性基质。因此，聚合物基质广泛用于分离大分子物质。

(2) 基质的选择　硅胶基质的填料被用于大部分的 HPLC 分析，尤其是小分子量的被分析物；聚合物填料用于大分子量的被分析物质，主要用来制成分子排阻色谱柱和离子交换柱。三类基质的性能比较见表 9-4。

表 9-4　三类基质的性能比较

性能项目	硅　胶	氧化铝	苯乙烯-二乙烯苯	甲基丙烯酸酯
耐有机溶剂	+++	+++	++	++
适用 pH 范围	+	++	+++	++
抗膨胀/收缩	+++	+++	+	+
耐压	+++	+++	++	+
表面化学性质	+++		++	+++
效能	+++	++	+	+

注："+++"表示好，"++"表示一般，"+"表示差。

2. 化学键合固定相

将有机官能团通过化学反应共价键合到硅胶表面的游离羟基上而形成的固定相称为化学键合相。这类固定相的突出特点是耐溶剂冲洗，并且可以通过改变键合相有机官能团的类型来改变分离的选择性。

(1) 键合相的性质　目前，化学键合相广泛采用微粒多孔硅胶为基体，用烷烃二甲基氯硅烷或烷氧基硅烷与硅胶表面的游离硅醇基反应，形成 Si—O—Si—C 键形的单分子膜而制得。硅胶表面的硅醇基密度约为 5 个/nm^2，由于空间位阻效应（不可能将较大的有机官能团键合到全部硅醇基上）和其他因素的影响，使得有 40%～50% 的硅醇基未反应。

残余的硅醇基对键合相的性能有很大影响，特别是对非极性键合相，它可以减小键合相表面的疏水性，对极性溶质（特别是碱性化合物）产生次级化学吸附，从而使保留机制复杂化（使溶质在两相间的平衡速度减慢，降低了键合相填料的稳定性，结果使碱性组分的峰形拖尾）。为尽量减少残余硅醇基，一般在键合反应后，要用三甲基氯硅烷（TMCS）等进行钝化处理，称为封端，以提高键合相的稳定性。另一方面，也有些 ODS 填料是不封尾的，以使其与水系流动相有更好的"湿润"性能。

由于不同生产厂家所用的硅胶、硅烷化试剂和反应条件不同，因此具有相同键合基团的键合相，其表面有机官能团的键合量往往差别很大，使其产品性能有很大的不同。键合相的键合量常用含碳量（C%）来表示，也可以用覆盖度来表示。所谓覆盖度，是指参与反应的硅醇基数目占硅胶表面硅醇基总数的比例。

pH 值对以硅胶为基质的键合相的稳定性有很大的影响,一般来说,硅胶键合相应在 pH 为 2~8 的介质中使用。

(2) 键合相的种类 化学键合相按键合官能团的极性分为极性键合相和非极性键合相两种。

常用的极性键合相主要有氰基(—CN)、氨基(—NH$_2$)和二醇基(DIOL)键合相。极性键合相常用于正相色谱,混合物在极性键合相上的分离主要是基于极性键合基团与溶质分子间的氢键作用,极性强的组分保留值较大。极性键合相有时也可作反相色谱的固定相。

常用的非极性键合相主要有各种烷基(C_1~C_{18})键分相和苯基、苯甲基键合相等,其中以 C_{18} 应用最广。非极性键合相的烷基链长对样品容量、溶质的保留值和分离选择性都有影响,一般来说,样品容量随烷基链长的增加而增大,且长链烷基可使溶质的保留值增大,并常常可改善分离的选择性;但短链烷基键合相具有较高的覆盖度,分离极性化合物时可得到对称性较好的色谱峰。

另外 C_{18} 柱稳定性较高,这是由于长的烷基链保护了硅胶基质的缘故,但 C_{18} 基团的空间体积较大,使有效孔径变小,分离大分子化合物时柱效较低。

(3) 固定相的选择 分离中等极性和极性较强的化合物可选择极性键合相。氰基键合相对双键异构体或含双键数不等的环状化合物的分离有较好的选择性。氨基键合相具有较强的氢键结合能力,对某些多官能团化合物如甾体、强心苷等有较好的分离能力。氨基键合相上的氨基能与糖类分子中的羟基产生选择性相互作用,故被广泛用于糖类的分析,但它不能用于分离羰基化合物,如甾酮、还原糖等。二醇基键合相适用于分离有机酸、甾体和蛋白质。

分离非极性和极性较弱的化合物可选择非极性键合相。利用特殊的反相色谱技术,例如反相离子抑制技术和反相离子对色谱法等,非极性键合相也可用于分离离子型或可离子化的化合物。ODS 是应用最为广泛的非极性键合相,它对各种类型的化合物都有很强的适应能力。短链烷基键合相能用于极性化合物的分离,而苯基键合相则适用于分离芳香化合物。

四、流动相

1. 对流动相的性质要求

一个理想的液相色谱流动相溶剂应具有低黏度、与检测器兼容性好、易于得到纯品和低毒性等特征。

通常选择流动相时应考虑以下方面:

① 保持色谱柱的稳定性,即流动相应不改变填料的任何性质。碱性流动相不能用于硅胶柱系统,酸性流动相不能用于氧化铝、氧化镁等吸附剂的柱系统。

② 纯度高且化学惰性大。色谱柱的寿命与大量流动相通过有关,特别是当溶剂所含杂质在柱上积累时,将会显著降低色谱柱的使用寿命。若流动相的化学性质活泼,则色谱柱的稳定性将得不到保证。

③ 必须与检测器匹配。使用 UV 检测器时,所用流动相在检测波长下应没有吸收或吸收很小。当使用示差折光检测器时,应选择折射率与样品差别较大的溶剂作流动相,以提高灵敏度。

④ 沸点、黏度等物理性质合适。黏度要低(应小于 2cP[❶]),高黏度溶剂会影响溶质的扩散、传质,降低柱效,还会使柱压降增加,使分离时间延长。最好选择沸点在 100℃以下

[❶] 1cP=10^{-3}Pa·s,后同。

的流动相。

⑤ 对样品的溶解度要适宜。如果溶解度欠佳，样品会在柱头沉淀，不但影响了纯化分离，而且会使柱子恶化。

⑥ 清洗、更换方便，毒性小，样品易于回收。应选用挥发性溶剂。

2. 流动相的选择

一般把吸附色谱中的流动相称作洗脱剂。在吸附色谱中，对极性强的试样往往采用极性强的洗脱剂；对极性弱的试样宜用极性弱的洗脱剂。洗脱剂的极性强弱可用溶剂强度参数（ε^0）来衡量。ε^0越大，表示洗脱剂的极性越强。表 9-5 列出一些常用溶剂在氧化铝吸附剂中的 ε^0 值。在硅胶吸附剂中 ε^0 值的顺序相同，数值可换算（$\varepsilon^0_{硅胶} = 0.77 \times \varepsilon^0_{氧化铝}$）。

表 9-5 常用溶剂的溶剂强度参数

溶 剂	ε^0	溶 剂	ε^0	溶 剂	ε^0
氟烷	−0.25	苯	0.32	乙腈	0.65
正戊烷	0.00	氯仿	0.40	吡啶	0.71
石油醚	0.01	甲乙酮	0.51	正丙醇	0.82
环己烷	0.04	丙酮	0.56	乙醇	0.88
四氯化碳	0.18	二乙胺	0.63	甲醇	0.95

在化学键合相色谱法中，溶剂的洗脱能力直接与它的极性相关。在正相色谱中，溶剂的强度随极性的增强而增加；在反相色谱中，溶剂的强度随极性的增强而减弱。

正相色谱的流动相通常采用烷烃加适量极性调整剂。

反相色谱最常用的流动相有水、甲醇、乙腈、四氢呋喃、异丙醇等。但通常都是使用它们的水混合溶液，即流动相通常以水作基础溶剂，再加入一定量的能与水互溶的极性调整剂，如甲醇、乙腈、四氢呋喃等。极性调整剂的性质及其所占比例对溶质的保留值和分离选择性有显著影响。一般情况下，水-甲醇体系已能满足多数样品的分离要求，且流动相黏度小（大约含 50% 水的时候黏度最大）、价格低，是反相色谱最常用的流动相。

在分离含极性差别较大的多组分样品时，为了使各组分均有合适的 k 值并分离良好，也需采用梯度洗脱技术。

反相色谱中，如果要在相同的时间内分离同一组样品，甲醇-水作为冲洗剂时其冲洗强度配比与乙腈-水或四氢呋喃-水的冲洗强度配比有如下关系：

$$\phi_{乙腈-水} = 0.32 \phi_{甲醇}^2 + 0.57 \phi_{甲醇} \tag{9-5a}$$

$$\phi_{四氢呋喃-水} = 0.66 \phi_{甲醇} \tag{9-5b}$$

式中，ϕ 为不同有机溶剂与水混合的体积含量。100% 甲醇的冲洗强度相当于 89% 的乙腈-水或 66% 的四氢呋喃-水的冲洗强度。

3. 流动相的 pH 值

采用反相色谱法分离弱酸（$3 \leqslant pK_a \leqslant 7$）或弱碱（$7 \leqslant pK_a \leqslant 8$）样品时，通过调节流动相的 pH 值，以抑制样品组分的解离，增加组分在固定相上的保留，并改善峰形的技术称为反相离子抑制技术。对于弱酸，流动相的 pH 值越小，组分的 k 值越大，当 pH 值远远小于弱酸的 pK_a 值时，弱酸主要以分子形式存在；对于弱碱，情况则相反。分析弱酸样品时，通常在流动相中加入少量弱酸，常用 50mmol/L 磷酸盐缓冲液和 1% 醋酸溶液；分析弱碱样品时，通常在流动相中加入少量弱碱，常用 50mmol/L 磷酸盐缓冲液和 30mmol/L 三乙胺溶液。流动相中加入有机胺可以减弱碱性溶质与残余硅醇基的强相互作用，减轻或消除峰拖尾现象。所以在这种情况下，有机胺（如三乙胺）又称为减尾剂或除尾剂。

4. 流动相的脱气

HPLC所用流动相必须预先脱气，否则容易在系统内逸出气泡，影响泵的工作。气泡还会影响柱的分离效率，影响检测器的灵敏度、基线稳定性，甚至导致无法检测（噪声增大，基线不稳，突然跳动）。此外，溶解在流动相中的氧还可能与样品、流动相甚至固定相（如烷基胺）反应；溶解气体还会引起溶剂pH的变化，给分离或分析结果带来误差。

常用的脱气方法有加热煮沸、抽真空、超声、吹氦等。对于混合溶剂，若采用抽气或煮沸法，则需要考虑低沸点溶剂挥发造成的组成变化。超声脱气比较好，10~20min的超声处理对许多有机溶剂或有机溶剂-水混合液的脱气是足够的（一般500mL溶液需超声20~30min方可），此法不影响溶剂组成。超声时应注意避免溶剂瓶与超声槽底部或壁接触，以免玻璃瓶破裂，容器内液面不要高出水面太多。

离线（系统外）脱气法不能维持溶剂的脱气状态，在停止脱气后，气体立即开始回到溶剂中。在1~4h内，溶剂又将被环境气体所饱和。

在线（系统内）脱气法无此缺点。最常用的在线脱气法为鼓泡，即在色谱操作前和进行时，将惰性气体喷入溶剂中。严格来说，此方法不能将溶剂脱气，它只是用一种低溶解度的惰性气体（通常是氦）将空气替换出来。此外还有在线脱气机。

一般来说，有机溶剂中的气体易脱除，而水溶液中的气体较顽固。在溶液中吹氦是相当有效的脱气方法，这种连续脱气法在电化学检测时经常使用，但氦气昂贵，难以普及。

5. 流动相的过滤

所有溶剂使用前都必须经0.45μm（或0.22μm）滤膜过滤，以除去杂质微粒，色谱纯试剂也不例外（除非在标签上标明"已过滤"）。

用滤膜过滤时，特别要注意分清有机相（脂溶性）滤膜和水相（水溶性）滤膜。有机相滤膜一般用于过滤有机溶剂，过滤水溶液时流速低或滤不动。水相滤膜只能用于过滤水溶液，严禁用于有机溶剂，否则滤膜会被溶解。溶有滤膜的溶剂不得用于HPLC！对于混合流动相，可在混合前分别过滤，如需混合后过滤，首选有机相滤膜。现在已有混合型滤膜出售。

6. 流动相的贮存

流动相一般贮存于玻璃、聚四氟乙烯或不锈钢容器内，不能贮存在塑料容器中。因为许多有机溶剂如甲醇、乙酸等可浸出塑料表面的增塑剂，导致溶剂受污染。这种被污染的溶剂如用于HPLC系统，可能造成柱效降低。贮存容器一定要盖严，防止溶剂挥发引起组成变化，也防止氧和二氧化碳溶入流动相。

磷酸盐、乙酸盐缓冲液很易长霉，应尽量新鲜配制使用，不要贮存。如确需贮存，可在冰箱内冷藏，并在3天内使用，用前应重新过滤。容器应定期清洗，特别是盛水、缓冲液和混合溶液的瓶子，以除去底部的杂质沉淀和可能生长的微生物。因甲醇有防腐作用，所以盛甲醇的瓶子无此现象。

7. 卤代有机溶剂应特别注意的问题

卤代溶剂可能含有微量的酸性杂质，能与HPLC系统中的不锈钢反应。卤代溶剂与水的混合物比较容易分解，不能存放太久。卤代溶剂（如CCl_4、$CHCl_3$等）与各种醚类（如乙醚、二异丙醚、四氢呋喃等）混合后，可能会反应生成一些对不锈钢有较大腐蚀性的产物，这种混合流动相应尽量不采用，或新鲜配制。此外，卤代溶剂（如CH_2Cl_2）与一些反应性有机溶剂（如乙腈）混合静置时，还会产生结晶。总之，卤代溶剂最好新鲜配制使用。如果是和干燥的饱和烷烃混合，则不会产生类似问题。

8. HPLC 用水

HPLC 应用中要求使用超纯水，如检测器基线的校正和反相柱的洗脱。

进行 HPLC、GC、电泳和荧光分析，或在涉及组织培养时，没有有机物污染是非常重要的。采用测高锰酸钾颜色保留时间的定性方法反应慢，对很低水平的有机物（对 HPLC 来说可能还是太高了）不够灵敏，特别是不能定量。总有机碳（TOC）分析仪（把有机物氧化成 CO_2，测游离的 CO_2）常用于Ⅰ类（NCCLS）水中低浓度有机物的测定。Ⅰ类水标准见表 9-6。

表 9-6 Ⅰ类水标准

项　　目	NCCLS	ASTM	项　　目	NCCLS	ASTM
电阻率(25℃)/MΩ·cm ≥	10.0	18.0	滤器微粒大小/μm	0.22	0.2
硅酸盐/(mg/L) ≤	0.05	0.003	微生物/(CFU/mL)	10	分三档

美国药典 24 版（2000 年）要求Ⅰ类水中 TOC<0.5mg/L（用标准蔗糖溶液 1.19mg/L），在室温下 pH＝6 时电导率≤2.4μS/cm（即电阻率≥0.42MΩ·cm）。对 HPLC 级水还增加了吸收特性要求：在 1cm 池中，用超纯水作空白，在 190nm、200nm 和 250～400nm 的吸光度分别不得过 0.01、0.01 和 0.05；另外还增加了对不挥发物含量的要求，不挥发物含量≤$\times 10^{-6}$（中国药典中纯水的不挥发物含量≤10×10^{-6}）。

第三节　高效液相色谱仪

高效液相色谱仪的结构示意图如图 9-1 所示，一般可分为高压输液系统、进样系统、分离系统和检测系统 4 个主要部分，由输液泵、进样器、色谱柱、检测器、数据记录及处理装置等组成。其中输液泵、色谱柱、检测器是关键部件。有的仪器还有梯度洗脱装置、在线脱气机、自动进样器、预柱或保护柱、柱温控制器等，现代 HPLC 仪还有微机控制系统，进行自动化仪器控制和数据处理。制备型 HPLC 仪还备有自动馏分收集装置。

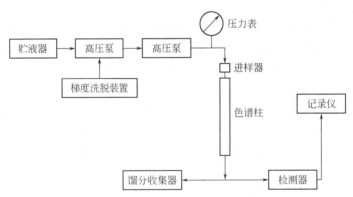

图 9-1　高效液相色谱仪典型构造示意图

高效液相色谱仪的工作过程如下：首先用高压泵将贮液器中的流动相溶剂经过进样器送入色谱柱，然后从控制器的出口流出。当注入欲分离的样品时，流经进样器贮液器的流动相将样品同时带入色谱柱进行分离，然后依先后顺序进入检测器，记录仪将检测器送出的信号记录下来，由此得到液相色谱图。

最早的液相色谱仪由粗糙的高压泵、低效的柱、固定波长的检测器和绘图仪组成，绘出的峰通过手工测量计算峰面积。后来的高压泵精度很高并可编程进行梯度洗脱，柱填料从单一品种发展至几百种类型，检测器从单波长至可变波长检测器、可得三维色谱图的二极管阵列检测器、可确证物质结构的质谱检测器。数据处理不再用绘图仪，逐渐取而代之的是最简单的积分仪、计算机、工作站及网络处理系统。

目前常见的 HPLC 仪生产厂家国外有 Waters 公司、Agilent 公司（原 HP 公司）、岛津公司等，国内有大连依利特公司、上海分析仪器厂、北京分析仪器厂等。

一、输液泵

1. 泵的构造和性能

输液泵是 HPLC 系统中最重要的部件之一。泵的性能好坏直接影响到整个系统的质量和分析结果的可靠性。输液泵应具备如下性能：①流量稳定，其 RSD 应小于 0.5%，这对定性、定量的准确性至关重要；②流量范围宽，分析型应在 0.1~10mL/min 范围内连续可调，制备型应能达到 100mL/min；③输出压力高，一般应能达到 150~300kgf/cm^2；④液缸容积小；⑤密封性能好，耐腐蚀。

泵的种类很多，按输液性质可分为恒压泵和恒流泵。恒流泵按结构又可分为螺旋注射泵、柱塞往复泵和隔膜往复泵。恒压泵受柱阻影响，流量不稳定；螺旋注射泵缸体太大，这两种泵已被淘汰。目前应用最多的是柱塞往复泵。

柱塞往复泵的液缸容积小，可至 0.1mL，因此易于清洗和更换流动相，特别适合于再循环和梯度洗脱；改变电机转速能方便地调节流量，流量不受柱阻影响；泵压可达 400kgf/cm^2。其主要缺点是输出的脉冲性较大，现多采用双泵系统来克服。双泵按连接方式可分为并联式和串联式，一般来说并联泵的流量重现性较好（RSD 为 0.1% 左右，串联泵为 0.2%~0.3%），但出故障的机会较多（因多一单向阀），价格也较贵。

2. 泵的使用和维护注意事项

为了延长泵的使用寿命和维持其输液的稳定性，必须按照下列注意事项进行操作：

① 防止任何固体微粒进入泵体，因为尘埃或其他任何杂质微粒都会磨损柱塞、密封环、缸体和单向阀，因此应预先除去流动相中的任何固体微粒。流动相最好在玻璃容器内蒸馏，而常用的方法是过滤，可采用 Millipore 滤膜等滤器。泵的入口都应连接砂滤棒（或砂滤片）。输液泵的滤器应经常清洗或更换。

② 流动相不应含有任何腐蚀性物质，含有缓冲液的流动相不应保留在泵内，尤其是在停泵过夜或更长时间的情况下。如果将含缓冲液的流动相留在泵内，由于蒸发或泄漏，甚至只是由于溶液的静置，就可能析出盐的微细晶体，这些晶体将和上述固体微粒一样损坏密封环和柱塞等。因此，必须泵入纯水将泵充分清洗后，再换成适合于色谱柱保存和有利于泵维护的溶剂（对于反相键合硅胶固定相，可以是甲醇或甲醇-水）。

③ 泵工作时要留心防止溶剂瓶内的流动相被用完，否则空泵运转也会磨损柱塞、缸体或密封环，最终产生漏液。

④ 输液泵的工作压力绝不要超过规定的最高压力，否则会使高压密封环变形，产生漏液。

⑤ 流动相应该先脱气，以免在泵内产生气泡，影响流量的稳定性，如果有大量气泡，泵就无法正常工作了。

如果输液泵产生故障，必须查明原因，采取相应措施排除故障。

① 没有流动相流出，又无压力指示。原因可能是泵内有大量气体，这时可打开泄压阀，

使泵在较大流量（如 5mL/min）下运转，将气泡排尽，也可用一个 50mL 针筒在泵出口处帮助抽出气体。另一个可能原因是密封环磨损，需更换。

② 压力和流量不稳。原因可能是气泡，需要排除；或者是单向阀内有异物，可卸下单向阀，浸入丙酮内超声清洗。有时可能是砂滤棒内有气泡，或被盐的微细晶粒或滋生的微生物部分堵塞，这时，可卸下砂滤棒浸入流动相内超声除气泡，或将砂滤棒浸入稀酸（如 4mol/L 硝酸）内迅速除去微生物，或将盐溶解，再立即清洗。

③ 压力过高的原因是管路被堵塞，需要清除和清洗。压力降低的原因则可能是管路有泄漏。检查堵塞或泄漏时应逐段进行。

3. 梯度洗脱

HPLC 有等度洗脱和梯度洗脱两种方式。等度洗脱是在同一分析周期内流动相组成保持恒定，适合于组分数目较少、性质差别不大的样品。梯度洗脱是在一个分析周期内程序控制流动相的组成，如溶剂的极性、离子强度和 pH 值等，用于分析组分数目多、性质差异较大的复杂样品。采用梯度洗脱可以缩短分析时间，提高分离度，改善峰形，提高检测灵敏度，但是常常引起基线漂移和降低重现性。

梯度洗脱有两种实现方式：低压梯度（外梯度）和高压梯度（内梯度）。

两种溶剂组成的梯度洗脱可按任意程度混合，即有多种洗脱曲线：线性梯度、凹形梯度、凸形梯度和阶梯形梯度。线性梯度最常用，尤其适合于在反相柱上进行梯度洗脱。

在进行梯度洗脱时，由于多种溶剂混合，而且组成不断变化，因此带来一些特殊问题，必须充分重视。

① 要注意溶剂的互溶性，不相混溶的溶剂不能用作梯度洗脱的流动相。有些溶剂在一定比例内混溶，超出范围后就不互溶，使用时更要引起注意。当有机溶剂和缓冲液混合时，还可能析出盐的晶体，尤其使用磷酸盐时需特别小心。

② 梯度洗脱所用的溶剂纯度要求更高，以保证良好的重现性。进行样品分析前必须进行空白梯度洗脱，以辨认溶剂杂质峰，因为弱溶剂中的杂质富集在色谱柱头后会被强溶剂洗脱下来。用于梯度洗脱的溶剂需彻底脱气，以防止混合时产生气泡。

③ 混合溶剂的黏度常随组成而变化，因而在梯度洗脱时常出现压力的变化。例如甲醇和水黏度都较小，当二者以相近比例混合时黏度增大很多，此时的柱压大约是甲醇或水为流动相时的两倍。因此要注意防止梯度洗脱过程中压力超过输液泵或色谱柱所能承受的最大压力。

④ 每次梯度洗脱之后必须对色谱柱进行再生处理，使其恢复到初始状态。需让 10~30 倍柱容积的初始流动相流经色谱柱，使固定相与初始流动相达到完全平衡。

二、进样器

早期使用隔膜和停流进样器，装在色谱柱入口处。现在大都使用六通进样阀或自动进样器。进样装置要求：密封性好，死体积小，重复性好，保证中心进样，进样时对色谱系统的压力、流量影响小。HPLC 进样方式可分为隔膜进样、停流进样、阀进样、自动进样。

1. 隔膜进样

用微量注射器将样品注入专门设计的与色谱柱相连的进样头内，可把样品直接送到柱头填充床的中心，死体积几乎等于零，可以获得最佳的柱效，且价格便宜、操作方便。但不能在高压下（如 10MPa 以上）使用；此外隔膜容易吸附样品产生记忆效应，使进样重复性只能达到 1%~2%；加之能耐各种溶剂的橡皮不易找到，常规分析使用受到限制。

2. 停流进样

此方式可避免在高压下进样。但在 HPLC 中由于隔膜的污染，停泵或重新启动时往往会出现"鬼峰"；另一个缺点是保留时间不准。在以峰的始末信号控制馏分收集的制备色谱中，停流进样效果较好。

3. 阀进样

一般 HPLC 分析常用六通进样阀（以美国 Rheodyne 公司的 7725 和 7725i 型最常见），其特点是耐高压（35～40MPa）、进样量准确、重复性好（0.5%）、操作方便。

六通阀的进样方式有部分装液法和完全装液法两种。用部分装液法进样时，进样量应不大于定量环体积的 50%（最多 75%），并要求每次进样体积准确、相同。此法进样的准确度和重复性决定于注射器取样的熟练程度，而且易产生由进样引起的峰展宽。用完全装液法进样时，进样量应不小于定量环体积的 5～10 倍（最少 3 倍），这样才能完全置换定量环内的流动相，消除管壁效应，确保进样的准确度及重复性。

六通阀的使用和维护注意事项：①样品溶液进样前必须用滤膜过滤，以减少微粒对进样阀的磨损。②转动阀芯时不能太慢，更不能停留在中间位置，否则流动相受阻，使泵内压力剧增，甚至超过泵的最大压力；再转到进样位时，过高的压力将使柱头损坏。③为防止缓冲盐和样品残留在进样阀中，每次分析结束后应冲洗进样阀。通常可用水冲洗，或先用能溶解样品的溶剂冲洗，再用水冲洗。

4. 自动进样

自动进样常用于大量样品的常规分析。

三、色谱柱

色谱是一种分离分析手段，分离是核心，因此担负分离作用的色谱柱是色谱系统的心脏。对色谱柱的要求是柱效高、选择性好、分析速度快等。市售的用于 HPLC 的各种微粒填料如多孔硅胶以及以硅胶为基质的键合相、氧化铝、有机聚合物微球（包括离子交换树脂）、多孔炭等，其粒度一般为 $3\mu m$、$5\mu m$、$7\mu m$、$10\mu m$ 等，柱效理论值可达 5～16 万/m。对于一般的分析，只需 5000 塔板数的柱效；对于同系物分析，只要 500 即可；对于较难分离物质对，则可采用高达 2 万的柱子，因此一般 10～30cm 的柱长就能满足复杂混合物分析的需要。

色谱柱由柱管、压帽、卡套（密封环）、筛板（滤片）、接头、螺丝等组成。柱管多用不锈钢制成，压力不高于 $70kgf/cm^2$ 时，也可采用厚壁玻璃或石英管，管内壁要求有很高的光洁度。

1. 柱的分类

色谱柱按用途可分为分析型和制备型两类，尺寸规格也不同：①常规分析柱，内径 2～5mm，柱长 10～30cm；②窄径柱，内径 1～2mm，柱长 10～20cm；③毛细管柱，内径 0.2～0.5mm；④半制备柱，内径＞5mm；⑤实验室制备柱，内径 20～40mm，柱长 10～30cm；⑥生产制备柱，内径可达几十厘米。柱内径一般是根据柱长、填料粒径和折合流速来确定的，目的是为了避免管壁效应。

2. 柱的填充

色谱柱的性能除了与固定相性能有关外，还与填充技术有关。在正常条件下，填料粒度 ＞$20\mu m$ 时，干法填充制备柱较为合适；颗粒＜$20\mu m$ 时，湿法填充较为理想。填充方法一般有 4 种：①高压匀浆法，多用于分析柱和小规模制备柱的填充；②径向加压法，为

Waters 专利；③轴向加压法，主要用于装填大直径柱；④干法。柱填充的技术性很强，大多数实验室使用已填充好的商品柱。

3. 柱的使用和维护注意事项

色谱柱的正确使用和维护十分重要，稍有不慎就会降低柱效、缩短使用寿命甚至损坏。在色谱操作过程中，需要注意下列问题，以维护色谱柱：

① 避免压力和温度的急剧变化及任何机械震动。

② 应逐渐改变溶剂的组成，特别是反相色谱中，不应直接从有机溶剂改变为全部是水，反之亦然。

③ 一般来说，色谱柱不能反冲，只有生产者指明该柱可以反冲时，才可以反冲除去留在柱头的杂质。否则反冲会迅速降低柱效。

④ 选择使用适宜（尤其是 pH 适宜）的流动相，以避免固定相被破坏。有时可以在进样器前面连接一预柱。分析柱是键合硅胶时，预柱为硅胶，可使流动相在进入分析柱之前预先被硅胶"饱和"，避免分析柱中的硅胶基质被溶解。

⑤ 避免将基质复杂的样品尤其是生物样品直接注入柱内，需要对样品进行预处理或者在进样器和色谱柱之间连接一保护柱。保护柱一般是填有相似固定相的短柱。保护柱可以而且应该经常更换。

⑥ 经常用强溶剂冲洗色谱柱，清除保留在柱内的杂质。在进行清洗时，对流路系统中流动相的置换应以相混溶的溶剂逐渐过渡，每种流动相的体积应是柱体积的 20 倍左右，即常规分析需要 50~75mL。

下面列举一些色谱柱的清洗溶剂及顺序，作为参考。

硅胶柱以正己烷（或庚烷）、二氯甲烷和甲醇依次冲洗，然后再以相反顺序依次冲洗，所有溶剂都必须严格脱水。甲醇能洗去残留的强极性杂质，己烷能使硅胶表面重新活化。

反相柱以水、甲醇、乙腈、一氯甲烷（或氯仿）依次冲洗，再以相反顺序依次冲洗。如果下一步分析用的流动相不含缓冲液，那么可以省略最后用水冲洗这一步。一氯甲烷能洗去残留的非极性杂质，在甲醇（乙腈）冲洗时重复注射 100~200μL 四氢呋喃数次有助于除去强疏水性杂质。四氢呋喃与乙腈或甲醇的混合溶液能除去类脂。有时也注射二甲亚砜数次。此外，用乙腈、丙酮和三氟醋酸（0.1%）梯度洗脱能除去蛋白质污染。

阳离子交换柱可用稀酸缓冲液冲洗，阴离子交换柱可用稀碱缓冲液冲洗，除去交换性能强的盐，然后用水、甲醇、二氯甲烷（除去吸附在固定相表面的有机物）、甲醇、水依次冲洗。

⑦ 保存色谱柱时应将柱内充满乙腈或甲醇，柱接头要拧紧，防止溶剂挥发干燥。绝对禁止将缓冲溶液留在柱内静置过夜或更长时间。

⑧ 色谱柱在使用过程中，如果压力升高，一种可能是烧结滤片被堵塞，这时应更换滤片或将其取出进行清洗；另一种可能是大分子进入柱内，使柱头被污染；如果柱效降低或色谱峰变形，则可能柱头出现塌陷，使死体积增大。在后两种情况发生时，小心拧开柱接头，用洁净小钢片将柱头填料取出 1~2mm 高度（注意把被污染填料取净），再把柱内填料整平。然后用适当溶剂湿润的固定相（与柱内相同）填满色谱柱，压平，再拧紧柱接头。这样处理后柱效能会得到改善，但是很难恢复到新柱的水平。

每次工作完后，最好用洗脱能力强的洗脱液冲洗，例如 ODS 柱宜用甲醇冲洗至基线平衡。当采用盐缓冲溶液作流动相时，使用完后应用无盐流动相冲洗。含卤族元素（氟、氯、溴）的化合物可能会腐蚀不锈钢管道，不宜长期与之接触。装在 HPLC 仪上的柱子如不经常使用,应每隔 4～5 天开机冲洗 15min。

四、检测器

检测器是 HPLC 仪的三大关键部件之一,其作用是把洗脱液中组分的量转变为电信号。HPLC 的检测器要求灵敏度高、噪声低(即对温度、流量等外界变化不敏感)、线性范围宽、重复性好和适用范围广。

1. 检测器的分类

① 按原理可分为光学检测器、热学检测器、电化学检测器、氢火焰离子化检测器等。

② 按测量性质可分为通用型和专属型(又称选择性)。通用型检测器如示差折光检测器、蒸发光散射检测器。专属型检测器如紫外检测器、荧光检测器,它们只对有紫外吸收或荧光发射的组分有响应。

③ 按检测方式分为浓度型和质量型。浓度型检测器的响应与流动相中组分的浓度有关,质量型检测器的响应与单位时间内通过检测器的组分的量有关。

④ 检测器还可分为破坏样品和不破坏样品的两种。

2. 紫外检测器

紫外检测器(UV 检测器)是 HPLC 中应用最广泛的检测器,当检测波长范围包括可见光时,又称为紫外-可见检测器。它灵敏度高,噪声低,线性范围宽,对流速和温度均不敏感,可用于制备色谱。由于灵敏度高,因此即使是那些光吸收小、吸光系数低的物质也可用 UV 检测器进行微量分析。但要注意流动相中各种溶剂的紫外吸收截止波长。如果溶剂中含有吸光杂质,则会提高背景噪声,降低灵敏度(实际是提高检测限)。此外,梯度洗脱时,还会产生漂移。

所谓截止波长,就是将溶剂装入 1cm 的比色皿,以空气为参比,逐渐降低入射波长,溶剂的吸光度 $A=1$ 时的波长称为溶剂的截止波长,也称极限波长。当小于截止波长的辐射通过溶剂时,溶剂对此辐射产生强烈吸收,此时溶剂被看作是光学不透明的,它严重干扰组分的吸收测量。表 9-7 列出了一些常用溶剂的紫外截止波长。

表 9-7 一些常用溶剂的紫外截止波长

溶剂	水	甲醇	乙腈	丙酮	四氢呋喃	二氯甲烷	氯仿	苯	四氯化碳	二硫化碳	正己烷
紫外截止波长/nm	187	205	190	330	212	233	245	210	265	380	190

UV 检测器分为固定波长检测器、可变波长检测器和光电二极管阵列检测器(PDAD)。按光路系统来分,UV 检测器可分为单光路和双光路两种,因此可变波长检测器又可分单波长(单通道)检测器和双波长(双通道)检测器。PDAD 是 20 世纪 80 年代出现的一种光学多通道检测器,它可以对每个洗脱组分进行光谱扫描,经计算机处理后,得到光谱和色谱结合的三维谱图。其中吸收光谱用于定性(确证是否是单一纯物质),色谱用于定量。UV 检测器常用于复杂样品(如生物样品、中草药)的定性、定量分析。

3. 与检测器有关的故障及其排除

(1) 流动池内有气泡 如果有气泡连续不断地通过流动池,将使噪声增大,如果气泡较大,则会在基线上出现许多线状"峰",这是由于系统内有气泡,需要对流动相进行充分的除气,检查整个色谱系统是否漏气,再加大流量驱除系统内的气泡。如果气泡停留在流动池内,也可能使噪声增大,可采用突然增大流量的办法除去气泡(最好不连接色谱柱);或者启动输液泵的同时,用手指紧压流动池出口,使池内增压,然后放开。可反复操作数次,但要注意不要使压力增加太多,以免流动池破裂。

(2) 流动池被污染　无论参比池或样品池被污染,都可能产生噪声或基线漂移。可以使用适当溶剂清洗检测池,要注意溶剂的互溶性;如果污染严重,就需要依次采用1mol/L硝酸、水和新鲜溶剂冲洗,或者取出池体进行清洗、更换窗口。

(3) 光源灯出现故障　紫外或荧光检测器的光源灯使用到极限或者不能正常工作时,可能产生严重噪声,基线漂移,出现平头峰等异常峰,甚至使基线不能回零,这时需要更换光源灯。

(4) 倒峰　倒峰的出现可能是检测器的极性接反了,改正后即可变成正峰。用示差折光检测器时,如果组分的折光指数低于流动相的折光指数,也会出现倒峰,这就需要选择合适的流动相。如果流动相中含有紫外吸收的杂质,使用紫外检测器时,无吸收的组分就会产生倒峰,因此必须用高纯度的溶剂作流动相。在死时间附近的尖锐峰往往是由于进样时的压力变化,或者由于样品溶剂与流动相不同所引起的。

五、数据处理和计算机控制系统

早期的 HPLC 仪器是用记录仪记录检测信号,再手工测量计算。其后,使用积分仪计算并打印出峰高、峰面积和保留时间等参数。20 世纪 80 年代后,计算机技术的广泛应用使 HPLC 操作更加快速、简便、准确、精密和自动化,现在已可在互联网上远程处理数据。计算机的用途包括三个方面:①采集、处理和分析数据;②控制仪器;③色谱系统优化和专家系统。

六、恒温装置

在 HPLC 仪中色谱柱及某些检测器都要求能准确地控制工作环境温度,柱子的恒温精度要求在 $\pm(0.1\sim0.5)$℃之间,检测器的恒温要求则更高。

色谱柱的不同工作温度对保留时间、相对保留时间都有影响。

不同检测器对温度的敏感度不一样。紫外检测器一般在温度波动超过 ± 0.5℃ 时,就会造成基线漂移起伏。示差折光检测器的灵敏度和最小检出量常取决于温度控制精度,因此需控制温度波动在 ± 0.001℃ 左右,微吸附热检测器也要求在 ± 0.001℃ 以内。

第四节　液相色谱定性与定量分析方法

一、液相色谱定性分析

由于液相色谱过程中影响溶质迁移的因素较多,同一组分在不同色谱条件下的保留值相差很大,即便在相同的操作条件下,同一组分在不同色谱柱上的保留也可能有很大差别,因此液相色谱与气相色谱相比,定性的难度较大。常用的液相色谱定性方法有:

1. 利用已知标准样品定性

利用标准样品对未知化合物定性是最常用的液相色谱定性方法,该方法的原理与气相色谱相同。由于每一种化合物在特定的色谱条件下(流动相组成、色谱柱、柱温等相同),其保留值具有特征性,因此可以利用保留值进行定性。

2. 利用检测器的选择性定性

同一种检测器对不同种类的化合物的响应值是不同的,而不同的检测器对同一种化合物的响应也是不同的。所以当某一被测化合物同时被两种或两种以上检测器检测时，两检测器或几个检测器对被测化合物的检测灵敏度比值是与被测化合物的性质密切相关的，可以用来对被测化合物进行定性分析，这就是双检测器定性体系的基本原理。

3. 利用紫外检测器全波长扫描功能定性

紫外检测器是液相色谱中使用最广泛的一种检测器。全波长扫描紫外检测器可以根据被检测化合物的紫外光谱图提供一些有价值的定性信息。

传统的方法是：在色谱图上某组分的色谱出现极大值即最高浓度时，通过停泵等手段，使组分在检测池中滞留，然后对检测池中的组分进行全波长扫描，得到该组分的紫外-可见光谱图；再取可能的标准样品按同样方法处理。对比两者光谱图即能鉴别出该组分与标准样品是否相同。对于某些有特殊紫外谱图的化合物，也可以通过对照标准谱图的方法来识别化合物。

此外，利用二极管阵列检测器得到的定性结果与传统方法相比具有更大的优势。

二、液相色谱定量分析

高效液相色谱的定量方法与气相色谱的定量方法类似，主要有面积归一化法、外标法和内标法。

（1）归一化法　归一化法要求所有组分都能分离并有响应，其基本方法与气相色谱中的归一化法类似。由于液相色谱所用检测器为选择性检测器，对很多组分没有响应，因此液相色谱法较少使用归一化法。

（2）外标法　外标法是以待测组分纯品配制标准试样和待测试样同时作色谱分析来进行比较而定量的，可分为标准曲线法和直接比较法。具体方法可参阅气相色谱的外标法定量。

（3）内标法　内标法是比较精确的一种定量方法。它是将已知量的参比物（内标物）加到已知量的试样中，那么试样中参比物的浓度为已知；在进行色谱测定之后，待测组分峰面积和参比物峰面积之比应该等于待测组分的质量与参比物质量之比，求出待测组分的质量，进而求出待测组分的含量。

第五节　高效液相色谱法应用技术

一、样品测定技术

1. 流动相比例调整

由于我国药品标准中没有规定柱的长度及填料的粒度，因此每次新开检新品种时几乎都需调整流动相（按经验，主峰一般应调至保留时间为 6～15min 为宜）。所以建议第一次检验时少配流动相，以免浪费。

2. 溶剂处理

（1）溶剂的纯化　分析纯和优级纯溶液在多数情况下可以满足色谱分析的要求，但不同的色谱柱和检测方法对溶剂的要求不同，如用紫外检测器检测时，溶剂中就不能含有在检测波长下有吸收的杂质。目前专供色谱分析用的"色谱纯"溶剂除最常用的甲醇外，其余多为分析纯，有时要进行除去紫外杂质、脱水、重蒸等纯化操作。

（2）流动相的脱气　流动相溶液中往往因溶解有氧气或混入了空气而形成气泡，气泡进入检测器后会引起检测信号的突然变化，在色谱图上出现尖锐的噪声峰。小气泡慢慢聚集后会变成大气泡，大气泡进入流路或色谱柱中会使流动相变慢或不稳定，致使基线起伏。因此，液相色谱实际分析过程中，必须先对流动相进行脱气处理。

（3）流动相的过滤 过滤是为了防止不溶物堵塞流路或色谱柱入口处的微孔垫片。流动相过滤常使用 G_4 微孔玻璃漏斗，可除去 3～4μm 以下的固定杂质。严格地讲，流动相都应该采用特殊的流动相过滤器，用 0.45μm 以下的微孔滤膜进行过滤才可使用。滤膜分有机溶剂专用和水溶液专用两种。

3. 样品配制

（1）溶剂 常用溶剂为水、甲醇、乙腈等。

（2）容器 塑料容器常含有高沸点的增塑剂，可能释放到样品液中造成污染，而且还会吸留某些药物，引起分析误差。某些药物特别是碱性药物会被玻璃容器表面吸附，影响样品中药物的定量回收，因此必要时应将玻璃容器进行硅烷化处理。

4. 记录时间

第一次测定时，应先将空白溶剂、对照品溶液及供试品溶液各进一针，并尽量收集较长时间的谱图（如 30min 以上），以便确定样品中被分析组分峰的位置、分离度、理论板数及是否还有杂质峰在较长时间内才洗脱出来，确定是否会影响主峰的测定。

5. 进样量

药品标准中常标明注入 10μL，而目前多数 HPLC 系统采用定量环（10μL、20μL 和 50μL），因此应注意进样量是否一致（可改变样液浓度）。

6. 计算

由于有些对照品标示含量的方式与样品标示量不同，有些是复合盐，有些含水量不同，有些是盐基不同，有些则是采用有效部位标示，检验时应注意。

7. 仪器的使用

① 流动相过滤后，注意观察有无肉眼能看到的微粒、纤维，如果有应重新滤过。

② 柱在线时，增加流速应以 0.1mL/min 的增量逐步进行，一般不超过 1mL/min，反之亦然。否则会使柱床下塌，叉峰。柱不在线时，要加快流速也需以每次 0.5mL/min 的速率递增上去（或下来），勿急升（或降），以免泵损坏。

③ 安装柱时，应注意流向，接口处不要留有空隙。

④ 样品液应注意过滤后再进样，注意样品溶剂的挥发性。

⑤ 测定完毕应用水冲柱 1h，用甲醇冲柱 30min。如果第二天仍使用，可用水以低流速（0.1～0.3mL/min）冲洗过夜（注意水要够量），不需冲洗甲醇。另外需要特别注意的是：对于含碳量高、封尾充分的柱，应先用含 5%～10%甲醇的水冲洗，再用甲醇冲洗。

⑥ 冲水的同时应用水充分冲洗柱头。

二、方法研究

1. 波长选择

首先在可见-紫外分光光度计上测量样品液的吸收光谱，以选择合适的测量波长，如最灵敏的测量波长并避开其他物质的干扰。从紫外光谱中还可大体知道在 HPLC 中的响应值，如吸光度小于 0.5 时，HPLC 测定的面积将会很小。

2. 流动相选择

尽量采用不是弱电解质的甲醇-水流动相。

三、高效液相色谱法的应用

1. 在生化、医药方面的应用

HPLC 技术在生化、医药领域的应用主要集中于两个方面：一方面是低分子量物质，如氨基酸、有机酸、苯固醇、糖类、维生素等的分离和检验；另一方面是高分子量的物质，如多肽、核糖核酸、蛋白质、酶等的纯化、分离和测定。据报道，除聚合物外，大约 80% 的药物都能用高效液相色谱法进行分离和纯化。

例如磺胺类药，采用液相色谱法分离磺胺类药物大部分都是采用反相离子对系统。用丁醇-庚烷混合液作为流动相，用加硫酸四丁基铵的水溶液处理硅胶固定相，在这样的系统中 10 多种重要的磺胺类药均可以得到很好的分离。

又如生物碱为一类含氮的碱性有机化合物，绝大多数存在于植物中，分子中有含氮的杂环结构，它们在植物中的含量一般都很少，但具有特殊而显著的生理作用。生物碱呈碱性，在色谱分离时常用碱性流动相，如碳酸铵溶液、二乙醇胺、三乙醇胺，或直接使用氨水。但是碱性流动相对于硅胶或以硅胶为基体的化学键合固定相是很不利的，会导致硅胶结构的变化而降低柱效，目前已改为在流动相中加入离子对试剂来代替直接碱化流动相。在色谱柱方面，除少数用硅胶柱外，大部分是采用十八烷基键合相。

2. 在食品分析中的应用

HPLC 在食品分析中的应用主要包括三个方面：①食品本身组成，如蛋白质、氨基酸、糖类、色素、维生素、脂肪酸、有机酸、香料、矿物质等；②食品添加剂的分析，如甜味剂、防腐剂、着色剂、抗氧化剂等；③污染物的分析，如农药残留、多核芳烃、霉菌毒素、微量元素等，这些物质大多采用 HPLC 进行分析。

以氨基酸的分析为例，首先需要对它们进行水解，然后再用衍生化试剂进行柱前或柱后衍生，最后再利用紫外或荧光检测器进行测定。

思考题与习题

1. HPLC 的分离原理与气相色谱法的分离原理有何异同？
2. 何谓反相液相色谱？它的特点表现在什么地方？
3. 什么叫梯度洗脱？
4. 简述 HPLC 仪器的基本组成。
5. HPLC 常用的检测器有哪几种？

实 训 技 术

实训项目（一） 水样中 pH 值的测定

一、实验目的

1. 了解 pH 值的直接电位法测定原理及方法。
2. 学习酸度计的使用方法。

二、实验原理

以 pH 玻璃电极作指示电极，甘汞电极作参比电极，插入溶液中即组成测定 pH 值的原电池，在一定条件下，电池电动势 E 与试液的 pH 值呈线性关系。测量 E 时，若参比电极（甘汞电极）为正极，则 25℃时

$$E = K + 0.059 \text{pH}$$

上述能斯特公式中的 K 值包括甘汞电极电位、内参比电极电位、玻璃膜等不对称电位及参比电极与溶液间的液接电位。通常需要用与待测溶液 pH 值接近的标准缓冲溶液进行校正，以抵消 K 值对测定的影响。其原理是：将 pH 玻璃-甘汞电极对分别插入 pH_s 标准缓冲溶液和 pH_x 未知溶液中，则 25℃时电动势 E_s 和 E_x 分别为：

$$E_s = K + 0.059 \text{pH}_s$$
$$E_x = K + 0.059 \text{pH}_x$$

两式相减，得

$$\text{pH}_x = \text{pH}_s + \frac{E_x - E_s}{0.059} = \text{pH}_s + \frac{\Delta E}{0.059}$$

在酸度计上，pH 示值按照 $\Delta E/0.059$ 分度显示，此分度值只适用于温度为 25℃时。为适应不同温度下的测量，需进行温度补偿。在实际测定中，先将"温度补偿"旋钮调至溶液的温度处，然后采用一点定位或两点定位法进行"定位"校正（将 K 值抵消），以测量溶液的 pH 值。

一点定位法是在温度补偿后，将 pH 玻璃-甘汞电极对插入某一份已知 pH 值的标准缓冲溶液中，用"定位"旋钮将仪器示值调节到 pH_s 的数值处，这个过程叫做"定位"。进行"温度补偿"和"定位"校正后，电极插入未知 pH 值的试液中，仪器就可以直接显示出待测试液 pH_x 的测定值。

两点定位法是在温度补偿后，将 pH 玻璃-甘汞电极对先插入某一份较低 pH 值的标准溶液中，转动定位调节旋钮，使仪器显示为 0。然后再将 pH 玻璃-甘汞电极对插入另一份较高 pH 值的标准缓冲溶液中，缓慢调节斜率旋钮，使仪器显示为两份 pH 标准缓冲溶液的 pH 之差，再转动定位调节旋钮使仪器显示的 pH 值稳定在第二份标准缓冲溶液的 pH 值。最后将 pH 玻璃-甘汞电极对插入待测溶液中，此时仪器显示出 pH_x 的测定值。

三、仪器与试剂

1. 仪器

pHS-2 酸度计 1 台，玻璃电极 1 支，甘汞电极 1 支，50mL 塑料小烧杯 3 只。

2. 试剂

pH 标准缓冲溶液：pH = 4.01（0.05mol/L $KHC_8H_4O_4$ 溶液），pH = 6.86（0.025mol/L KH_2PO_4 和 0.025mol/L Na_2HPO_4 的混合溶液），pH = 9.18（0.01mol/L $Na_2B_4O_7 \cdot 10H_2O$ 溶液）。

四、实验步骤

1. 一点定位法测量溶液的 pH 值

（1）用 pH 试纸检测试样溶液的 pH 值，选择与其 pH 值相接近的 pH 标准缓冲溶液校正仪器（定位）。

（2）选用仪器"pH"挡，将清洗干净的玻璃-甘汞电极对浸入选定的 pH 标准缓冲溶液中，按下测量按钮，转动定位调节旋钮（有斜率调节旋钮的仪器，此时该旋钮应调至斜率为 100%），使仪器显示的 pH 值稳定在该标准溶液的 pH 值。

（3）松开测量按钮，取出电极，用蒸馏水冲洗几次，小心用滤纸吸去电极上的水液。

（4）将玻璃-甘汞电极对浸入待测水样中，按下测量按钮，读取稳定的 pH 值，记录。

（5）测量完毕，清洗电极，并将玻璃电极浸泡在蒸馏水中。

2. 两点定位法测量溶液的 pH 值

（1）先用 pH 试纸检测试样溶液的 pH 值，选择与其 pH 值相邻的两份 pH 标准缓冲溶液校正仪器（定位）。

（2）选用仪器"pH"挡，将清洗干净的玻璃-甘汞电极对浸入较低 pH 的标准缓冲溶液中，按下测量按钮，转动定位调节旋钮（有斜率调节旋钮的仪器，此时该旋钮应调至斜率为 100%），使仪器显示的 pH 值稳定在该标准溶液的 pH 值。

（3）松开测量按钮，取出电极，用蒸馏水冲洗几次，小心用滤纸吸去电极上的水液。

（4）将玻璃-甘汞电极对浸入选定的较高的 pH 标准缓冲溶液中，按下测量按钮，缓慢调节斜率旋钮，使仪器显示为两份 pH 标准缓冲溶液的 pH 值之差，再转动定位调节旋钮使仪器显示的 pH 值稳定在第二份标准缓冲溶液的 pH 值。

（5）松开测量按钮，取出电极，用蒸馏水冲洗并吸干。将玻璃-甘汞电极对浸入待测水样中，按下测量按钮，读取稳定的 pH 值，记录。

五、实验记录

样品编号	1#	2#	3#	4#	5#	6#
定位溶液 pH 值						
水样测定 pH 值						

六、电极使用注意事项

1. 玻璃电极

（1）球形部分玻璃极薄，小心使用，不可碰硬物，不能敲击，放入液体时不能碰壁、触底，不能受搅拌子的撞击。

（2）电极插头和仪器上的插口应保持洁净，否则会影响电极测定。

（3）使用前要在蒸馏水中浸泡 24h，使膜表面形成硅酸水化层，从而对氢离子有电位响应。

（4）不可在强酸溶液中使用，如用酒精、浓硫酸洗涤可破坏水化层。

（5）防止污染玻璃膜表面，玻璃电极用后应及时清洗干净。

2. 甘汞电极

（1）下端和侧面上端开口都配有橡皮帽，用时摘下保存好，用完套上，防止水分蒸发。

（2）电极内部的氯化钾饱和溶液应接近开口位置，液面太低时应补加液体。

（3）氯化钾饱和溶液内能看到氯化钾晶体。

（4）电极不应长期浸泡在溶液里。

实训项目（二） 离子选择性电极法测定水中的氟含量

一、实验目的

1. 了解离子选择性电极法测定水中氟离子含量的原理。
2. 掌握标准曲线法测定自来水中微量氟的方法。
3. 了解使用总离子强度调节缓冲溶液的意义和作用。
4. 学习离子计的使用方法。

二、实验原理

氟离子选择性电极是以氟化镧单晶片为敏感膜的指示电极，它对溶液中的氟离子有良好的选择性响应。将氟离子选择性电极与作为参比电极的甘汞电极插入溶液中，组成测量原电池时，电池电动势 E 在一定的条件下与氟离子活度 a_F 的对数值成直线关系。测量时，若指示电极为正极，则

$$E = K' - \frac{2.303RT}{F} \lg a_F$$

当溶液的总离子强度不变时，离子活度系数也是常数，所以上式可写成：

$$E = K'' - \frac{2.303RT}{F} \lg c_F$$

式中，K'，K''在一定条件下为常数，它包括内参比电极电位、液接电位、不对称电位等。该式表明，在一定温度下，当溶液中离子强度保持不变时，E 和 F^- 浓度的对数成线性关系。

为了保证溶液中总离子强度不变，通常在标准溶液与试样溶液中同时加入等量的惰性电解质作总离子强度调节缓冲溶液（TISAB）。

溶液的酸度对测定有影响。酸性溶液中，H^+ 与部分 F^- 形成 HF 或 HF_2^-，降低了 F^- 浓度；在碱性溶液中，LaF_3 薄膜与 OH^- 发生交换作用而使 F^- 浓度增加。氟离子选择性电极最适宜在 pH=5.5~6.5 范围内测定，故通常用 pH=6 的柠檬酸盐缓冲溶液来控制溶液的 pH 值。柠檬酸盐还可消除 Al^{3+}、Fe^{3+} 等对 F^- 的干扰。

在溶液中，Al、Fe、Ca、Mg、Li等元素能与氟生成稳定的配合物或难溶沉淀物，因此加入总离子强度调节缓冲溶液，可以使溶液中的离子平均活度系数保持定值，并控制溶液的pH值和消除共存离子的干扰。

当F^-浓度在$10^{-6} \sim 1 mol/L$范围内时，F^-电极电位与pF（即$-lga_{F^-}$）成线性关系，可用标准溶液法测定。

三、仪器与试剂

1. 仪器

PXD-2型（或其他型号）离子计，201型（或其他型号）氟离子选择性电极1支，232型甘汞电极1支，电磁搅拌器1台，50mL容量瓶11支，10mL吸量管2支，25mL移液管1支，50mL塑料小烧杯8个。

2. 试剂

（1）100μg/mL氟标准溶液 准确称取在120℃下烘干2h并冷却的NaF 0.1105g，溶于去离子水，转入500mL容量瓶中，稀释至刻度，贮于聚乙烯瓶中。

（2）10.0μg/mL氟标准溶液 吸取100μg/mL氟标准溶液10.00mL于100mL容量瓶中，用去离子水稀释至刻度。

（3）总离子强度调节缓冲溶液（TISAB） 于1000mL烧杯中加入500mL去离子水和57mL冰醋酸、58g NaCl、12g $Na_3C_6H_5O_7 \cdot 2H_2O$（柠檬酸钠），搅拌至溶解。将烧杯放在冷水浴中，缓慢加入6mol/L NaOH溶液（约125mL），直至pH值在5.0~5.5之间，放至室温，转入1000mL容量瓶中，用去离子水稀释至刻度。

四、实验步骤

1. 氟电极的准备

电极使用前，先置于0.001mol/L NaF溶液中浸泡1~2h，进行活化，再用去离子水清洗电极到空白电位，即氟电极在去离子水中的电位，为-300mV左右（此值因各电极不同而有所不同）。电极内装入内参比溶液（0.1mol/L NaF-0.1mol/L NaCl），为防止晶片内侧附着气泡而使电路不通，在电极使用前，可让晶片朝下，轻击电极杆，以排除晶片上可能附着的气泡。

2. 标准曲线法

（1）溶液的配制 准确吸取10.0μg/mL的氟标准溶液1.00mL、2.00mL、3.00mL、4.00mL、5.00mL及水样25.00mL，分别放入6个50mL容量瓶中，各加入TISAB溶液5mL，用去离子水稀释至刻度，摇匀。

（2）电位的测量 将上述配制好的标准系列溶液由低浓度到高浓度依次转入塑料烧杯中，插入氟离子选择性电极和饱和甘汞电极，电磁搅拌2min，静置1min，待电位稳定后读数。

五、实验记录

氟标准溶液/mL	1.00	2.00	3.00	4.00	5.00	待测水样25.00
$-lgc_{F^-}$						
E/mV						

六、数据处理及结果计算

以电位值 E 为纵坐标,氟离子浓度的对数为横坐标,绘制标准曲线。根据待测水样的电位值 E_x 从标准曲线上查出 F^- 浓度,再求出待测水样的原始浓度($\mu g/mL$)。

七、思考题

1. 用氟电极测 F^- 浓度的原理是什么?
2. 总离子强度调节缓冲溶液的作用是什么?
3. 测量 F^- 标准系列溶液电位值,为什么测定顺序要由稀到浓?

实训项目(三) 测定吸光度制作光吸收曲线

一、实验目的

1. 了解可见分光光度计的基本结构及工作原理。
2. 学习利用可见分光光度计测定样品吸光度的方法。
3. 掌握绘制光吸收曲线的方法。

二、实验原理

当一束光照射到某物质上时,该物质的分子、原子或离子与光子发生碰撞,使微粒由低能态跃迁到高能态,由于各物质的分子、原子或离子具有不同能级,因此可以产生不同的能级跃迁,故物质对光的吸收具有选择性。

将不同波长的光依次通过某一固定浓度和厚度的有色溶液,分别测出它们对各种波长光的吸收程度(用吸光度 A 表示),以波长为横坐标,吸光度为纵坐标作图,画出曲线。此曲线即称为该物质的光吸收曲线(或吸收光谱曲线),它描述了物质对不同波长光的吸收程度。

三、仪器与试剂

1. 仪器

可见分光光度计。

2. 试剂

两种不同浓度的硫酸铜溶液、高锰酸钾溶液。

四、实验步骤

1. 将浓度不同的两种硫酸铜溶液,从 400~600nm 每隔 20nm 测定一次吸光度,并记录测定数据。
2. 将浓度不同的两种高锰酸钾溶液,从 400~600nm 每隔 20nm 测定一次吸光度,并记录测定数据。
3. 根据测定数据绘制硫酸铜或高锰酸钾的光吸收曲线,浓度不同的两种溶液的光吸收曲线画在一张图上。

4. 分别比较同一种物质的两个不同浓度溶液的光吸收曲线和两种不同物质的光吸收曲线，给出相应的结论。

五、实验记录

1. 数据记录

溶液名称：

波长/nm	400	420	440	460	480	500	520	540	560	580	600
浓溶液 A											
稀溶液 A											

溶液名称：

波长/nm	400	420	440	460	480	500	520	540	560	580	600
浓溶液 A											
稀溶液 A											

2. 光吸收曲线

实训项目（四） 白酒中甲醇含量的测定
——分光光度法

一、实验目的

1. 掌握白酒中甲醇含量的测定方法。
2. 掌握显色实验操作技能。

二、实验原理

甲醇经氧化成甲醛后，与品红-亚硫酸作用生成蓝紫色化合物，与标准系列溶液比较定量。

三、仪器与试剂

1. 仪器

721 可见分光光度计。

2. 试剂

（1）高锰酸钾-磷酸溶液 称取 3g 高锰酸钾，加入 15mL 磷酸（85%）与 70mL 水的混合溶液中，溶解后加水至 100mL。贮于棕色瓶内，防止氧化力下降，保存时间不宜过长。

（2）草酸-硫酸溶液 称取 5g 无水草酸（$H_2C_2O_4$）或 7g 含 2 个结晶水的草酸（$H_2C_2O_4 \cdot 2H_2O$），溶于硫酸（1+1）中至 100mL。

(3) 品红-亚硫酸溶液　称取 0.1g 碱性品红研细后，分次加入共 60mL 80℃的水，边加水边研磨使其溶解，用滴管吸取上层溶液于 100mL 容量瓶中，冷却后加入 10mL 亚硫酸钠溶液（100g/L）、1mL 盐酸，再加水至刻度，充分混匀，放置过夜。如溶液有颜色，可加入少量活性炭搅拌后过滤，贮于棕色瓶中，置暗处保存，溶液呈红色时应弃去重新配制。

(4) 甲醇标准溶液　称取 1.000g 甲醇，置于 100mL 容量瓶中，加水稀释至刻度。此溶液每毫升相当于 10mg 甲醇。置于低温下保存。

(5) 甲醇标准使用液　吸取 10.0mL 甲醇标准溶液，置于 100mL 容量瓶中，加水稀释至刻度。再取 10.0mL 稀释液于 20mL 容量瓶中，加水稀释至刻度，该溶液每毫升相当于含 0.50mg 甲醇。

(6) 无甲醇的乙醇溶液　取 0.3mL 按操作方法（四、实验步骤）检查，不应显色。如显色需进行处理，取 300mL 乙醇（95%），加高锰酸钾少许，蒸馏，收集馏出液。在馏出液中加入硝酸银溶液（取 1g 硝酸银溶于少量水中）和氢氧化钠溶液（取 1.5g 氢氧化钠溶于少量水中），摇匀，取上清液蒸馏，弃去最初 50mL 馏出液，收集中间馏出液约 200mL，用酒精比重计测其浓度，然后加水配成无甲醇的乙醇溶液（60%）。

(7) 亚硫酸钠溶液（100g/L）。

四、实验步骤

根据样品中乙醇的浓度适当取样（乙醇浓度的 30%，取 1.0mL；40%，取 0.8mL；50%，取 0.6mL；60%，取 0.5mL），置于 25mL 具塞比色管中。

吸取 0、0.10mL、0.20mL、0.40mL、0.60mL、0.80mL、1.00mL 甲醇标准使用液（相当 0、0.05mg、0.10mg、0.20mg、0.30mg、0.40mg、0.50mg 甲醇）分别置于 25mL 具塞比色管中，并用无甲醇的乙醇溶液稀释至 1.0mL。

向样品管及标准管中各加水至 5mL，再依次各加 2mL 高锰酸钾-磷酸溶液，混匀，放置 10min，各加 2mL 草酸-硫酸溶液，混匀使之褪色，再各加 5mL 品红-亚硫酸溶液，混匀，于 20℃以上静置 0.5h。用 1cm 比色皿，以零管调零，于波长 590nm 处测吸光度，绘制标准曲线。

五、实验记录

甲醇标准曲线

管　号	1#	2#	3#	4#	5#	6#	7#
甲醇标准使用液/mL	0	0.10	0.20	0.40	0.60	0.80	1.00
吸光度 A							

六、数据处理

根据绘制的标准曲线，可以查出被测样品中甲醇的质量，并计算样品中甲醇含量。

$$x_1 = \frac{M_1/1000}{100V_1}$$

式中　x_1——样品中甲醇的含量，g/100mL；

M_1——测定样品中甲醇的质量，mg；

V_1——样品体积，mL。

实训项目（五） 邻二氮菲分光光度法测定微量铁

一、实验目的

1. 学习确定实验条件的方法，掌握邻二氮菲分光光度法测定微量铁的基本原理。
2. 掌握 721 型可见分光光度计的使用方法，并了解仪器的主要构造。

二、实验原理

根据朗伯-比耳定律 $A=\varepsilon bc$，当入射光波长 λ 及光程 b 一定时，在一定浓度范围内，有色物质的吸光度 A 与该物质的浓度 c 成正比。只要绘出以吸光度 A 为纵坐标，浓度 c 为横坐标的标准曲线，测出试液的吸光度，就可以由标准曲线查得对应的浓度值，即未知样的含量。

用分光光度法测定试样中的微量铁，目前一般采用邻二氮菲法，该法具有高灵敏度、高选择性、稳定性好、干扰易消除等优点。

在 pH=2～9 的溶液中，Fe^{2+} 与邻二氮菲（phen）生成稳定的橘红色配合物 $[Fe(phen)_3]^{2+}$：

$$Fe^{2+} + 3phen \longrightarrow [Fe(phen)_3]^{2+}$$

此配合物的 $\lg K_{稳}=21.3$，摩尔吸光系数 $\varepsilon_{510}=1.1\times10^4 L/(mol\cdot cm)$，因 Fe^{3+} 能与邻二氮菲生成 3:1 配合物，呈淡蓝色，$\lg K_{稳}=14.1$，所以在加入显色剂之前，应用盐酸羟胺（$NH_2OH\cdot HCl$）将 Fe^{3+} 还原为 Fe^{2+}，其反应式如下：

$$2Fe^{3+} + 2NH_2OH\cdot HCl \longrightarrow 2Fe^{2+} + N_2 + 2H_2O + 4H^+ + 2Cl^-$$

测定时控制溶液的酸度为 pH≈5 较为适宜。用邻二氮菲可测定试样中铁的总量。

三、仪器与试剂

1. 仪器

721 型可见分光光度计，1cm 比色皿，10mL 吸量管，50mL 比色管。

2. 试剂

1.0×10^{-3} mol/L 铁标准溶液，100μg/mL 铁标准溶液，0.15% 邻二氮菲水溶液，10% 盐酸羟胺溶液（新配），1mol/L 乙酸钠溶液，1mol/L NaOH 溶液，6mol/L HCl（工业盐酸试样）。

四、实验步骤

1. 打开开关，初始化仪器
2. 吸收曲线的绘制和测量波长的选择

用吸量管吸取 2.00mL 1.0×10^{-3} mol/L 铁标准溶液，注入 50mL 比色管中，加入 1.00mL 10% 盐酸羟胺溶液，摇匀，加入 2.00mL 0.15% 邻二氮菲溶液、5.0mL NaAc 溶液，以水稀释至刻度。在分光光度计上用 1cm 比色皿，采用试剂溶液为参比溶液，在 440～560nm 间，每隔 10nm 测量一次吸光度，以波长为横坐标，吸光度为纵坐标，绘制吸收曲线，选择测量的适宜波长。

3. 显色条件的选择——显色剂用量

在 7 支 50mL 比色管中，分别加入 1.0×10^{-3} mol/L 铁标准溶液和 1.00mL 10％盐酸羟胺溶液，摇匀。分别加入 0、0.10mL、0.50mL、1.00mL、2.00mL、3.00mL 和 4.00mL 0.15％邻二氮菲溶液，然后加入 5.0mL NaAc 溶液，以水稀释至刻度，摇匀。在分光光度计上用 1cm 比色皿，在所选定的波长下，以试剂空白为参比，测定吸光度。以邻二氮菲体积为横坐标，吸光度为纵坐标，绘制吸光度-试剂用量曲线，从而确定最佳显色剂用量。

4. 工业盐酸中铁含量的测定

（1）标准曲线的制作：在 5 支 50mL 比色管中，分别加入 0.20mL、0.40mL、0.60mL、0.80mL、1.00mL 100μg/mL 铁标准溶液，再加入 1.00mL 10％盐酸羟胺溶液、2.00mL 0.15％邻二氮菲溶液和 5.0mL NaAc 溶液，以水稀释至刻度，摇匀。在所选定的波长下，以试剂空白为参比，测定吸光度。

（2）试样测定：准确吸取 2.0mL 工业盐酸三份，按标准曲线的操作步骤，测定其吸光度。

五、数据记录及处理

1. 以波长为横坐标，吸光度为纵坐标，绘制吸收曲线，选择测量的最适宜波长条件。

波长/nm	440	450	460	470	480	490	500	502	504
A									
波长/nm	506	508	510	512	514	516	518	520	530
A									
波长/nm	540	550	560	570	580	590			
A									

根据所测数据作图，得出形如下图的图形。若操作无误，最大吸收波长应为 514nm。

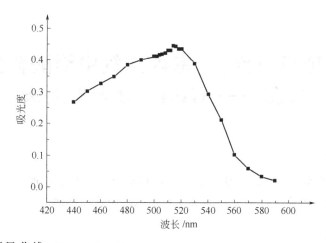

2. 邻二氮菲用量曲线（$\lambda=514$nm）。

邻二氮菲体积/mL	0.10	0.50	1.00	2.00	3.00	4.00
吸光度 A						

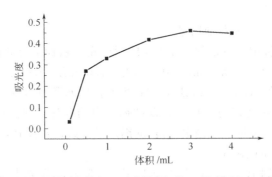

根据所测数据，若操作无误可绘制形如上图的图形，最佳显色剂用量应为使用 3.00mL 0.15％邻二氮菲溶液的显色剂。

3. 铁标准溶液（100μg/mL）标准曲线（$\lambda=514$nm）。

铁标准溶液加入体积/mL	0.20	0.40	0.60	0.80	1.00
吸光度 A					

根据所测数据，绘制标准曲线。

4. 工业盐酸中铁含量的测定（$V=0.8$mL，$\lambda=514$nm）。

吸光度 A	铁的浓度/(mol/mL)	铁含量的平均值

在最适宜波长 $\lambda=514$nm，邻二氮菲（0.15％）的适宜用量为 3mL 的条件下，平行测定三次铁试样的吸光度 A，再通过标准曲线算出铁含量。

实训项目（六） 室内空气中甲醛含量的检测——AHMT 分光光度法

一、实验目的

1. 掌握 AHMT 分光光度法测定室内空气中甲醛含量的基本原理。
2. 掌握 721 型分光光度计的使用方法，熟悉标准曲线的绘制。

二、实验原理

空气中甲醛与 4-氨基-3-联氨-5-巯基-1,2,4-三氮杂茂（Ⅰ）在碱性条件下缩合生成化合物（Ⅱ），然后经高碘酸钾氧化成 6-巯基-5-三氮杂茂(4,3-b)-S-四氮杂苯（Ⅲ）紫红色化合物，其色泽深浅与甲醛含量成正比。

三、仪器与试剂

1. 仪器

(1) 气泡吸收管：有 5mL 和 10mL 刻度线。

(2) 空气采样器，流量范围 0~2L/min。

(3) 10mL 具塞比色管。

(4) 分光光度计：具有 550nm 波长，并配有 10mm 光程的比色皿。

2. 试剂

(1) 吸收液：称取 1g 三乙醇胺、0.25g 偏重亚硫酸钠和 0.25g 乙二胺乙酸二钠溶于水并稀释至 1000mL。

(2) 0.5% 4-氨基-3-联氨-5-巯基-1,2,4-三氮杂茂（简称 AHMT）溶液：称取 0.25g AHMT 溶于 0.5mol/L 盐酸中，并稀释至 50mL，此试剂置于棕色瓶中，可保存半年。

(3) 5mol/L 氢氧化钾溶液：称取 28.0g 氢氧化钾溶于 100mL 水中。

(4) 1.5% 高碘酸钾溶液：称取 1.5g 高碘酸钾溶于 0.2mol/L 氢氧化钾溶液中，并稀释至 100mL，于水浴上加热溶解，备用。

(5) 硫酸（$\rho=1.84$g/mL）。

(6) 30% 氢氧化钠溶液。

(7) 1mol/L 硫酸溶液。

(8) 0.5% 淀粉溶液。

(9) 0.1000mol/L 硫代硫酸钠标准溶液。

(10) 0.0500mol/L 碘溶液。

(11) 甲醛标准贮备溶液：取 2.8mL 甲醛溶液（含甲醛 36%~38%）于 1L 容量瓶中，加 0.5mL 硫酸并用水稀释至刻度，摇匀。其准确浓度用下述碘量法标定。

甲醛标准贮备溶液的标定：精确量取 20.00mL 甲醛标准贮备溶液，置于 250mL 碘量瓶中。加入 20.00mL 0.0500mol/L 碘溶液和 15mL 1mol/L 氢氧化钠溶液，放置 15min。加入 20mL 0.5mol/L 硫酸溶液，再放置 15min，用硫代硫酸钠标准溶液滴定，至溶液呈现淡黄色时，加入 1mL 0.5% 淀粉溶液，继续滴定至刚使蓝色消失为终点，记录所用硫代硫酸钠溶液的体积。同时用水作空白滴定。甲醛溶液的浓度用下式计算。

$$c = (V_2 - V_1) \times c_0 \times \frac{15}{20}$$

式中 c——甲醛标准贮备溶液中甲醛的浓度，mg/mL；

V_1——滴定空白时所用硫代硫酸钠标准溶液的体积，mL；

V_2——滴定甲醛溶液时所用硫代硫酸钠标准溶液的体积，mL；

c_0——硫代硫酸钠标准溶液的物质的量浓度，mol/L；

15——甲醛的换算值；

20——所取甲醛标准贮备溶液的体积，mL。

取上述标准溶液稀释约 10 倍作为贮备液，此溶液置于室温下可使用 1 个月。

(12) 甲醛标准溶液：用时取上述甲醛贮备液，用吸收液稀释成每 1.00mL 含 2.00μg 甲醛的标准溶液。

四、实验步骤

1. 采样

用一个内装 5mL 吸收液的气泡吸收管，以 1.0L/min 流量，采气 20L，并记录采样时的温度和大气压。

2. 标准曲线的绘制

用标准溶液绘制标准曲线：取 7 支 10mL 具塞比色管，按下表制备标准色列管。

管　号	0	1	2	3	4	5	6
标准溶液的体积/mL	0	0.1	0.2	0.4	0.8	1.2	1.6
吸收溶液的体积/mL	2.0	1.9	1.8	1.6	1.2	0.8	0.4
甲醛含量/μg	0	0.2	0.4	0.8	1.6	2.4	3.2

各管加入 1.0mL 5mol/L 氢氧化钾溶液、1.0mL 0.5% AHMT 溶液，盖上管塞，轻轻颠倒混匀三次，放置 20min。加入 0.3mL 1.5% 高碘酸钾溶液，充分振摇，放置 5min。用 10mm 比色皿，在波长 550nm 下，以水作参比，测定各管吸光度。以甲醛含量为横坐标，吸光度为纵坐标，绘制标准曲线，并计算回归线的斜率，以斜率的倒数作为样品测定计算因子 B_s（μg/吸光度值）。

3. 样品测定

采样后，补充吸收溶液到采样前的体积。准确吸取 2mL 样品溶液于 10mL 比色管中，按制作标准曲线的操作步骤测定吸光度。

在每批样品测定的同时，用 2mL 未采样的吸收液，按相同步骤作试剂空白值测定。

五、结果计算

1. 将采样体积按下式换算成标准状况下的采样体积。

$$V_0 = V_t \times \frac{T_0}{273+t} \times \frac{p}{p_0}$$

式中　V_0——标准状况下的采样体积，L；
　　　V_t——t 温度下的采样体积，L；
　　　t——采样时的空气温度，℃；
　　　T_0——标准状况下的热力学温度，273K；
　　　p——采样时的大气压，kPa；
　　　p_0——标准状况下的大气压，101.3kPa。

2. 空气中甲醛的浓度按下式计算。

$$c = \frac{(A-A_0)B_s}{V_0} \times \frac{V_1}{V_2}$$

式中　c——空气中甲醛的浓度，mg/m³；
　　　A——样品溶液的吸光度；
　　　A_0——试剂空白溶液的吸光度；
　　　B_s——计算因子，由标准曲线求得，μg/吸光度值；
　　　V_0——标准状态下的采样体积，L；
　　　V_1——采样时吸收液的体积，mL；
　　　V_2——分析时取样品的体积，mL。

六、附录——硫代硫酸钠标准溶液的制备及标定方法

1. 试剂

(1) 0.1000mol/L 碘酸钾标准溶液 $\left[c\left(\frac{1}{6}KIO_3\right)=0.1000mol/L\right]$：准确称量 3.5667g 经 105℃烘干 2h 的碘酸钾（优级纯），溶解于水，移入 1L 容量瓶中，再用水定容至刻度。

(2) 1mol/L 盐酸溶液：量取 82mL 浓盐酸加水稀释至 1000mL。

(3) 0.1000mol/L 硫代硫酸钠标准溶液（$c_{Na_2S_2O_3}=0.1000mol/L$）：称取 25g 硫代硫酸钠，溶于 1000mL 新煮沸并冷却的水中。加入 0.2g 无水碳酸钠，贮存于棕色瓶内，放置一周后，再标定其准确浓度。

2. 硫代硫酸钠溶液的标定方法

精确量取 25.00mL 碘酸钾标准溶液 $\left[c\left(\frac{1}{6}KIO_3\right)=0.1000mol/L\right]$ 于 250mL 碘量瓶中，加入 75mL 新煮沸并冷却的水，加 3g 碘化钾及 10mL 盐酸溶液，摇匀后放入暗处静置 3min。用硫代硫酸钠标准溶液滴定析出的碘至淡黄色，加入 1mL 0.5% 淀粉溶液呈蓝色。再继续滴定至蓝色刚刚褪去，即为终点，记录所用硫代硫酸钠溶液的体积，其准确浓度按下式计算。

$$c=\frac{0.1000\times 25.00}{V}$$

式中　c——硫代硫酸钠标准溶液的浓度，mol/L；
　　　V——所用硫代硫酸钠标准溶液的体积，mL。

平行滴定三次，所用硫代硫酸钠标准溶液的体积相差不能超过 0.04mL，否则应重新做平行测定。

实训项目（七）　室内空气中氨含量的检测——靛酚蓝分光光度法

一、实验目的

1. 掌握靛酚蓝分光光度法测定室内空气中氨的方法原理。
2. 掌握分光光度计的使用方法，熟悉标准曲线的绘制。

二、实验原理

将空气中的氨吸收于稀硫酸中，在亚硝基铁氰化钠及次氯酸钠存在下，与水杨酸生成蓝绿色的靛酚蓝染料，根据着色深浅，比色定量。

三、仪器与试剂

1. 仪器

(1) 大型气泡吸收管：有 10mL 刻度线，出气口内径为 1mm，与管底距离应为 3~5mm。

(2) 空气采样器：流量范围 0~2L/min，流量稳定。使用前后，用皂膜流量计校准采样系统的流量，误差应小于±5%。

(3) 具塞比色管: 10mL。
(4) 分光光度计: 可测波长为 697.5nm, 狭缝小于 20nm。

2. 试剂

本实验所用试剂均为分析纯, 水为无氨蒸馏水 (制备方法见附录)。

(1) 吸收液 ($c_{H_2SO_4}$ = 0.005mol/L): 量取 2.8mL 浓硫酸加入水中, 并稀释至 1L。临用时再稀释 10 倍。

(2) 水杨酸溶液 (50g/L): 称取 10.0g 水杨酸 [$C_6H_4(OH)COOH$] 和 10.0g 柠檬酸钠, 加水约 50mL, 再加 55mL 氢氧化钠溶液 (c_{NaOH} = 2mol/L), 用水稀释至 200mL。此试剂稍有黄色, 室温下可稳定一个月。

(3) 亚硝基铁氰化钠溶液 (10g/L): 称取 1.0g 亚硝基铁氰化钠 [$Na_2Fe(CN)_5 \cdot NO \cdot 2H_2O$], 溶于 100mL 水中, 贮于冰箱中可稳定一个月。

(4) 次氯酸钠溶液 (c_{NaClO} = 0.05mol/L): 取 1mL 次氯酸钠试剂原液, 用碘量法标定其浓度。然后用氢氧化钠溶液 (c_{NaOH} = 2mol/L) 稀释成 0.05mol/L 的溶液, 贮于冰箱中可保存两个月。

(5) 氨标准溶液

① 标准贮备液: 称取 0.3142g 经 105℃ 干燥 1h 的氯化铵, 用少量水溶解, 移入 100mL 容量瓶中, 用上述 (1) 中配制的吸收液稀释至刻度, 此液每 1.00mL 含 1.00mg 氨。

② 标准工作液: 临用时, 将标准贮备液用吸收液稀释成每 1.00mL 含 1.00μg 氨的标准工作液。

四、实验步骤

1. 采样

用一个内装 10mL 吸收液的大型气泡吸收管, 以 0.5L/min 流量, 采气 5L。并及时记录采样时的温度和大气压, 采样后在室温下保存, 于 24h 内分析。

2. 标准曲线的绘制

用标准溶液绘制标准曲线: 取 7 支 10mL 具塞比色管, 按下表制备标准色列管。

管 号	0	1	2	3	4	5	6
氨标准工作液的体积/mL	0	0.50	1.00	3.00	5.00	7.00	10.00
吸收溶液的体积/mL	10.00	9.50	9.00	7.00	5.00	3.00	0
氨含量/μg	0	0.50	1.00	3.00	5.00	7.00	10.00

各管加入 0.50mL 水杨酸溶液, 再加入 0.10mL 亚硝基铁氰化钠溶液和 0.10mL 次氯酸钠溶液, 混匀, 室温下放置 1h。用 10mm 比色皿, 于波长 697.5nm 处, 以水作参比, 测定各管吸光度。以氨含量为横坐标, 吸光度为纵坐标, 绘制标准曲线, 并用最小二乘法计算回归线的斜率、截距及回归方程。

$$y = bx + a$$

式中　y ——标准溶液的吸光度;
　　　x ——氨含量, μg;
　　　a ——回归方程式的截距;
　　　b ——回归方程的斜率, 吸光度值/μg。

标准曲线斜率 b 应为 (0.081±0.003) 吸光度值/μg 氨。以斜率的倒数作为样品测定时的计算因子（B_s）。

3. 样品测定

将样品溶液转入具塞比色管中，用少量的水洗吸收管，合并，使总体积为10mL。再按制备标准曲线的操作步骤测定样品的吸光度。在每批样品测定的同时，用10mL未采样的吸收液作试剂空白测定。如果样品溶液吸光度超过标准曲线范围，则可用试剂空白稀释样品显色液再分析。计算样品浓度时，要考虑样品溶液的稀释倍数。

五、结果计算

1. 将采样体积按下式换算成标准状况下的采样体积。

$$V_0 = V_t \times \frac{T_0}{273+t} \times \frac{p}{p_0}$$

式中　V_0——标准状况下的采样体积，L；

　　　V_t——t温度下的采样体积，L；

　　　t——采样时的空气温度，℃；

　　　T_0——标准状况下的热力学温度，273K；

　　　p——采样时的大气压，kPa；

　　　p_0——标准状况下的大气压，101.3kPa。

2. 空气中氨的浓度按下式计算：

$$c_{NH_3} = \frac{(A-A_0)B_s}{V_0}$$

式中　c_{NH_3}——空气中氨的浓度，mg/m³；

　　　A——样品溶液的吸光度；

　　　A_0——试剂空白溶液的吸光度；

　　　B_s——计算因子，由标准曲线求得，μg/吸光度值；

　　　V_0——标准状态下的采样体积，L。

六、附录——无氨蒸馏水的制备

于普通蒸馏水中，加少量的高锰酸钾至浅紫红色，再加少量氢氧化钠至呈碱性。蒸馏，取其中中间蒸馏部分的水，加少量硫酸溶液呈微酸性，再蒸馏一次。

实训项目（八）　室内空气中二氧化氮的检测——改进的Saltzman分光光度法

一、实验目的

1. 掌握改进的Saltzman法测定室内空气中二氧化氮的方法原理。
2. 掌握分光光度计的使用方法，熟悉标准曲线的绘制。

二、实验原理

空气中的二氧化氮在采样吸收过程中生成亚硝酸,与对氨基苯磺酰胺进行重氮化反应,再与 N-(1-萘基)乙二胺盐酸盐作用,生成粉红色的偶氮染料。根据其颜色的深浅,于波长 540~545nm 之间测其吸光度进行定量。

三、仪器与试剂

1. 仪器

(1) 吸收瓶:内装 10mL、25mL 或 50mL 吸收液的多孔玻板吸收瓶,液柱不低于 80mm。下图给出了较为适用的两种多孔玻板吸收瓶。

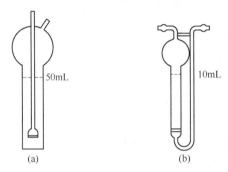

多孔玻板吸收瓶示意图

(2) 空气采样器:流量范围 0~2L/min,流量稳定。使用前后,用皂膜流量计校准采样系统的流量,流量为 0.4L/min 时,误差应小于 ±5%。

(3) 分光光度计:可测波长为 540~545nm,狭缝小于 20nm。

(4) 25mL 具塞比色管。

2. 试剂

所用试剂均为分析纯,但亚硝酸钠应为优级纯(一级)。所用水为无 NO_2^- 的二次蒸馏水,即在一次蒸馏水中加入少量氢氧化钡和高锰酸钾再重蒸馏,制备水的质量以不使吸收液呈淡红色为合格。

(1) N-(1-萘基)乙二胺盐酸盐贮备液:称取 0.50g N-(1-萘基)乙二胺盐酸盐,溶于水并定容至 500mL。此溶液贮于密封的棕色试剂瓶中,在冰箱中冷藏,可稳定三个月。

(2) 显色液:称取 5.0g 对氨基苯磺酸,溶于约 200mL 热水中,将溶液冷却至室温,全部移入 1000mL 容量瓶中,加入 50.0mL 冰醋酸和 50.0mL N-(1-萘基)乙二胺盐酸盐贮备液,用水稀释至刻度。此溶液贮于密封的棕色试剂瓶中,在 25℃ 暗处存放,可稳定三个月。

(3) 吸收液:使用时将显色液和水按体积比为 4:1 混合,即为吸收液。此溶液贮于密封的棕色试剂瓶中,在 25℃ 暗处存放,可稳定三个月。若呈现淡红色,应弃之重配。

(4) 亚硝酸钠标准贮备液(250mg NO_2^-/L):精确称量 0.3750g 亚硝酸钠(优级纯,预先在干燥器内放置 24h),移入 1000mL 容量瓶中,用水稀释至标线。此溶液于密闭瓶中在暗处存放,可稳定三个月。

(5) 亚硝酸钠标准工作液(2.50mg NO_2^-/L):精确量取亚硝酸钠标准贮备液 10.00mL,移入 1L 容量瓶中,用水稀释至刻度。临用前现配。

四、实验步骤

1. 采样

取一支多孔玻板吸收瓶,内装 10mL 吸收液,以 0.4L/min 流量,采气 6~24L。

空气中臭氧浓度超过 0.25mg/m³ 时,使吸收液略显红色,对二氧化氮的测定产生负干扰,采样时在吸收瓶入口端串接一段 15~20cm 长的硅胶管,即可将臭氧浓度降低到不干扰二氧化氮测定的水平。

2. 标准曲线的绘制

用亚硝酸钠标准溶液绘制标准曲线:取 6 个 25mL 具塞比色管,按下表制备标准系列。

管 号	0	1	2	3	4	5
亚硝酸钠标准工作液的体积/mL	0	0.40	0.80	1.20	1.60	2.00
水的体积/mL	2.00	1.60	1.20	0.80	0.40	0
显色液的体积/mL	8.00	8.00	8.00	8.00	8.00	8.00
NO_2^- 含量/(μg/mL)	0	0.10	0.20	0.30	0.40	0.50

各管混匀,于暗处放置 20min(室温低于 20℃时应延长显色时间,如室温为 15℃时,显色时间应为 40min),用 10mm 比色皿,以水为参比,于波长 540~545nm 之间测量吸光度。扣除空白试验(零浓度)吸光度后,对应 NO_2^- 的浓度(μg/mL),用最小二乘法计算标准曲线的回归方程。

$$y = bx + a$$

式中 y——标准溶液的吸光度;

x——NO_2^- 含量,μg/mL;

a——回归方程式的截距;

b——回归方程的斜率,吸光度值·mL/μg。

3. 样品测定

采样后放置 20min(气温低时,适当延长显色时间,如 15℃时显色 40min),用水将采样瓶中吸收液的体积补至标线,混匀,按标准曲线绘制方法测定样品溶液的吸光度和空白试验溶液的吸光度。

若样品溶液的吸光度超过标准曲线的上限,应用空白试验溶液稀释,再测其吸光度。

采样后应尽快测量样品溶液的吸光度,若不能及时分析,应将样品于低温暗处存放,样品于 30℃暗处存放,可稳定 8h;于 20℃暗处存放,可稳定 24h;于 0~4℃冷藏,至少可稳定三天。

五、结果计算

1. 将采样体积按下式换算成标准状况下的采样体积。

$$V_0 = V_t \times \frac{T_0}{273+t} \times \frac{p}{p_0}$$

式中 V_0——标准状况下的采样体积,L;

V_t——t 温度下的采样体积,L;

t —— 采样时的空气温度，℃；
T_0 —— 标准状况下的热力学温度，273K；
p —— 采样时的大气压，kPa；
p_0 —— 标准状况下的大气压，101.3kPa。

2. 空气中二氧化氮的浓度 c_{NO_2}（mg/m³）可按下式计算：

$$c_{NO_2} = \frac{(A-A_0-a) \cdot V \cdot D}{b \cdot f \cdot V_0}$$

式中 A —— 样品溶液的吸光度；
A_0 —— 空白试验溶液的吸光度；
b —— 按回归方程式测得的标准曲线的斜率，吸光度值·mL/μg；
a —— 按回归方程式测得的标准曲线的截距；
V —— 采样用吸收液的体积，mL；
V_0 —— 换算为标准状况下的采样体积，L；
D —— 样品的稀释倍数；
f —— Saltzman 实验系数，0.88（当空气中 NO_2 浓度高于 0.720mg/m³ 时，为 0.77）。

实训项目（九） 紫外吸收光谱定性分析的应用

一、实验目的

1. 掌握紫外吸收光谱的测绘方法。
2. 学会利用吸收光谱进行未知物鉴定的方法。

二、实验原理

紫外吸收光谱为有机化合物的定性分析提供了有用的信息，其方法是将未知试样和标准样品以相同浓度配制在相同的溶剂中，再分别测绘吸收光谱，比较两者是否一致。也可将未知试样的吸收光谱与标准谱图对照，如果吸收光谱完全相同，则一般可以认为两者是同一种化合物。但是，有机化合物在紫外区的吸收峰较少，有时会出现不同结构，只要具有相同的生色团，它们的最大吸收波长 λ_{max} 相同，然而其摩尔吸光系数 ε 或比吸收系数 $E_{1cm}^{1\%}$ 值是有差别的。因此需利用 ε 或 $E_{1cm}^{1\%}$ 等数据作进一步比较。

在测绘紫外线吸收光谱图时，应首先对仪器的波长准确性进行检查和校正。其次，必须采用相同的溶剂，以排除溶剂的极性对吸收光谱的影响。同时还应注意 pH 值、稳定性等因素的影响。在实际使用时，应注意溶剂的纯度。

三、仪器与试剂

1. 仪器

紫外可见分光光度计，1cm 石英比色皿。

2. 试剂

苯的乙醇溶液。

四、实验步骤

1. 已知芳香族化合物标准光谱的绘制

在一定实验条件下,以相应的溶剂为参比,用1cm石英比色皿,在一定的波长范围内扫描各已知标准物质的吸收光谱作为标准光谱。

各已知芳香族化合物的标准光谱也可通过查阅有关手册得到,但应注意实验条件的一致。

2. 未知芳香族化合物的鉴定

(1) 称取0.100g未知芳香族化合物,用去离子水溶解后转入100mL容量瓶中,稀释至刻度。

(2) 用1cm石英比色皿,以去离子水作参比,在200~600nm波长范围内扫描测定未知芳香族化合物的吸收光谱。

3. 乙醇中杂质苯的检出

用1cm石英比色皿,以纯乙醇作参比,在220~280nm波长范围内测定乙醇试样的吸收光谱(吸收曲线)。

五、实验结果

1. 通过将未知芳香族化合物的吸收光谱与已知芳香族化合物的标准光谱进行比对,判断未知芳香族化合物可能为哪种物质。

2. 将乙醇试样的吸收光谱与溶解在乙醇中苯的吸收光谱进行比较,指出乙醇试样中是否有苯存在。

实训项目(十) 水体中硝酸盐氮的测定 ——紫外分光光度法

一、实验目的

1. 掌握生活饮用水及其水源水中硝酸盐氮的测定原理和方法。
2. 掌握紫外分光光度计的使用方法,并了解其主要构造,掌握本方法中标准曲线的绘制。

二、实验原理

生活饮用水及其水源水中硝酸盐氮在220nm处具有紫外吸收,而在275nm处不具有紫外吸收,利用在220nm处测得的吸光度值减去275nm处测得的有机物吸光度值即可测出生活饮用水及其水源水中硝酸盐氮的含量。

三、仪器与试剂

1. 仪器

紫外分光光度计及石英比色皿，50mL具塞比色管。

2. 试剂

（1）无硝酸盐纯水：采用重蒸馏或蒸馏-去离子法制备，用于配制试剂或稀释样品。

（2）盐酸溶液（1+11）。

（3）硝酸盐氮标准贮备溶液（$\rho_{NO_3^--N}=100\mu g/mL$）：称取经105℃烘箱干燥2h的硝酸钾0.7218g，溶于纯水中，并定容至1000mL，每升中加入2mL三氯甲烷，至少可稳定6个月。

（4）硝酸盐氮标准使用溶液（$\rho_{NO_3^--N}=10\mu g/mL$）：量取100.0mL硝酸盐氮标准贮备溶液，用水稀释至1000mL，临用前现配。

四、实验步骤

1. 水样预处理

吸取50mL水样于50mL比色管中（必要时应用滤膜除去悬浮物质），加1mL盐酸溶液酸化。

2. 标准曲线的绘制

用硝酸盐氮标准使用溶液配制标准曲线：取7支50mL具塞比色管，按下表制备标准色列管。

管 号	0	1	2	3	4	5	6
硝酸盐氮标准使用溶液的体积/mL	0	1.0	5.0	10.0	20.0	30.0	35.0
水的体积/mL	50.0	49.0	45.0	40.0	30.0	20.0	15.0
硝酸盐氮的含量/(mg/L)	0	0.2	1.0	2.0	4.0	6.0	7.0

再于各管中分别加入1mL盐酸溶液，混匀，分别测出上述各管在220nm和275nm处的吸光度值。再以硝酸盐氮的含量为横坐标，以各管在220nm波长处的吸光度值减去2倍的275nm波长处的吸光度值为纵坐标，根据最小二乘法绘制标准曲线，得出回归方程。

$$y=bx+a$$

式中　y——标准溶液修正后的吸光度；

　　　x——硝酸盐氮的含量，mg/L；

　　　a——回归方程式的截距；

　　　b——回归方程的斜率，吸光度值·L/mg。

3. 样品的测定

将预处理后的样品按照绘制标准曲线的方法测出其在220nm和275nm处的吸光度值，求出修正后的吸光度值。

五、结果计算

将样品溶液测出的修正吸光度值代入回归方程即可求出硝酸盐氮的含量。（注：若样品溶液在275nm波长处吸光度值的2倍大于其在220nm波长处吸光度值的10%时，本方法不适用。）

实训项目（十一） 饮用水中镁含量的测定——原子吸收分光光度法

一、实验目的

1. 了解原子吸收分光光度计的主要结构并熟悉其操作方法。
2. 学习原子吸收测定最佳实验条件的选择方法和干扰抑制剂的应用。
3. 掌握原子吸收分光光度法测定水中镁的方法。

二、实验原理

溶液中的镁离子在火焰温度下变成镁原子蒸气，由光源镁空心阴极灯辐射出镁的锐线光源，波长为 285.2nm 的镁特征共振线被镁原子蒸气强烈吸收，其吸收的强度与镁原子蒸气浓度的关系符合朗伯-比耳定律，即

$$A = \lg(1/T) = KcL$$

式中，A 为吸光度；T 为透射比；K 为吸光系数；c 为溶液中镁离子的浓度；L 为镁原子蒸气的厚度。

由上式可知，利用 A 与 c 的线性关系，用已知不同浓度的镁离子标准溶液测出不同的吸光度，绘制成标准曲线，再测出试液的吸光度，从标准曲线上查得镁离子的浓度，即可求出试液中镁的含量。

水中除镁离子外还含有其他阳离子和阴离子，这些离子对镁的测定能发生干扰，使测定结果偏低，如果加入锶离子作干扰抑制剂，可以获得准确的结果。

三、仪器与试剂

1. 仪器

原子吸收分光光度计，镁空心阴极灯。

2. 试剂

（1）镁标准贮备溶液（1.00mg/mL）：溶解 1.0000g 纯金属镁于少量 HCl 溶液（1∶1）中，然后用 HCl 溶液（1∶99）定容至 1L。

（2）镁标准使用溶液（10μg/mL）：由镁标准贮备溶液适当稀释而成。

（3）锶溶液（10mg/mL）：称取 30.4g $SrCl_2 \cdot 6H_2O$ 溶于水中，再用水定容至 100mL。

四、实验步骤

1. 仪器开机后先预热 20min。
2. 操作条件的选择。按仪器说明书将波长调节在 285.2nm 处，灯电流为 5mA，按操作步骤点燃乙炔-空气火焰，再进行以下操作条件的选择。
3. 根据仪器给定参数进行微调，选择合适的燃气和助燃气比例、燃烧器高度、狭缝宽度。
4. 干扰抑制剂锶溶液加入量的选择。吸取水样 5.0mL 6 份，分别放入 6 只 50mL 容量

瓶中，其中一瓶不加锶溶液，其余 5 瓶中分别加锶溶液 1.0mL、2.0mL、3.0mL、4.0mL、5.0mL，用去离子水定容，摇匀，在最佳条件下，用去离子水调节吸光度至零，依次测定各瓶试样的吸光度，记录并比较各瓶中锶溶液的加入量与吸光度之间的关系，由测得的最大吸光度选择出抑制干扰的最佳锶溶液的加入量。

5. 标准曲线的绘制。于 6 只 50mL 容量瓶中，分别加入 0、1.00mL、2.00mL、3.00mL、4.00mL、5.00mL 镁的标准使用溶液，再向各瓶中加入选得最佳量的锶溶液，用去离子水定容，摇匀。在一定操作条件下，用去离子水调零，依次测定各瓶溶液的吸光度，根据各瓶溶液中镁的质量浓度和吸光度，绘制标准曲线。

6. 水样的测定。正确吸取 5.0mL 水样，置于 50mL 容量瓶中，加入最佳量的锶溶液，用去离子水定容，摇匀，在一定操作条件下，用去离子水调零，测定试样溶液的吸光度，再由标准曲线查得镁的含量，最后计算出水样中镁的质量浓度（μg/mL）。

实训项目（十二） 气相色谱流出曲线（色谱图）的研究

一、实验目的

1. 掌握气相色谱仪的基本结构及工作原理。
2. 理解色谱流出曲线中各参数的表示方法。
3. 掌握气相色谱法中定性、定量分析方法。

二、实验原理

气液色谱的固定相是涂布在载体表面的固定液，试样气体由载气携带进入色谱柱，与固定液接触时，气相中各组分便溶解到固定液中。随着载气的不断通入，被溶解的组分又从固定液中挥发出来，挥发出的组分随载气向前移动时又再次被固定液溶解。由于各组分在固定液中的溶解能力不同，随着载气的流动，各组分在两相间经过反复多次的溶解-挥发过程，经过一段时间，最终实现彼此分离。

色谱图是指被测组分从进样开始，经色谱柱分离到组分全部流过检测器后，所产生的响应信号随时间分布的图像。色谱图上有一组色谱峰，每个峰代表试样中的一个组分。色谱流出曲线是以组分流出色谱柱的时间（t）或载气流出体积（V）为横坐标，以检测器对各组分的电信号响应值（mV）为纵坐标的一条曲线。关于色谱流出曲线的具体说明可参见第八章第二节。

三、仪器与试剂

1. 仪器

气相色谱仪。

2. 试剂

乙醇、正丁醇。

四、实验步骤

1. 调试气相色谱仪（按仪器使用说明书）。
2. 分别进行进样练习。
3. 进乙醇和正丁醇的混合物样品，分别记录其保留时间。

五、实验记录

1. 色谱条件

仪器型号		仪器编号	
色谱柱长	柱径		固定液
载气		检测器类型	
温度:柱温	汽化室温度		离子化温度
气体流量(稳流阀圈数):	载气	氢气	空气
信号衰减			
记录仪量程		走纸速度	

2. 色谱图参数

样品	进样量	死时间 t_M/s	保留时间 t_R/s	调整保留时间 t_R'/s	峰高 h/mm	底宽 W/mm	半峰宽 $W_{1/2}$/mm
乙醇-正丁醇混合物							

实训项目（十三） 气相色谱操作条件对柱效能的影响

一、实验目的

1. 熟悉理论塔板数及理论塔板高度的概念和计算方法。
2. 绘制 H-u 曲线，深入理解流动相速度对柱效能的影响。
3. 理解柱温对柱效能的影响。

二、实验原理

在选择好固定液并制备好色谱柱后，必然要测定柱的效能。表示柱效高低的参数是理论塔板数 n 和理论塔板高度 H，人们总希望有较多的理论塔板数和很小的理论塔板高度。计算 n 和 H 的一种方法如下：

$$n = 5.54 \left(\frac{t_R}{W_{1/2}}\right)^2$$

$$H = \frac{L}{n}$$

式中，t_R 为组分的保留时间；$W_{1/2}$ 为半峰宽；L 为柱长。

对气液色谱柱来说，有许多实验参数影响 H 值，但对给定的色谱柱来说，当其他实验参数都确定不变以后，流动相线速度 u 对 H 的影响可由实验测得。将 u 以外的参数视作常数，则 H 与 u 的关系可用简化的范第姆特方程来表示：

$$H = A + \frac{B}{u} + Cu$$

式中，A、B 和 C 为常数，等号右边的三项分别代表涡流扩散、纵向分子扩散及两相传质阻力对 H 的贡献。可见，u 过小，将使组分分子在流动相中的扩散加剧；u 过大，组分在两相中的传质阻力会增加，这两种情况均导致柱效下降，因此需找到一个合适的流速，在此流速下，可兼顾分子扩散和传质阻力的贡献，使柱效最高，H 值最小，此流速称为最佳流速（u_{opt}），相应的 H 值称最小理论塔板高度（H_{min}）。

流动相流速可用线速度 u 表示，也可用体积速度表示，线速度可用下式表示：

$$u = \frac{L}{t_0}$$

式中，t_0 为非滞留组分的保留时间，又称死时间。柱后体积速度可用皂膜流量计测量，单位为 mL/min。

对柱效能的影响除了载气流速外还有柱温，当色谱柱的柱温度升高时，分子之间的热运动加速，使分子扩散加剧，柱效能降低。

三、仪器与试剂

1. 仪器

(1) 气相色谱仪：使用氢火焰离子化检测器；色谱柱（长 2m，内径 3m）；分析醇专用柱。

(2) 微量注射器，秒表。

(3) 氢气、氮气、空气钢瓶。

2. 试剂

乙醇、正丁醇。

四、实验步骤

1. 开启载气（N_2）钢瓶，使载气通入色谱仪，按操作说明书使仪器正常运行，并将有关旋钮及表头指示于下列条件：柱温 80℃；检测器温度 130℃；汽化室温度 110℃。

2. 调节载气流速至某一值，待基线稳定后，注入 0.5μL 正己烷，同时按下秒表，当色谱峰达到顶端时，停走秒表，记下保留时间，再注入 0.1mL 空气（非滞留组分），记下保留时间，并用皂膜流量计测定流速。

3. 再分别改变 5 种不同流速（大、中、小均有），每改变一种流速后，按步骤 2 操作。

4. 在中等流速下，将柱温分别升到 90℃、100℃，按步骤 2 操作。

5. 结束后，按操作说明书关好仪器。

6. 作出 H-u 图，并求出最佳线速度及最小理论塔板高度。

实训项目（十四） 白酒中甲醇含量的测定
——气相色谱法

一、实验目的
1. 掌握用外标法进行色谱定量分析的方法。
2. 了解氢火焰离子化检测器的性能和操作方法。

二、实验原理

外标法是在一定的操作条件下，用纯组分或已知浓度的标准溶液配制一系列不同含量的标准溶液，准确进样，根据色谱图中组分的峰面积（或峰高）对组分含量作标准曲线。在相同操作条件下，依据样品所得峰面积（或峰高），从标准曲线上查出其相应含量。

白酒中甲醇含量的测定，以氢火焰离子化检测器利用醇类物质在氢火焰中的化学电离进行检测，根据甲醇的色谱峰高与标准曲线比较进行定量。

三、仪器与试剂

1. 仪器

气相色谱仪，1μL 微量注射器 2 支，25mL 容量瓶 7 只。

2. 试剂

甲醇（色谱纯），60％乙醇水溶液（不含甲醇）。

四、实验步骤

1. 色谱柱的准备

将内径为 4mm、长为 2m 的玻璃或不锈钢色谱柱洗净、烘干。采用 GDX-102（60～80 目）作为固定相制备色谱柱。

2. 色谱操作条件：检测器 FID；汽化室温度 130℃；检测室温度 110℃；柱温 85℃。

3. 甲醇标准溶液的配制

以 60％乙醇水溶液为溶剂，配制浓度分别为 0.1％、0.3％、0.5％、0.7％的甲醇标准溶液。

4. 甲醇含量的色谱测定

用微量注射器分别吸取 0.5μL 各甲醇标准溶液及试样溶液注入色谱仪，获得色谱图。以保留时间对照定性，确定甲醇色谱峰。

五、数据处理及计算结果

1. 以色谱峰面积（或峰高）为纵坐标，甲醇标准溶液浓度为横坐标，绘制标准曲线。
2. 根据试样溶液色谱图中甲醇的峰面积（或峰高），查出试样溶液中甲醇的含量（μg/100mL）。

实训项目（十五） 啤酒中酒精度的测定
——气相色谱法

一、实验目的
1. 掌握气相色谱仪器的操作技能。
2. 学习气相色谱法中内标法的定量分析法。

二、实验原理
当试样进入气相色谱仪中的色谱柱时，由于组分在气固两相中的分配系数不同，使乙醇与其他组分得以分离，利用氢火焰离子化检测器进行检测，与标样对照，根据保留时间定性，利用内标法定量。

内标法是将一定的标准物（内标物 s）加入到一定量的试样中，混合均匀后进样，从色谱图上分别测出组分 i 和内标物 s 的峰面积（或峰高），按下式计算组分 i 的含量：

$$w_i = \frac{m_i}{m_{试}} \times 100\% = \frac{m_s f_i A_i}{m_{试} f_s A_s} \times 100\%$$

式中，f_i、f_s 分别为组分 i 和内标物 s 的质量校正因子；A_i、A_s 分别为组分 i 和内标物 s 的峰面积。若用峰高代替峰面积，则

$$w_i = \frac{m_s f_i h_i}{m_{试} f_s h_s} \times 100\%$$

三、仪器与试剂
1. 仪器
(1) 气相色谱仪：配有 FID 检测器。
(2) 微量注射器。
2. 试剂
(1) 乙醇标准溶液：用乙醇（色谱醇）配制成体积分数为 2％、3％、4％、5％、6％、7％的乙醇标准溶液。
(2) 正丙醇：色谱醇，作内标物用。

四、实验步骤
1. 色谱柱及色谱条件：色谱柱为不锈钢柱；柱长 2m；固定相为 103（60～80 目）；柱温 200℃；汽化室温度和检测室温度 240℃；载气（高纯氮）流量 40mL/min；氢气流量 40mL/min；空气流量 500mL/min。

上述条件仅为参考，不同仪器操作条件不一样，可通过实验选择最佳色谱条件，以使乙醇和正丙醇获得完全分离，并控制乙醇洗脱时间在 1min、正丙醇（内标）在 1.6min 为最佳。

2. 标准曲线的绘制

分别吸取不同浓度的乙醇标准溶液各 10.0mL 于 5 个 10mL 容量瓶中，各加入正丙醇 0.50mL，混匀。在上述色谱条件下，进样 0.3μL，以标样和内标峰面积（或峰高）之比对应酒精度绘制工作曲线，或建立相应的回归方程。

3. 试样的测定

吸取试样 10.0mL 于 10mL 容量瓶中，加入正丙醇 0.5mL，混匀，进样分析，得到样品和内标物的峰面积（或峰高）的比值。

五、实验记录

乙醇标准溶液的体积分数	2%	3%	4%	5%	6%	7%	试样
峰面积(或峰高)之比							

注：结果应表示至两位小数。

现代仪器分析课业任务书（一）

一、课业题目

果酒理化指标检验

二、背景

近年来市场上出现了多种瓶装果酒，如树莓、山楂、苹果、葡萄等果酒，因这些果酒具有丰富的营养价值，因此备受消费者青睐。

为了消费者的饮用安全，同时也为了使果酒的工业生产健康发展，国家行业主管部门已经制定了果酒的质量标准和分析方法标准。

假如你是食品卫生监督部门的检验员，你所在的实验室接受了一项新任务，要求定期抽样检测果酒的理化指标，提交产品质量的分析检测报告。果酒的理化指标检测对于你所在的实验室是一项新任务，因此你们需要研究行业标准、理解方法原理、准备仪器药品、摸索实验条件和操作关键，并且制订对本实验室的分析工作的质量保证措施。

三、任务

任 务	小组与个人的责任
一、调查果酒的出现背景和果酒市场的发展概况。查阅树莓、苹果、山楂的主要成分及其保健功能，查找关于其果酒的行业标准	个人查阅，小组交流，成果共享
二、理解测定原理和测定方法，制订准备工作和正式测定的工作计划，准备测定的仪器、试剂	个人准备，小组交流；计划规定各人的责任；以组为单位配制溶液
三、制订质量保证措施的初步方案，经过实验过程的检验进一步完善	个人准备方案，小组讨论完善
四、从市场上采集果酒样品。每组测定一种产品；第一组测定树莓果酒，第二组测定苹果果酒，第三组和第四组测定山楂果酒	每组测定同一种样品

任　　务	小组与个人的责任
五、完成果酒三项理化指标——pH 值、维生素 C 以及酒精度含量的测定。按国家标准控制测定工作质量，超出允许差的找出误差原因重新测定	两人合作完成三项指标的测定，实验中的疑难问题小组讨论解决
六、处理测定数据，计算测定结果。对本组各成员的测定结果进行统计处理，准确计算检测结果	个人和小组合作完成
七、报告小组和个人测定结果，评价产品质量，并对个人的分析工作质量作出自我评价	个人写报告

四、时间安排

　年　月　日布置课业任务。

　年　月　日前完成任务一、二、三。

　年　月　日前完成任务四、五。

　年　月　日前完成任务六、七，交报告及其他学习成果证据。

五、报告内容（根据以下要点自拟标题）

1. 论述果酒的出现背景和市场的发展概况、所测果酒的主要成分及其保健功能。
2. 测定方法依据和方法原理。
3. 样品及采样过程。
4. 分析工作质量保证措施。
5. 测定数据记录及数据计算处理过程。
6. 报告测定结果，对样品质量作出评价。
7. 分析工作质量自我评价。

六、学习成果及评价标准

学　习　成　果	评价标准(合格标准)
理解电位法、吸收光谱法、色谱分析法的基本原理，正确使用仪器分析技术相关术语	正确使用专业技术术语叙述方法原理和质量保证措施
熟练操作仪器设备，准确掌握各项测定的技术条件	会开机，会设定仪器的工作参数，操作程序正确，读数准确
会对分析结果及其误差进行计算和统计处理，正确使用有效数字	准确完整记录测定数据，会用作图法或直线回归方程法计算测定结果，会对测定数据进行统计处理。按规定使用有效数字
建立分析工作的质量意识并学会分析产生误差的原因以提高分析结果的精密度和准确度	有实验过程质量保证措施，测定的精密度达到标准，标准曲线的相关系数合格

以下为优、良标准。

要取得"良好"，应达到：①使用一系列的方法和技术收集、分析和处理信息及数据；②用相关的理论和技术，分析、应用知识和技能；③使用准确的技术语言，展示和交流学习成果。

要取得"优秀"，应达到：①收集、分析和处理复杂信息、数据并验证其有效性；②通过评价和使用综合性的理论和技术来得出结论并证明结论的正确性；③使用流利的技术语言，展示和交流学习成果以显示个人的能力。

七、评价学习成果应提交的其他相关证据

1. 调研及查阅资料的记录、复印件等。

2. 学习笔记本（实验记录本），包含学习研究问题记录、发言提纲或意见、个人工作计划表、实验现象记录、发现和解决问题的记录、实验原始数据记录等。

3. 小组讨论记录表。

4. 课业报告草稿。

5. 运用电子表格软件处理数据的打印件。

八、通用能力发展领域及成果

通用能力发展领域	成　　果
自我管理和自我发展	合理安排自己的时间完成任务
与他人合作共事	与他人或群体有良好的合作和交往
交往和表达	用各种直观方式表达信息
安排任务和解决问题	发现并解决常规和非常规问题
信息技术的运用	运用计算机软件、网络及办公设备

九、参考资料

中华人民共和国国家标准；《现代仪器分析》教材、讲义；仪器使用手册；有关果酒生产、检验的专著。

课业报告提示

一、第一部分的标题可选"前言"、"果酒综述"、"项目背景"等，或自拟其他标题。叙述重点有两个方面：果酒行业状况、果酒的保健功能。

二、"测定方法依据"写所用方法的国家标准编号。"方法原理"引用相关标准的文字叙述以后，应该运用所学理论知识作深入说明。

三、"质量保证措施"要与测定过程（操作步骤）相联系，针对影响测定结果准确度的操作提出措施或注意事项。

四、"测定数据及测定结果"表格及计算过程，按三个测定项目分为三个部分分别表示。

五、报告不要采取回答问题的方式来写。应力求信息量多、论述充分、简明扼要、条理清楚。各部分要加标题和编号。编号的层次：一，1，(1)。注意遵守排版规则。

现代仪器分析课业任务书（二）

一、课业题目

特香型白酒中香味物质的测定

二、背景

假如你是食品质量监督检验部门的检验员,负责白酒质量检验。你所使用的气相色谱仪最近刚更换新的色谱柱。现在需要测试色谱柱的性能,确定分析特香型白酒的色谱条件,并且对特香型白酒进行实际测定。

三、任务

任　　务	小组与个人的责任
一、研究色谱理论,弄清载气线速度对柱性能的影响,制订选择最佳适用载气线速度的实验方案,通过实验确定最佳线速度	个人准备,小组交流,集体制订实验方案并通过实验得出结论
二、根据氢火焰离子化检测器的灵敏度与工作条件的关系,制订调试仪器的方案并加以实施	同一
三、理解特香型白酒中丙酸乙酯和丁酸乙酯的测定原理和测定方法,制订准备工作和正式测定的工作计划	个人准备,小组交流,集体制订计划
四、采样测定特香型白酒中丙酸乙酯和丁酸乙酯的含量	两人合作测定1份标样和1份酒样,全组取平均值
五、报告测定结果,评价产品质量,对分析工作质量作出自我评价	个人写报告

四、时间安排

　　年　　月　　日布置课业任务。

　　年　　月　　日前完成任务一、二、三、四。

　　年　　月　　日交报告及其他学习成果证据。

五、报告内容（根据以下要点自拟标题）

1. 色谱分析方法的特点及适用范围。
2. 白酒的香型和香味物质。
3. 白酒中丙酸乙酯和丁酸乙酯含量测定的基本依据和方法原理。
4. 色谱仪工作条件。
（1）色谱仪的主要工作条件。
（2）载气线速度对柱效（板高）的影响。
（3）确定最佳载气线速度实验方案。
（4）影响氢火焰离子化检测器灵敏度的因素和相应的仪器调试方案。
5. 样品及采样过程。
6. 测量数据记录及测定结果计算。
（1）最佳线速度实验数据和结果。
（2）氢火焰离子化检测器工作条件调试结果。
（3）标准样品测量结果。
（4）酒样测量结果。
（5）测定结果计算。
7. 报告测定结果,对样品质量作出评价。
8. 分析工作质量自我评价。

六、学习成果及评价标准

学 习 成 果	评价标准（合格标准）
理解色谱理论,正确使用仪器,掌握分析技术相关术语	正确运用色谱理论论述方法原理
熟练操作仪器设备,准确掌握测定的技术条件	会设定仪器的工作参数,操作正确,测量准确
会对分析结果进行计算,正确使用有效数字	准确完整记录测定数据,会测量保留时间、峰面积,会计算测定结果,按规定使用有效数字
建立分析工作的质量意识并学会分析产生误差的原因以提高分析结果的精密度和准确度	测定的精密度达到标准

以下为优、良标准。

要取得"良好",应达到：①使用一系列的方法和技术收集、分析和处理信息及数据；②用相关的理论和技术,分析、应用知识和技能；③使用准确的技术语言,展示和交流学习成果。

要取得"优秀",应达到：①收集、分析和处理复杂信息、数据并验证其有效性；②通过评价和使用综合性的理论和技术来得出结论并证明结论的正确性；③使用流利的技术语言,展示和交流学习成果以显示个人的能力。

七、评价学习成果应提交的其他相关证据

1. 查阅资料的记录、复印件等。
2. 学习笔记本（实验记录本），包含学习研究问题记录、发言提纲或意见、个人工作计划表、实验现象记录、发现和解决问题的记录、实验原始数据记录等。
3. 色谱图或复印件。
4. 小组讨论记录表。
5. 课业报告草稿。
6. 运用电子表格软件处理数据的打印件。

八、通用能力发展领域及成果

通用能力发展领域	成 果
自我管理和自我发展	合理安排自己的时间完成任务
与他人合作共事	与他人或群体有良好的合作和交往
交往和表达	用各种直观方式表达信息
安排任务和解决问题	发现并解决常规和非常规问题
信息技术的运用	运用计算机软件、网络及办公设备

九、参考资料

中华人民共和国国家标准；《现代仪器分析》教材、讲义；仪器使用手册；有关白酒生产、检验的专著。

课业报告提示

一、关于色谱条件的实验方案

1. 温度条件《方法》已作规定，采用程序升温技术。

2. 最佳适用载气线速度通过实验方法确定。使用待测物质丙酸乙酯标准溶液作实验样品。为缩短保留时间，柱温采用105℃。在柱温等其他条件不变的情况下，改变载气线速度，从所得色谱图计算色谱柱的柱效即理论塔板数。

3. 氢火焰离子化检测器的灵敏度。选用保留时间短的乙醇作为样品，浓度为2%。调整衰减和量程使所得色谱峰高低合适。

二、稳流阀圈数和流量的关系

见气相色谱仪使用说明书。

三、程度升温操作方法

1. 设置柱箱温度（按仪器使用说明书操作）。

2. 设定升温速率（按仪器使用说明书操作）。

3. 设定完成后，为使仪器进入程序升温状态，须先按动"启动"键，使程序升温进入工作状态。

4. 进样器、检测器、初始温度稳定后，即可进入样品，同时按动"启动"键，仪器柱温即按所设定的程序工作。待最后阶段时间到达后，仪器自动进入降温状态，最终恒温在初始温度设定值上。准备下一次程序升温。

5. 使用程序升温时，为了避免由于温度变化而引起的基线不稳，要同时使用两根对称的色谱柱、两个氢火焰离子化检测器同时工作，使两个检测器产生的波动基线相互叠加而抵消。

四、样品测定

1. 首先识别酒样色谱峰中丙酸乙酯、丁酸乙酯峰的位置。采用标准加入法较可靠。考虑是两种成分同时加入，还是分别加入、进样两次。

2. 含量测定时要量取峰面积，应该选择测量准确的方法。

五、关于课业报告

1. 报告首先论述白酒的香型，再叙述气相色谱法方法特点，第三部分论述方法原理。

2. "方法原理"论述重点：使用程序升温技术的优点和操作方法，内标法定量方法，对相对校正因子和结果计算公式的说明。

3. 报告中至少应附两张色谱图：标准溶液色谱图和加内标酒样色谱图。色谱图要加以适当剪裁。同组2人中1人用复印件。

4. 实验数据部分要有色谱条件的详细说明。

参 考 文 献

[1] 高职高专化学教材编写组. 分析化学 [M]. 第 2 版. 北京：高等教育出版社，2000.
[2] 黄一石. 仪器分析 [M]. 北京：化学工业出版社，2002.
[3] 田丹碧. 仪器分析 [M]. 北京：化学工业出版社，2004.
[4] 张意静. 食品分析技术 [M]. 北京：中国轻工业出版社，2001.
[5] 潭湘成. 仪器分析 [M]. 北京：化学工业出版社，2001.
[6] 穆华荣. 仪器分析实验 [M]. 北京：化学工业出版社，2004.
[7] 郭景文. 现代仪器分析技术 [M]. 北京：化学工业出版社，2004.
[8] 张正奇. 分析化学 [M]. 北京：科学出版社，2001.
[9] 陈培榕. 现代仪器分析实验与技术 [M]. 北京：化学工业出版社，2001.
[10] 汪正范. 色谱联用技术 [M]. 北京：化学工业出版社，2001.
[11] 武汉大学. 分析化学 [M]. 第四版. 北京：高等教育出版社，1999.
[12] 彭崇慧等. 定量化学分析简明教程 [M]. 第 2 版. 北京：北京大学出版社，1997.
[13] 姚新生. 有机化合物波谱解析 [M]. 北京：中国医药科技出版社，1997.
[14] 洪山海. 光谱解析法在有机化学中的应用 [M]. 北京：科学出版社，1980.
[15] 李发美. 医药高效液相色谱技术 [M]. 北京：人民卫生出版社，1999.
[16] 孙毓庆. 现代色谱法及其在医药中的应用 [M]. 北京：人民卫生出版社，1998.
[17] 高鸿等. 分析化学前沿 [M]. 北京：科学出版社，1991.
[18] Ramette, Richard W. Chemical Equilibrium and Analysis [M]. Addison-Wesley Pub. Co.，1981.
[19] Daniel C Harris. Quantitative Chemical Analysis [M]. 5th ed. New York：W. H. Freeman，1999.
[20] Skoog D A，West D M. 仪器分析原理 [M]. 第 2 版. 金钦汉译. 上海：上海科技出版社，1998.
[21] 梁述忠主编. 仪器分析 [M]. 北京：化学工业出版社，1998.
[22] 董慧茹主编. 仪器分析 [M]. 北京：化学工业出版社，2000.
[23] 陈培梅，邓勃主编. 现代仪器分析实验与技术 [M]. 北京：清华大学出版社，1999.
[24] 施荫玉，冯亚非. 仪器分析解题指南与习题 [M]. 北京：高等教育出版社，1998.
[25] 常建华，董绮功编著. 波谱原理及解析 [M]. 北京：科学出版社，2001.
[26] 王彦吉，宋增福主编. 光谱分析与色谱分析 [M]. 北京：北京大学出版社，1995.
[27] 汪尔康主编. 21 世纪分析化学 [M]. 北京：科学出版社，1999.

现代仪器分析实训任务书与实训报告

化学工业出版社

·北京·

现代仪器分析实训任务书与实训报告

化学工业出版社

·北京·

实训技术教材使用说明

一、实训课的目的

巩固课堂所学的理论知识，进一步了解各种仪器的结构及工作原理，熟练掌握仪器的操作技能，了解各仪器的性能及日常维护，加强实训技能训练，提高学生动手能力，使理论与实践相结合。

二、实训教材使用

现代仪器分析课安排十五个实训项目供教学选用，每个实训项目可按以下步骤完成：承接实训任务书→仔细阅读任务书内容→按照任务书提示查阅相关资料→完成实训报告中实验原理习题（预习作业）→实验过程→完成实训报告全部内容→上交实训报告。为了方便师生使用，我们在教材后面附有相应的实训讲义，供大家参考。

实训项目（一） 水样中 pH 值的测定

一、分析任务

1. 熟悉 pH 计、磁力搅拌器的结构和使用方法。
2. 配制 pH 标准缓冲溶液。
3. 测定不同饮用天然矿泉水的 pH 值，组内成员每人测定 1 次，取平均值报告结果。
4. 按测定方法标准评价本组成员测定结果的精密度。

二、水样 pH 值的测定方法

参见中华人民共和国国家标准 GB/T 8538—1995《饮用天然矿泉水检验方法》。

三、实验时间和交实验报告时间

按规定时间进行实验并按时上交实验报告。

四、通用能力发展项目

1. 自我管理和自我发展。
2. 安排任务和承担责任。
3. 合理安排时间完成任务。
4. 用书面形式参与交流。
5. 运用计算机软件、网络及办公设备能力。

五、预习作业

1. 叙述直接电位法测定 pH 值的原理。
2. 使用甘汞电极和玻璃电极应注意哪些问题？
3. 实验操作过程中应注意哪些问题？

实训项目（一） 水样中 pH 值的测定

姓　　名		学　　号	
实验日期		实验地点	
规定上交报告日期	年　月　日	实际上交报告日期	年　月　日

一、实验原理

1. 叙述电位法测定 pH 值的基本原理。

2. 玻璃电极使用前为什么要用水浸泡 24h？

3. 甘汞电极内部氯化钾溶液中必须有氯化钾晶体，为什么？

4. 测定 pH 时溶液要加以搅拌，并且待读数稳定后再记录结果，为什么？

二、测定样品

三、实验步骤

四、数据记录与处理

样品编号	1	2	3	4	5
pH 值					

注：pH 值取 1 位小数。

五、测定结果

六、实验工作质量评价

附：小组成员工作分工

姓　名	任　务

实训项目（二） 离子选择性电极法测定水中的氟含量

一、分析任务
1. 熟悉氟离子选择性电极的结构和使用方法。
2. 小组成员分工合作，配制氟离子标准使用液，3~4人共同测定一组标准溶液的电动势，测定数据共享，按照测定数据每人独立制作标准曲线。
3. 测定两种牌号饮用天然矿泉水中氟化物（氟离子）的含量。每人每种样品测定一次电动势，全组取平均值。
4. 每人根据样品溶液的电动势和标准曲线独立计算测定结果。
5. 按测定方法标准评价实验的精密度，对照国家标准 GB 8537—1995《饮用天然矿泉水》评价矿泉水质量。

二、饮用天然矿泉水 pH 值的测定方法
参见中华人民共和国国家标准 GB/T 8538—1995《饮用天然矿泉水检验方法》。

三、实验时间和交实验报告时间
按规定时间进行实验并按时上交实验报告。

四、通用能力发展项目
1. 自我管理和自我发展。
2. 安排任务和承担责任。
3. 合理安排时间完成任务。
4. 用书面形式参与交流。
5. 运用计算机软件、网络及办公设备能力。

五、预习作业
1. 测定饮用天然矿泉水中的氟含量有何意义？饮用天然矿泉水中的氟含量如何表述？国家标准对饮用天然矿泉水中氟含量的限定标准是多少？
2. 叙述直接电位法测定氟离子浓度的基本原理。
3. 什么是标准曲线法？
4. 本项目测定过程中为什么要向被测定的标准溶液和矿泉水样品中加入相同体积的总离子强度调节缓冲液？

实训项目（二） 离子选择性电极法测定水中的氟含量

姓　　名		学　　号	
实验日期		实验地点	
规定上交报告日期	年　月　日	实际上交报告日期	年　月　日

一、实验原理

1. 叙述测定饮用天然矿泉水中氟含量的意义和矿泉水中氟含量的表示方法。

2. 叙述直接电位法测定氟离子浓度的基本原理。

3. 各种浓度的氟标准溶液和矿泉水样品中为什么都要加入相同体积的总离子强度调节缓冲液？

4. 计算被测电动势的各浓度标准溶液的质量浓度（μg/mL）。计算一个浓度，其余类推。

5. 本项目哪些操作环节影响分析工作质量？

二、测定样品

三、实验步骤

四、数据记录与处理

1. 数据记录

标准溶液序号	1	2	3	4	5
浓度 c_{F^-} /(μg/mL)	0.05	0.2	0.4	0.6	1.0
$-\lg c_{F^-}$					
电动势 E/mV					

水样					
电动势 E/mV					

2. 标准曲线

3. 结果计算

样　品		
电动势 E/mV		
$-\lg c_{F^-}$		
c/(μg/mL)		

五、测定结果

六、实验工作质量评价

附：小组成员工作分工

姓　名	任　务

实训项目（三） 测定吸光度制作光吸收曲线

一、分析任务

1. 熟悉可见分光光度计和紫外-可见分光光度计的结构。

2. 练习开机、选择波长、放置比色皿、用参比溶液调 $0\%T$ 和 $100\%T$、测定吸光度 A 的操作。

3. 每组再分两个小组分别进行如下实验。

（1）将浓度不同的两种硫酸铜溶液装入两个比色皿中，分别测定吸光度，即从400～600nm每隔20nm测定一次吸光度，记录测定数据。

（2）将浓度不同的两种高锰酸钾溶液装入两个比色皿中，分别测定吸光度，即从400～600nm每隔20nm测定一次吸光度，记录测定数据。

4. 根据测定数据每人独立绘制硫酸铜或高锰酸钾的光吸收曲线，浓度不同的两种溶液的光吸收曲线画在一张图上。两个小组的测定数据全组共享。

5. 分别比较同一种物质的两个不同浓度溶液的光吸收曲线和两种不同物质的光吸收曲线，给出相应的结论。

二、实验时间和交实验报告时间

按规定时间进行实验并按时上交实验报告。

三、仪器操作方法

722型可见分光光度计的操作方法如下。

（1）将灵敏度旋钮置"1"挡。

（2）开启电源，预热20min，选择开关置于"T"。

（3）打开样品室盖（射向检测器的光门关闭），调"$0\%T$"旋钮使数字显示为"0.0"。

（4）将装有参比液的比色皿推入光路。

（5）转动波长手轮调节到所需波长刻度处。

（6）盖上样品室盖，调节"$100\%T$"旋钮，使数字显示为"100.0"。若调节不到100%，适当增加灵敏度挡数，再从调 $0\%T$ 开始重复操作。

（7）打开样品室盖，将选择开关置于"A"，旋动吸光度调零旋钮使数字显示读数为零。

（8）将装有待测溶液的比色皿推入光路，盖上样品室盖，读取吸光度值并记录。

四、仪器使用注意事项

1. 在紫外波段必须使用石英比色皿。比色皿与仪器配套使用，不能在仪器之间调换。使用玻璃比色皿时，手只能接触毛糙面，不可碰透光面。使用石英比色皿时，手只能接触上边缘。比色皿内的试样液体高度应能保证光线完全从液体中通过。比色皿外沾有液体时，应用滤纸轻轻吸干。比色皿的光程有不同规格供选用。比色皿使用完毕，应及时用蒸馏水清洗，用滤纸或软布吸干贮存在盒内。

2. 仪器应在干燥、洁净的环境中使用，定期检查、处理放于仪器内的硅胶干燥剂。

不可将溶液洒在样品室内。腐蚀性气体将使关键部件光栅受损，影响仪器性能。

3. 电源电压应该稳定。

4. 定期进行波长校正和吸光度精度校正。

五、通用能力发展项目

1. 自我管理和自我发展。

2. 确定个人的发展方向。

3. 与他人合作共事。

4. 作集体中的积极成员。

5. 运用计算机软件、网络及办公设备能力。

实训项目（三） 测定吸光度制作光吸收曲线

姓　　名		学　　号	
实验日期		实验地点	
规定上交报告日期	年　月　日	实际上交报告日期	年　月　日

一、实验原理

1. 什么是光吸收曲线？

2. 在可见光谱法中，如何对物质进行定性、定量分析？

3. 同一物质不同浓度的溶液，其光吸收曲线有何不同？

二、测定样品

三、实验步骤

四、数据记录与处理

1. 数据记录

溶液名称：

波长/nm	400	420	440	460	480	500	520	540	560	580	600
浓溶液 A											
稀溶液 A											

溶液名称：

波长/nm	400	420	440	460	480	500	520	540	560	580	600
浓溶液 A											
稀溶液 A											

2. 光吸收曲线

五、实验结论

吸收曲线的特点：

六、实验工作质量评价

附：小组成员工作分工

姓　　名	任　　务

实训项目（四） 白酒中甲醇含量的测定——分光光度法

一、分析任务

1. 测定两种牌号白酒中甲醇的含量，评价与本指标相关的产品质量。
2. 每种样品平行测定两次。
3. 3~4人一组分工合作完成测定任务。利用测定数据，每人独立完成数据处理，报告分析结果。
4. 计算测定样品中甲醇的含量。有两种计算方法：①制作标准曲线，根据样品吸光度查甲醇的含量；②使用 Excel 软件，根据标准溶液的浓度和吸光度数据求得直线方程，将样品试液的吸光度代入方程求得浓度。

二、测定方法和质量评价标准

测定方法：中华人民共和国国家标准 GB/T 5009.48—1996《蒸馏酒及配制酒卫生标准的分析方法》。

质量标准：中华人民共和国国家标准 GB 2757—81《蒸馏酒及配制酒卫生标准》。

三、实验时间和交实验报告时间

按规定时间进行实验并按时上交实验报告。

四、通用能力发展项目

1. 自我管理和自我发展。
2. 确定个人的发展方向。
3. 与他人合作共事。
4. 作集体中的积极成员。
5. 运用计算机软件、网络及办公设备能力。

五、预习作业

1. 叙述测定白酒中甲醇含量的意义和甲醇含量的表示方法。
2. 叙述分光光度法测定白酒中甲醇含量的原理。
3. 说明显色反应的各操作步骤的目的。
4. 说明分析方法中"零管调节零点"操作的目的、"零管"所用液体和具体操作内容。
5. 本项目溶液浓度、吸光度数据的有效数字是几位？报告结果取几位有效数字？
6. 本项目测定的质量保证措施有哪些？

实训项目（四） 白酒中甲醇含量的测定——分光光度法

姓　　名		学　　号	
实验日期		实验地点	
规定上交报告日期	年　月　日	实际上交报告日期	年　月　日

一、实验原理

1. 叙述测定白酒中甲醇含量的意义和甲醇含量的表示方法。

2. 叙述分光光度法测定白酒中甲醇含量的原理。

3. 说明显色反应的各操作步骤的目的。

4. 说明分析方法中"零管调节零点"操作的目的。

5. 本项目溶液浓度、吸光度数据的有效数字是几位？报告结果取几位有效数字？

6. 本项目测定的质量保证措施有哪些？

二、测定样品

三、实验步骤

四、数据记录与处理
1. 数据记录

标准溶液序号	1	2	3	4	5	6
甲醇质量 m/mg	0.05	0.10	0.20	0.30	0.40	0.50
吸光度 A						

酒 样	1#			2#		
	1	2	3	1	2	3
吸光度 A						
平均值						

2. 标准曲线

3. 结果计算

方法一：从标准曲线上查出被测样品中甲醇的质量，再计算样品中甲醇的含量（g/100mL），写出计算式。

方法二：测定数据的计算机处理。
直线斜率：$k=$
直线方程：$A=km$
被测试样一中甲醇的质量 $m=$
甲醇的含量（g/100mL）：
被测试样二中甲醇的质量 $m=$
甲醇的含量（g/100mL）：

五、测定结果

六、实验工作质量评价（白酒质量评价）

附：小组成员工作分工

姓　　名	任　　务

实训项目（五） 邻二氮菲分光光度法测定微量铁

一、分析任务

1. 学会分光光度法中最大吸收波长和显色剂用量的确定方法，掌握分光光度计的使用。
2. 掌握邻二氮菲分光光度法测定微量铁的方法原理。
3. 平行测定样品两次，4人一组分工合作完成测定任务。
4. 学会使用 Excel 软件，根据测定数据每人独立完成数据处理，报告分析结果。

二、测定方法和质量评价标准

测定方法：中华人民共和国国家标准 GB/T 5750.6—2006《生活饮用水标准检验方法金属指标》。

质量标准：中华人民共和国国家标准 GB 5749—2006《生活饮用水卫生标准》。

三、实验时间和交实验报告时间

按规定时间进行实验并按时上交实验报告。

四、通用能力发展项目

1. 自我管理和自我发展。
2. 与他人合作共事。
3. 作集体中的积极成员。
4. 运用计算机软件、网络及办公设备能力。

五、预习作业

1. 邻二氮菲分光光度法测定微量铁时为何要加入盐酸羟胺溶液？
2. 吸收曲线与标准曲线有何区别？在实际应用中有何意义？
3. 透射比与吸光度两者的关系如何？测定条件指哪些？
4. 邻二氮菲与铁的显色反应，其主要条件有哪些？
5. 加各种试剂的顺序能否颠倒？

实训项目（五） 邻二氮菲分光光度法测定微量铁

姓　　名		学　　号	
实验日期		实验地点	
规定上交报告日期	年　月　日	实际上交报告日期	年　月　日

一、实验原理

1. 简述朗伯-比耳定律的内容。

2. 简述邻二氮菲法测定微量铁的方法。

3. 简述本实验中最大吸收波长 λ_{max} 和最佳显色剂用量的确定方法与目的。

二、测定样品

三、实验步骤

四、数据记录与处理

1. 以波长为横坐标，吸光度为纵坐标，绘制吸收曲线，选择测量的最适宜波长条件。

波长/nm	440	450	460	470	480	490	500	502	504
A									
波长/nm	506	508	510	512	514	516	518	520	530
A									
波长/nm	540	550	560	570	580	590			
A									

根据所测数据绘制吸收曲线（放于背面）。

2. 邻二氮菲用量曲线

邻二氮菲体积/mL	0.10	0.50	1.00	2.00	3.00	4.00
吸光度 A						

根据所测数据绘制吸收曲线（放于背面）。

3. 铁标准溶液（$100\mu g/mL$）标准曲线

铁标准溶液加入体积/mL	0.20	0.40	0.60	0.80	1.00
吸光度 A					

根据所测数据，用最小二乘法绘制标准曲线。

4. 工业盐酸中铁含量的测定

吸光度 A	铁的浓度/(mol/mL)	铁含量的平均值

根据上述实验数据，在确定的最适宜波长及最佳邻二氮菲（0.15％）用量条件下测定三份铁试样的吸光度 A，再通过标准曲线算出铁含量。

五、测定结果

六、实验工作质量评价

附：小组成员工作分工

姓　　名	任　　务

实训项目（六） 室内空气中甲醛含量的检测——AHMT 分光光度法

一、分析任务
1. 进一步掌握并熟悉分光光度法中最佳条件的确定方法，熟悉分光光度计的使用。
2. 掌握 AHMT 分光光度法测定室内空气中甲醛含量的基本原理。
3. 学会用空气采样器采集样品，测定样品含量。
4. 平行测定样品两次，4 人一组分工合作完成测定任务。
5. 学会使用 Excel 软件，根据测定数据每人独立完成数据处理，报告分析结果。

二、测定方法和质量评价标准
测定方法：中华人民共和国国家标准 GB/T 18204.26—2000《公共场所空气中甲醛测定方法》。

质量标准：中华人民共和国国家标准 GB/T 18883—2002《室内空气质量标准》。

三、实验时间和交实验报告时间
按规定时间进行实验并按时上交实验报告。

四、通用能力发展项目
1. 实验责任心。
2. 团队合作精神。
3. 自我管理与自我约束能力。
4. 运用计算机软件、网络及办公设备能力。

五、预习作业
1. AHMT 分光光度法测定空气中甲醛含量时为何要加入吸收液？
2. 用空气采样器时应注意一些什么问题？
3. 测定吸光度时为什么要用水作参比？
4. AHMT 分光光度法的显色反应的主要条件有哪些？

实训项目（六） 室内空气中甲醛含量的检测——AHMT 分光光度法

姓　　名		学　　号	
实验日期		实验地点	
规定上交报告日期	年　月　日	实际上交报告日期	年　月　日

一、实验原理

1. 简述朗伯-比耳定律在本实验中如何得以应用。

2. 简述 AHMT 分光光度法测定室内空气中甲醛含量的基本原理。

3. 简述本实验中甲醛标准贮备液的标定方法与目的。

二、测定样品

三、实验步骤

四、数据记录与处理

1. 采样记录

用一个内装 5mL 吸收液的气泡吸收管，以 1.0L/min 流量，采气 20L。记录采样时的温度和大气压，按下式换算成标准状态下的采样体积：

$$V_0 = V_t \times \frac{T_0}{273+t} \times \frac{p}{p_0}$$

式中　V_0——标准状况下的采样体积，L；

　　　V_t——t 温度下的采样体积，L；

　　　t——采样时的空气温度，℃；

T_0 ——标准状况下的热力学温度，273K；

p ——采样时的大气压，kPa；

p_0 ——标准状况下的大气压，101.3kPa。

2. 标准曲线的绘制

用标准溶液绘制标准曲线：取 7 支 10mL 具塞比色管，按下表制备标准色列管。

管　号	0	1	2	3	4	5	6
标准溶液的体积/mL	0	0.1	0.2	0.4	0.8	1.2	1.6
吸收溶液的体积/mL	2.0	1.9	1.8	1.6	1.2	0.8	0.4
甲醛含量/μg	0	0.2	0.4	0.8	1.6	2.4	3.2

根据所测数据绘制标准曲线（放于背面）。

3. 样品含量的计算

根据下式计算样品含量：

$$c = \frac{(A-A_0)B_s}{V_0} \times \frac{V_1}{V_2}$$

式中　c ——空气中甲醛的浓度，mg/m^3；

A ——样品溶液的吸光度；

A_0 ——试剂空白溶液的吸光度；

B_s ——计算因子，由标准曲线求得，μg/吸光度值；

V_0 ——标准状态下的采样体积，L；

V_1 ——采样时吸收液的体积，mL；

V_2 ——分析时取样品的体积，mL。

五、测定结果

六、实验工作质量评价

附：小组成员工作分工

姓　　名	任　　务

实训项目（七） 室内空气中氨含量的检测——靛酚蓝分光光度法

一、分析任务

1. 进一步掌握并熟悉朗伯-比耳定律在分光光度法中的应用，熟悉分光光度计的使用。
2. 掌握靛酚蓝分光光度法测定室内空气中氨的方法原理。
3. 学会用空气采样器采集样品，测定样品含量。
4. 平行测定样品两次，4人一组分工合作完成测定任务。
5. 学会使用 Excel 软件，根据测定数据每人独立完成数据处理，报告分析结果。

二、测定方法和质量评价标准

测定方法：中华人民共和国国家标准 GB/T 18204.25—2000《公共场所空气中氨测定方法》。

质量标准：中华人民共和国国家标准 GB/T 18883—2002《室内空气质量标准》。

三、实验时间和交实验报告时间

按规定时间进行实验并按时上交实验报告。

四、通用能力发展项目

1. 实验责任心与安全意识。
2. 团队合作精神。
3. 自我管理与自我约束能力。
4. 运用计算机软件、网络及办公设备能力。

五、预习作业

1. 靛酚蓝分光光度法测定空气中氨的含量时为何所用试剂均要求用分析纯？实验用水为何要用无氨水？
2. 用空气采样器时如何防止倒吸现象？一旦产生倒吸会有什么危害？
3. 测定吸光度时为什么要作参比？通常可用哪些物质作参比？
4. 靛酚蓝分光光度法的显色反应的主要条件有哪些？

实训项目（七） 室内空气中氨含量的检测
——靛酚蓝分光光度法

姓　　名		学　　号	
实验日期		实验地点	
规定上交报告日期	年 月 日	实际上交报告日期	年 月 日

一、实验原理

1. 简述朗伯-比耳定律在本实验中如何得以应用。

2. 简述靛酚蓝分光光度法测定室内空气中氨的方法原理。

3. 简述标准贮备液与标准工作液的区别。

二、测定样品

三、实验步骤

四、数据记录与处理

1. 采样记录

用一个内装 10mL 吸收液的大型气泡吸收管，以 0.5L/min 流量，采气 5L。并及时记录采样时的温度和大气压，按下式换算成标准状态下的采样体积：

$$V_0 = V_t \times \frac{T_0}{273+t} \times \frac{p}{p_0}$$

式中　V_0——标准状况下的采样体积，L；

　　　V_t——t 温度下的采样体积，L；

　　　t——采样时的空气温度，℃；

　　　T_0——标准状况下的热力学温度，273K；

　　　p——采样时的大气压，kPa；

　　　p_0——标准状况下的大气压，101.3kPa。

2. 标准曲线的绘制

用标准溶液绘制标准曲线：取 7 支 10mL 具塞比色管，按下表制备标准色列管。

管　号	0	1	2	3	4	5	6
氨标准工作液的体积/mL	0	0.50	1.00	3.00	5.00	7.00	10.00
吸收溶液的体积/mL	10.00	9.50	9.00	7.00	5.00	3.00	0
氨含量/μg	0	0.50	1.00	3.00	5.00	7.00	10.00

根据所测数据绘制标准曲线（放于背面）。

3. 样品含量的计算

根据下式计算样品含量：

$$c_{NH_3} = \frac{(A - A_0)B_s}{V_0}$$

式中　c_{NH_3}——空气中氨的浓度，mg/m³；

　　　A——样品溶液的吸光度；

　　　A_0——试剂空白溶液的吸光度；

　　　B_s——计算因子，由标准曲线求得，μg/吸光度值；

　　　V_0——标准状态下的采样体积，L。

五、测定结果

六、实验工作质量评价

附：小组成员工作分工

姓　　名	任　　务

实训项目（八） 室内空气中二氧化氮的检测——改进的 Saltzman 分光光度法

一、分析任务
1. 进一步掌握并熟悉朗伯-比耳定律在本实验中的应用，熟悉分光光度计的使用。
2. 掌握改进的 Saltzman 法测定室内空气中二氧化氮的方法原理。
3. 熟练用空气采样器采集样品，测定样品含量。
4. 平行测定样品两次，4 人一组分工合作完成测定任务。
5. 熟练使用 Excel 软件，根据测定数据每人独立完成数据处理，报告分析结果。

二、测定方法和质量评价标准
测定方法：中华人民共和国国家标准 GB/T 18883—2002《室内空气质量标准》。
质量标准：中华人民共和国国家标准 GB/T 18883—2002《室内空气质量标准》。

三、实验时间和交实验报告时间
按规定时间进行实验并按时上交实验报告。

四、通用能力发展项目
1. 实验责任心与安全意识。
2. 团队合作精神。
3. 自我管理与自我约束能力。
4. 运用计算机软件、网络及办公设备能力。

五、预习作业
1. 改进的 Saltzman 法测定空气中二氧化氮的含量时为何亚硝酸钠要求用优级纯？
2. 用空气采样器去采样时应带哪些东西？
3. 亚硝酸钠标准工作液为何要临用前现配？
4. 如何制备无 NO_2^- 的二次蒸馏水？

实训项目（八） 室内空气中二氧化氮的检测
——改进的 Saltzman 分光光度法

姓　　名		学　　号	
实验日期		实验地点	
规定上交报告日期	年　月　日	实际上交报告日期	年　月　日

一、实验原理

1. 简述何谓改进的 Saltzman 法。

2. 简述改进的 Saltzman 法测定室内空气中二氧化氮的基本原理。

3. 简述亚硝酸钠标准贮备液与标准工作液的区别与联系。

二、测定样品

三、实验步骤

四、数据记录与处理

1. 采样记录

取一支多孔玻板吸收瓶，内装 10mL 吸收液，以 0.4L/min 流量，采气 6~24L。并及时记录采样时的温度和大气压，按下式换算成标准状态下的采样体积。

$$V_0 = V_t \times \frac{T_0}{273+t} \times \frac{p}{p_0}$$

式中　V_0——标准状况下的采样体积，L；

　　　V_t——t 温度下的采样体积，L；

　　　t——采样时的空气温度，℃；

　　　T_0——标准状况下的热力学温度，273K；

　　　p——采样时的大气压，kPa；

p_0 ——标准状况下的大气压，101.3kPa。

2. 标准曲线的绘制

用亚硝酸钠标准溶液绘制标准曲线：取6个25mL比色管，按下表制备标准系列。

管 号	0	1	2	3	4	5
亚硝酸钠标准工作液的体积/mL	0	0.40	0.80	1.20	1.60	2.00
水的体积/mL	2.00	1.60	1.20	0.80	0.40	0
显色液的体积/mL	8.00	8.00	8.00	8.00	8.00	8.00
NO_2^- 含量/(μg/mL)	0	0.10	0.20	0.30	0.40	0.50

根据所测数据绘制标准曲线（放于背面）。

3. 样品含量的计算

根据下式计算样品含量：

$$c_{NO_2} = \frac{(A-A_0-a) \cdot V \cdot D}{b \cdot f \cdot V_0}$$

式中　A ——样品溶液的吸光度；

A_0 ——空白试验溶液的吸光度；

b ——标准曲线的斜率，吸光度值·mL/μg；

a ——标准曲线的截距；

V ——采样用吸收液的体积，mL；

V_0 ——换算为标准状况下的采样体积，L；

D ——样品的稀释倍数；

f ——Saltzman 实验系数，0.88（当空气中 NO_2 浓度高于 $0.720mg/m^3$ 时，为 0.77）。

五、测定结果

六、实验工作质量评价

附：小组成员工作分工

姓　名	任　务

实训项目（九） 紫外吸收光谱定性分析的应用

一、分析任务

1. 了解紫外可见分光光度计的结构。
2. 熟悉紫外分光光度计的使用。
3. 掌握紫外吸收光谱的测绘方法。
4. 每两人一小组进行实验，利用吸收光谱对未知物进行鉴定。

二、仪器操作方法

紫外分光光度计操作方法，参见仪器使用说明书。

三、实验时间和交实验报告时间

按规定时间进行实验并按时上交实验报告。

四、通用能力发展项目

1. 自我管理和自我发展。
2. 确定个人的发展方向。
3. 与他人合作共事。
4. 作集体中的积极成员。
5. 运用计算机软件、网络及办公设备能力。

五、预习作业

1. 紫外吸收光谱法定性分析的依据是什么？
2. 紫外分光光度计与可见分光光度计有何区别？
3. 使用石英比色皿应注意哪些问题？
4. 本项目测定的质量保证措施有哪些？

实训项目（九） 紫外吸收光谱定性分析的应用

姓　　名		学　　号	
实验日期		实验地点	
规定上交报告日期	年　月　日	实际上交报告日期	年　月　日

一、实验原理

1. 紫外吸收光谱法定性分析的依据是什么？

2. 紫外分光光度计与可见分光光度计有何区别？

3. 使用石英比色皿应注意哪些问题？

4. 本项目测定的质量保证措施有哪些？

二、测定样品

三、实验步骤

四、数据记录与处理
紫外吸收曲线

五、测定结果
特征吸收峰：

最大吸收峰：

六、实验工作质量评价

附：小组成员工作分工

姓　名	任　　务

实训项目（十） 水体中硝酸盐氮的测定
——紫外分光光度法

一、分析任务
1. 进一步掌握并熟悉朗伯-比耳定律在本实验中的应用，掌握紫外分光光度计的使用。
2. 掌握紫外分光光度法测定水体中硝酸盐氮的基本原理。
3. 查阅并熟悉相关的检测标准与评价标准。
4. 平行测定样品两次，4人一组分工合作完成测定任务。
5. 学会使用 Excel 软件，根据测定数据每人独立完成数据处理，报告分析结果。

二、测定方法和质量评价标准
测定方法：中华人民共和国国家标准 GB/T 5750.5—2006《生活饮用水标准检验方法无机非金属指标》。

质量标准：中华人民共和国国家标准 GB 5749—2006《生活饮用水卫生标准》。

三、实验时间和交实验报告时间
按规定时间进行实验并按时上交实验报告。

四、通用能力发展项目
1. 实验责任心与安全意识。
2. 团队合作精神。
3. 自我管理与自我约束能力。
4. 运用计算机软件、网络及办公设备能力。

五、预习作业
1. 紫外分光光度法测定水体中硝酸盐氮含量时为何需在 220nm 和 275nm 两个波长下测定？其测定的目的是什么？
2. 硝酸盐氮标准贮备溶液配制时加入三氯甲烷的作用是什么？
3. 紫外分光光度法测定水体中硝酸盐氮含量的显色反应条件有哪些？

实训项目（十） 水体中硝酸盐氮的测定
——紫外分光光度法

姓　　名		学　　号	
实验日期		实验地点	
规定上交报告日期	年　月　日	实际上交报告日期	年　月　日

一、实验原理

1. 简述朗伯-比耳定律在本实验中如何得以充分应用。

2. 简述紫外分光光度法测定水体中亚硝酸盐氮的方法原理。

3. 紫外分光光度法测定水体中硝酸盐氮含量的显色反应条件有哪些？

二、测定样品

三、实验步骤

四、数据记录与处理

1. 标准曲线的绘制

用硝酸盐氮标准使用溶液配制标准曲线：取 7 支 50mL 具塞比色管，按下表制备标准色列管。

管　号	0	1	2	3	4	5	6
硝酸盐氮标准使用溶液的体积/mL	0	1.0	5.0	10.0	20.0	30.0	35.0
水的体积/mL	50.0	49.0	45.0	40.0	30.0	20.0	15.0
硝酸盐氮的含量/(mg/L)	0	0.2	1.0	2.0	4.0	6.0	7.0

根据所测数据绘制标准曲线（放于背面），得出回归方程：

$$y = bx + a$$

式中　y——标准溶液修正后的吸光度；
　　　x——硝酸盐氮的含量，mg/L；
　　　a——回归方程式的截距；
　　　b——回归方程斜率，吸光度值·L/mg。

2. 样品含量的计算

将样品溶液测出的修正吸光度值代入上述回归方程即可求出硝酸盐氮的含量。（注：若样品溶液在275nm波长处吸光度值的2倍大于在220nm波长处吸光度值的10%时，本方法不适用。）

五、测定结果

六、实验工作质量评价

附：小组成员工作分工

姓　　名	任　　务

实训项目（十一） 饮用水中镁含量的测定——原子吸收分光光度法

一、分析任务
1. 测定饮用水中镁含量，评价与本指标相关的商品质量。
2. 每个大组测定一种饮用水。
3. 3~4人一组分工合作完成一组标准溶液的测定。每人测定一份样品，独立完成数据处理，报告分析结果。
4. 使用Excel软件，根据标准溶液的浓度和吸光度数据求得直线方程，将样品试液的吸光度代入方程求浓度，计算样品的镁含量。

二、测定方法和质量评价标准
质量标准：中华人民共和国国家标准GB 5749—2006《生活饮用水卫生标准》。

测定方法：中华人民共和国国家标准GB/T 5009.90—2003《食品中铁、镁、锰的测定》。

三、实验时间和交实验报告时间
按规定时间进行实验并按时上交实验报告

四、通用能力发展项目
1. 自我管理和自我发展。
2. 安排任务和承担责任。
3. 合理安排时间完成任务。
4. 用书面形式参与交流。
5. 运用计算机软件、网络及办公设备能力。

五、预习作业
1. 叙述测定饮用水中镁含量的意义和镁含量的表示方法。
2. 叙述原子吸收分光光度法测定镁含量的原理。
3. 原子吸收分光光度计与紫外-可见分光光度计有何区别？
4. 原子吸收分光光度计在使用时有哪些工作参数（条件）需要设定和调整？设定和调整的原则分别是什么？
5. 本项目测定的质量保证措施有哪些？

实训项目（十一） 饮用水中镁含量的测定——原子吸收分光光度法

姓　　名		学　　号	
实验日期		实验地点	
规定上交报告日期	年　月　日	实际上交报告日期	年　月　日

一、实验原理

1. 叙述测定饮用水中镁含量的意义和镁含量的表示方法。

2. 叙述原子吸收分光光度法测定镁含量的原理。

3. 原子吸收分光光度计与紫外-可见分光光度计有何区别？

4. 原子吸收分光光度计在使用时有哪些工作参数（条件）需要设定和调整？设定和调整的原则分别是什么？

5. 本项目测定的质量保证措施有哪些？

二、测定样品

三、实验步骤

四、数据记录与处理

1. 标准溶液吸光度的测定

标准溶液序号	1	2	3	4	5	6
镁标准溶液的体积/mL	0	1.00	2.00	3.00	4.00	5.00
稀释至10mL后镁的浓度/$\mu g/L$						
吸光度 A						

2. 样品溶液吸光度的测定

样品溶液	
吸光度 A	

3. 标准曲线的绘制

4. 测定结果计算

方法一：从标准曲线上查出被测样品溶液中镁的浓度 c，再计算样品中镁的含量 $x(\text{mg/kg})$，写出计算式。

方法二：测定数据的计算机处理。
直线斜率：$k=$
直线方程：$A=kc$
被测试样溶液中镁的浓度 $c=$
饮用水中镁的含量 $x(\text{mg/kg})$：

五、测定结果

六、实验工作质量评价

附：小组成员工作分工

姓　　名	任　　务

实训项目（十二） 气相色谱流出曲线（色谱图）的研究

一、分析任务

1. 启动气相色谱仪，认识仪器结构。记录仪器型号和工作条件，如汽化室温度、柱箱温度、检测器温度、氮气和空气的柱前压、柱长、固定液。

2. 以小组为单位，分别吸取甲醇、乙醇、甲醇和乙醇的混合液各 $0.5\mu L$，分三次进样，得到三份流出曲线。

3. 以本组所得流出曲线为依据，测量并计算各组分的保留时间、调整保留时间，色谱峰高、底宽、半宽，色谱柱的理论塔板数、有效塔板数。

二、仪器操作方法

气相色谱仪的操作方法可参见仪器使用说明书。

三、实验时间和交实验报告时间

按规定时间进行实验并按时上交实验报告。

四、通用能力发展项目

1. 自我管理和自我发展。
2. 安排任务和承担责任。
3. 合理安排时间完成任务。
4. 用书面形式参与交流。
5. 运用计算机软件、网络及办公设备能力。

五、预习作业

1. 叙述气相色谱仪的基本组成。
2. 指出色谱流出曲线中各参数的表示方法。
3. 气相色谱法中定性、定量分析的依据是什么？

实训项目（十二） 气相色谱流出曲线（色谱图）的研究

姓　　名		学　　号	
实验日期		实验地点	
规定上交报告日期	年　月　日	实际上交报告日期	年　月　日

一、实验原理

1. 叙述气相色谱仪的基本组成。

2. 指出色谱流出曲线中各参数的表示方法。

3. 气相色谱法中定性、定量分析的依据是什么？

二、气相色谱仪和色谱条件

1. 色谱条件

仪　器　型　号		仪　器　编　号	
色谱柱长	柱径	固定液	
载气		检测器类型	
温度:柱温	汽化室温度	离子化温度	
气体流量(稳流阀圈数)：	载气	氢气	空气
信号衰减			
记录仪量程		走纸速度	

2. 色谱图参数

样　品	进样量	死时间 t_M/s	保留时间 t_R/s	调整保留时间 t'_R/s	峰高 h/mm	底宽 W/mm	半峰宽 $W_{1/2}$/mm
乙醇-正丁醇混合物							

三、结果讨论

根据色谱图参数计算：

1. 上述色谱条件下色谱柱分别对乙醇和正丁醇的理论塔板数和有效塔板数、理论塔板高度和有效塔板高度。

2. 根据色谱图求色谱柱对乙醇和正丁醇两组分的分离度。

3. 根据色谱图求乙醇和正丁醇两组分的相对保留值。

四、实验工作质量评价

附：小组成员工作分工

姓　名	任　务

实训项目(十三) 气相色谱操作条件对柱效能的影响

一、分析任务

1. 调试气相色谱仪。
2. 两人一组分工合作完成测定任务。利用测定数据,每人独立完成数据处理,报告分析结果。
3. 根据实验结果计算不同柱温、不同载气流速下的分离度。
4. 讨论操作条件对柱效能的影响。

二、仪器操作方法

仪器操作方法参见仪器使用说明书。

三、实验时间和交实验报告时间

按规定时间进行实验并按时上交实验报告。

四、通用能力发展项目

1. 自我管理和自我发展。
2. 确定个人的发展方向。
3. 与他人合作共事。
4. 作集体中的积极成员。
5. 运用计算机软件、网络及办公设备。

五、预习作业

1. 衡量色谱柱分离效能的指标有哪些?
2. 载气流速对混合物分离度的影响有哪些?
3. 柱温对混合物分离度的影响有哪些?

实训项目（十三） 气相色谱操作条件对柱效能的影响

姓　　名		学　　号	
实验日期		实验地点	
规定上交报告日期	年　月　日	实际上交报告日期	年　月　日

一、实验原理

1. 衡量色谱柱分离效能的指标有哪些？

2. 载气流速对混合物分离度的影响有哪些？

3. 柱温对混合物分离度的影响有哪些？

二、气相色谱仪和色谱条件

仪　器　型　号		仪　器　编　号	
色谱柱长	柱径	固定液	
载气		检测器类型	
温度：柱温	汽化室温度	离子化温度	
气体流量(稳流阀圈数)：	载气	氢气	空气
信号衰减			
记录仪量程	走纸速度		

三、色谱图参数

编号	样 品	柱温及载气流速	死时间 t_M/s	保留时间 t_R/s	调整保留时间 t'_R/s	峰高 h/mm	底宽 W/mm	半峰宽 $W_{1/2}$/mm
1	乙醇-正丁醇混合物							
2	乙醇-正丁醇混合物							
3	乙醇-正丁醇混合物							

四、根据色谱图参数计算

1. 在上述色谱条件下分别计算乙醇和正丁醇的理论塔板数及两者的分离度。

2. 讨论不同柱温、不同载气流速条件对混合物分离度的影响。

五、实验工作质量评价

附：小组成员工作分工

姓　名	任　　务

实训项目（十四） 白酒中甲醇含量的测定——气相色谱法

一、分析任务
1. 用气相色谱法测定甲醇含量，每个大组测定一种白酒样品。
2. 以大组为单位配制甲醇标准溶液，在气相色谱仪上进样，获得一套色谱图。全组共用一套标准溶液色谱图，测量所需色谱图参数。
3. 每人在气相色谱仪上进 1 份白酒样品，得到 1 份色谱图。每人根据自己的色谱图测量并计算样品中甲醇的峰面积（或峰高），全组取平均值。
4. 根据测定结果评价产品质量。

二、测定方法和质量评价标准
测定方法依据 GB 10345.1～10345.8—89《白酒试验方法》。

三、实验时间和交实验报告时间
按规定时间进行实验并按时上交实验报告。

四、通用能力发展项目
1. 自我管理和自我发展。
2. 安排任务和承担责任。
3. 合理安排时间完成任务。
4. 用书面形式参与交流。
5. 运用计算机软件、网络及办公设备能力。

五、预习作业
1. 叙述气相色谱法测定白酒中甲醇含量的测定原理。
2. 甲醇对人体的危害有哪些？
3. 外标法有什么优点？在哪些情况下，采用外标法定量较为适宜？
4. 在国家标准中，白酒中甲醇含量通常用什么来表示？

实训项目（十四） 白酒中甲醇含量的测定——气相色谱法

姓　　名		学　号	
实验日期		实验地点	
规定上交报告日期	年 月 日	实际上交报告日期	年 月 日

一、实验原理

1. 叙述气相色谱法测定白酒中甲醇含量的测定原理。

2. 甲醇对人体的危害有哪些？

3. 外标法有什么优点？在哪些情况下，采用外标法定量较为适宜？

4. 在国家标准中，白酒中甲醇含量通常用什么来表示？

二、测定样品

三、实验步骤

四、数据记录及处理

1. 测定数据

标准溶液和样品编号	1#	2#	3#	4#	5#	白酒
甲醇的体积分数/%						
甲醇峰峰高(或峰面积)						

2. 结果计算

五、测定结果

六、实验工作质量评价

附：小组成员工作分工

姓　名	任　　务

实训项目（十五） 啤酒中酒精度的测定
——气相色谱法

一、分析任务

1. 用气相色谱法测定啤酒中的酒精度，每个大组测定一种啤酒样品。

2. 以大组为单位配制乙醇标准溶液，在气相色谱仪上进样，获得一套色谱图。全组共用一套标准溶液色谱图，测量所需色谱图参数。

3. 每人在气相色谱仪上进 1 份加内标物的啤酒样品，得到 1 份色谱图。每人根据自己的色谱图测量并计算样品中乙醇峰和正丙醇峰的峰面积（或峰高）之比，全组取平均值。

4. 每人根据这些参数，以乙醇的峰面积对正丙醇的峰面积之比为因变量，以乙醇的体积分数（酒精度）为自变量，在计算机上使用 Excel 软件求得直线回归方程的斜率，运用直线回归方程求出啤酒样品的酒精度。

5. 根据测定结果评价产品质量。

二、测定方法和质量评价标准

测定方法：中华人民共和国国家标准 GB/T 4928—2001《啤酒分析方法》。

质量标准：中华人民共和国国家标准 GB 4927—2001《啤酒》。

三、实验时间和交实验报告时间

按规定时间进行实验并按时上交实验报告。

四、通用能力发展项目

1. 自我管理和自我发展。
2. 安排任务和承担责任。
3. 合理安排时间完成任务。
4. 用书面形式参与交流。
5. 运用计算机软件、网络及办公设备能力。

五、预习作业

1. 叙述气相色谱法测定啤酒中酒精度的方法原理。

2. 用气相色谱法作定量分析除了内标法还有哪些定量方法？内标法有什么优点？对内标物有什么要求？

实训项目(十五) 啤酒中酒精度的测定
——气相色谱法

姓　　名		学　　号	
实验日期		实验地点	
规定上交报告日期	年 月 日	实际上交报告日期	年 月 日

一、测定原理

1. 叙述气相色谱法测定啤酒中酒精度的方法原理。

2. 气相色谱法作定量分析除了内标法还有哪些定量方法？内标法有什么优点？对内标物有什么要求？

二、测定样品

三、实验步骤

四、数据记录及处理

1. 标准曲线测定数据

乙醇标准溶液编号	1#	2#	3#	4#	5#	6#
酒精度(体积分数)/%						
乙醇峰的峰高(或峰面积)						

2. 结果计算

五、测定结果

六、实验工作质量评价（评价啤酒样品质量）

附：小组成员工作分工

姓　　名	任　　务